高等院校计算机科学与技术、软件工程类系列规划教材

C语言程序设计

(第二版)

主　编　余贞侠　何钰娟

副主编　叶　斌　黄　敏　李莉丽　刘仕筠

项目策划：毕　潜
责任编辑：毕　潜
责任校对：胡晓燕
封面设计：墨创文化
责任印制：王　炜

图书在版编目（CIP）数据

C 语言程序设计 / 余贞侠，何钰娟主编．— 2 版．— 成都：四川大学出版社，2021.6

ISBN 978-7-5690-4761-5

Ⅰ．①C… Ⅱ．①余… ②何… Ⅲ．①C 语言—程序设计 Ⅳ．①TP312.8

中国版本图书馆 CIP 数据核字（2021）第 112472 号

书名　C 语言程序设计（第二版）

主　　编	余贞侠　何钰娟
出　　版	四川大学出版社
地　　址	成都市一环路南一段 24 号（610065）
发　　行	四川大学出版社
书　　号	ISBN 978-7-5690-4761-5
印前制作	四川胜翔数码印务设计有限公司
印　　刷	郫县犀浦印刷厂
成品尺寸	185mm×260mm
印　　张	20.75
字　　数	528 千字
版　　次	2021 年 8 月第 2 版
印　　次	2022 年 7 月第 2 次印刷
定　　价	79.00 元

◆ 读者邮购本书，请与本社发行科联系。
电话：(028)85408408/(028)85401670/
(028)86408023　邮政编码：610065
◆ 本社图书如有印装质量问题，请寄回出版社调换。
◆ 网址：http://press.scu.edu.cn

四川大学出版社
微信公众号

前　言

C 语言从产生到现在，已经成为最重要和最流行的编程语言之一。C 语言作为一门最通用的语言，在过去很流行，将来依然会如此。在各种流行编程语言中都能看到 C 语言的影子，几乎每一个理工科或者其他专业的学生都毫不例外地要学习它。因此，学习和掌握 C 语言是对每一个计算机技术人员的基本要求。

C 语言其实就是一种计算机语言，就像汉语、英语一样。我们要想和英国人或者美国人打交道，就需要学习英语；我们要与计算机打交道，就需要学习计算机语言。C 语言作为一种计算机语言，自然而然地就成为我们和计算机之间信息交流的桥梁。C 语言主要由一些指令组成，我们通过这些指令来指挥计算机进行各种工作。C 语言具有高级语言的强大功能，同时又能直接操作计算机的硬件，有时 C 语言也被称为中级语言。学习和掌握 C 语言，既可以增进对计算机底层工作机制的了解，又能为进一步学习其他高级语言打下坚实的基础。

就像这个世界上有汉语、英语、法语、德语、西班牙语等语言一样，现在流行的计算机语言种类繁多，如 C++、Java、C#、Python、HTML 等，各有其特点和优势，但 C 语言绝对是这些高级语言的元老，后来出现的高级语言或多或少都借鉴了 C 语言的一些思想和语法，这也是学编程要先学 C 语言的原因之一。但正所谓术业有专攻，这些高级语言之所以会出现或流行，是因为不同的领域有不同的需要，在此我们不再赘述。

本书由长期在一线教学的老师编写。编者根据近年来实际教学过程中的经验，以及学生学习 C 语言程序设计时遇到的各种问题和反馈意见，进行了总结讨论和分析提炼，合理组织安排知识点和各个章节的内容。在实例选取上，力求做到由简至难，使得复杂问题简单化，帮助学生树立程序设计的思想，培养学生分析问题、解决问题、编写和调试程序的能力。本书以“知识点讲解—实例分析—知识点梳理—综合运用”作为主线，以学生信息管理系统作为贯穿全书的案例，通过大量实例程序讲述了 C 语言应用中的重点和难点。

本书层次分明，结构紧凑，叙述深入浅出，循序渐进。例如，先介绍计算机的基本知识、数据的存储、C 语言中的数据类型，再介绍数据的输入/输出；先介绍简单的程序设计概念、程序的三大基本结构，再介绍指针、结构体等 C 语言的难点。本书作为学习计算机编程的入门教材，其目的在于使学生学习 C 语言程序设计之后，能结合实际情况进行应用程序的开发。全书共 10 章，全面讲述了 C 语言的基本语法、基本算法和编程思想，主要内容包括：程序设计概述，C语言程序设计基础，结构化程序的顺序结构、选择结构、循环结构及其设计方法，函数及其基本应用，数组，指针，结构体、枚举类型、链表，文件操作等。

本书由成都信息工程大学计算机学院余贞侠老师负责并统稿，其中，第1、2章及附录A、C、E由何钰娟老师编写，第3、6章及附录B、D由余贞侠老师编写，第4、5章由刘仕筠老师编写，第7、10章由叶斌老师编写，第8章由黄敏老师编写，第9章由李莉丽老师编写。

本书可作为本科院校计算机程序设计语言的教学用书，也可作为从事计算机应用的科技人员的参考书及培训教材。为了配合本书的学习，编者还编写了与本书配套的《C语言程序设计实验指导书》，目的在于帮助学生更好地理解和掌握C语言程序设计的要点和技巧。

由于编写时间紧，编者水平有限，书中难免会有不足之处。在教材使用过程中，如有不妥之处，敬请广大读者批评指正。

编　者

2021年3月

目　录

第 1 章　程序设计基础 …… (1)
1.1　计算机基础知识 …… (1)
1.2　计算机程序与计算机语言 …… (10)
1.3　算法的概念及表示方法 …… (13)
1.4　C 语言概述 …… (17)
第 2 章　数据类型、运算符和表达式 …… (29)
2.1　常量和变量 …… (29)
2.2　基本数据类型 …… (32)
2.3　运算符和表达式 …… (40)
2.4　数据类型转换 …… (45)
第 3 章　顺序结构程序设计 …… (49)
3.1　C 语言的语句 …… (49)
3.2　数据的输入输出 …… (51)
3.3　顺序结构程序设计举例 …… (61)
第 4 章　选择结构程序设计 …… (66)
4.1　关系运算符和关系表达式 …… (66)
4.2　逻辑运算符和逻辑表达式 …… (66)
4.3　if 语句的使用 …… (68)
4.4　switch 语句的使用 …… (75)
4.5　程序设计举例 …… (78)
第 5 章　循环结构程序设计 …… (83)
5.1　为什么要用循环 …… (83)
5.2　while 循环语句 …… (83)
5.3　do…while 循环语句 …… (86)
5.4　for 循环语句 …… (88)
5.5　循环的嵌套 …… (90)
5.6　流程的转移控制 …… (93)
5.7　程序设计举例 …… (96)
第 6 章　模块化程序设计 …… (102)
6.1　函数 …… (102)
6.2　函数的定义 …… (104)
6.3　函数的调用 …… (108)

6.4 函数的递归调用 …… (115)
6.5 变量的作用域与生存期 …… (121)
6.6 内部函数和外部函数 …… (129)
6.7 模块化程序设计举例 …… (133)
第7章 数 组 …… (139)
7.1 一维数组 …… (139)
7.2 二维数组 …… (146)
7.3 数组作函数的参数 …… (151)
7.4 字符数组 …… (161)
7.5 数组程序设计举例 …… (172)
第8章 指 针 …… (181)
8.1 指针的基本概念 …… (181)
8.2 指针变量 …… (183)
8.3 指针与数组 …… (189)
8.4 指针与字符串 …… (203)
8.5 指针与函数 …… (206)
8.6 指针数组与多重指针 …… (210)
8.7 动态内存分配 …… (218)
8.8 指针小结 …… (221)
8.9 指针程序设计举例 …… (222)
第9章 自定义数据类型 …… (228)
9.1 结构体类型 …… (228)
9.2 结构体数组 …… (235)
9.3 指向结构体类型数据的指针 …… (237)
9.4 链表 …… (244)
9.5 共用体类型 …… (255)
9.6 枚举类型 …… (259)
9.7 用 typedef 定义类型 …… (260)
9.8 结构体数组与链表的综合应用举例 …… (262)
第10章 文 件 …… (270)
10.1 文件的基础知识 …… (270)
10.2 文件的基本操作 …… (273)
10.3 文件的其他操作 …… (288)
10.4 文件程序设计举例 …… (294)
附录A C语言中的关键字 …… (301)
附录B C运算符的优先级与结合性 …… (302)
附录C 常用字符与ASCII码值对照表 …… (304)
附录D 常用的ANSI C标准库函数 …… (312)
附录E DEV C++运行C程序的步骤和方法 …… (319)
参考文献 …… (323)

第 1 章　程序设计基础

1.1　计算机基础知识

计算机是人类发明的一种高度自动化、能进行快速运算及逻辑判断的先进的电子设备，是人们用来对数据、文字、图像、声音等信息进行存储、加工与处理的有效工具。它是 20 世纪人类科学技术发展最伟大、最卓越的成就之一。

计算机系统由硬件系统和软件系统两大部分组成。硬件是构成计算机系统的各种物质实体的总称，是看得见、占有一定体积的实体，是计算机的基础和躯体。软件是计算机系统可以运行的全部程序的总称，是计算机的大脑和灵魂。安装了软件的计算机才能进行信息处理，成为一台真正意义上的计算机。硬件和软件是一个不可分割的整体。

1.1.1　冯·诺依曼计算机的工作原理

1946 年，美籍匈牙利数学家冯·诺依曼及其同事完成了《关于电子计算装置逻辑结构设计》的研究报告。报告介绍了制造电子计算机和程序设计的新思想，确定了现代存储程序式电子数字计算机的基本结构和工作原理，为现代计算机的研制奠定了基础。从电子计算机诞生到现在，冯·诺依曼体系结构的计算机一直占据着主导地位。依据冯·诺依曼结构设计出的计算机称为冯·诺依曼计算机，又称为存储程序计算机。

冯·诺依曼计算机的硬件系统由运算器、控制器、存储器、输入设备和输出设备五大部件组成，如图 1—1 所示。下面介绍五大部件的作用。

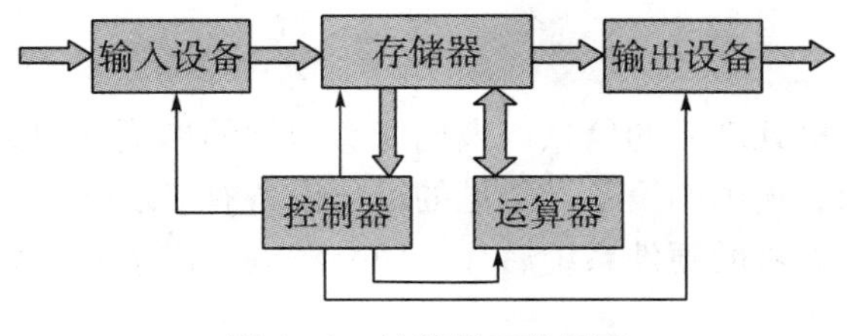

图 1—1　计算机工作原理

1. 运算器

运算器（Arithmetic Logic Unit，ALU）主要用于算术运算和逻辑运算，又称为算术逻辑单元。运算器的核心部件是加法器和若干个高速寄存器。加法器用于运算，寄存器用于存储参加运算的各类数据以及运算后的结果。

2. 控制器

控制器（Control Unit，CU）是计算机的指挥中心，其作用是使计算机能自动地执行程序，并指挥计算机的各个部件自动地、有条不紊地工作。随着技术的发展，运算器和控制器早已被集成在一块芯片上，通常称为中央处理器（Central Processing Unit，CPU）。

3. 存储器

存储器是计算机中具有记忆功能的部件，用来存储程序和数据。存储器分为内存储器（简称内存或主存储器）和外存储器（简称外存或辅助存储器）。它们的主要区别：内存的数据存取速度快，而外存的数据存取速度相对较慢；内存的容量比较小，外存的容量可以很大。

内存储器根据其作用不同分为随机存储器和只读存储器。随机存储器（Random Access Memory，RAM）的特点是可读可写，但关机后，RAM 中的信息会丢失。RAM 一般用来存放计算机当前运行的程序、所处理的数据以及支持用户程序运行的系统程序等。通常所说的计算机内存大小就是指 RAM 的大小。计算机内存容量越大，在同一时间内处理的信息量就越多，计算机的处理速度就越快。只读存储器（Read Only Memory，ROM）的特点是只能读出信息，不能写入信息。只读存储器中的信息可长期保存而不受断电的影响。ROM 中存储的是厂家装入的磁盘引导程序、自检程序及输入输出程序等系统服务程序。内存储器一般被分成很多存储单元，并按照一定的方式进行排列。每个单元都有一个编号，称为存储地址。计算机按指定的存储地址对相应的存储单元进行信息存取。

外存储器可以永久性保存数据，不受断电的影响。便携式存储器方便移动，便于在不同计算机之间进行信息交流。目前常用的外存储器是硬盘、光盘及优盘等。

4. 输入设备

输入设备的作用是将数据、程序等用户信息输入计算机，让计算机处理。最常见的输入设备是键盘和鼠标。

5. 输出设备

输出设备是将计算机处理后的信息以人们能够识别的形式（如文字、图形、图像、数值和声音等）进行显示和输出的设备。常见的输出设备有显示器、打印机等。

了解冯·诺依曼计算机的硬件系统后，下面介绍冯·诺依曼计算机的数据表示形式和工作方式：

冯·诺依曼计算机采用二进制形式表示数据和指令。在计算机中，数据和指令都以二进制形式存储在存储器中。从存储器存储的内容来看，两者并无区别，都是由 0 和 1 组成的代码序列，只是各自约定的含义不同而已。

冯·诺依曼计算机采用存储程序的方式工作：用户事先编制好程序，然后将程序（包含指令和数据）输入主存储器中，计算机在运行程序时就能自动地、连续地从存储器中依次取出指令且执行。因此，计算机运行过程就是不断调用存储在计算机里的指令和数据，执行一系列基本操作的过程，只要提前存入不同的程序，计算机就可以实现不同的任务。

如图 1－1 所示，计算机内部有两股信息在流动：一股是数据流，即各种原始数据、中间结果、最终结果及程序指令（图中粗箭头所示）；另一股是控制信号，它控制计算机各部分完成指令规定的各种操作（图中细箭头所示）。

1.1.2　计算机的信息表示与存储

1. 二进制在计算机中的应用

计算机最基本的功能是对信息进行处理。信息包括数字、字符、图形、图像及声音等。在计算机内部，信息经过数字化编码后被传送、存储和处理。数字化的信息在计算机中是以电子元器件的物理状态来表示的。每个电子元器件都具有两种不同的稳定状态，例如电平的高和低，可以分别用二进制的“1”和“0”来表示。由于二进制运算法则简单，硬件实现容易（要制造出具有 10 种稳定状态的电子元器件来分别代表十进制中的 10 个数字符号是十分困难的），工作稳定可靠，可方便地进行逻辑运算（判定“真”或“假”），所以在计算机内部广泛采用二进制，无论何种类型的信息都必须以二进制的形式在计算机内部进行处理。

2. 二进制位、字节

二进制位（bit）是计算机中的最小信息单位，通常用 b 表示。二进制数的每一位只有“0”和“1”两种状态，二进制位就是用以描述二进制数这两种状态的。在计算机中，若干个二进制位的组合就可以表示各种类型的数据。

字节（Byte）是表示计算机信息的基本单位，通常用 B 表示。连续 8 个二进制位称为一个字节（1 Byte=8 bit），一个字节可以表示 $2^8=256$ 种状态。一个字节可以表示一个英文字母或 0～255 之间的一个整数，两个字节可以表示一个汉字编码。

计算机经常使用的表示信息的容量单位及其关系如下：

1 B=8 b

1 KB=1024 B

1 MB=1024 KB

1 GB=1024 MB

1 TB=1024 GB

1 PB=1024 TB

3. 计算机的数制

用数字符号排列成数位，按由低位到高位的进位方式来表示数的方法叫作计数制，也称数制。在日常生活中，人们大量使用各种不同的数制，如最普遍的十进制、六十进制（时间）、十二进制（日期）等。无论使用何种进制，它们都包含两个基本要素：基数和位权。

一般来说，如果数制只采用 R 个基本符号，则称为基 R 数制。R 称为数制的基数，而数制中每一固定位置对应的单位值称为“权”，各位的权是以 R 为底的幂。一个数可按权展开成多项式之和。

在计算机领域，通常使用的数制有二进制、八进制、十进制、十六进制。

十进制数的符号有十个：0，1，2，3，4，5，6，7，8，9。

十进制数的权是以 10 为底的幂，一个十进制数可按权展开成多项式之和。例如，十进制数 $(234.56)_{10}$ 可按权展开为：

$(234.56)_{10}=2\times10^2+3\times10^1+4\times10^0+5\times10^{-1}+6\times10^{-2}$

二进制数的符号有两个：0，1。

二进制数的权是以 2 为底的幂，一个二进制数可按权展开成多项式之和。例如，二进制数 $(1101.1)_2$ 可按权展开为：

$(1101.1)_2=1\times2^3+1\times2^2+0\times2^1+1\times2^0+1\times2^{-1}$

八进制数的符号有八个：0，1，2，3，4，5，6，7。

八进制数的权是以 8 为底的幂，一个八进制数可按权展开成多项式之和。例如，八进制数 $(345.1)_8$ 可按权展开为：

$(345.1)_8=3\times8^2+4\times8^1+5\times8^0+1\times8^{-1}$

十六进制数的符号有十六个：0，1，2，3，4，5，6，7，8，9，A，B，C，D，E，F。A～F 分别表示十进制数的 10～15。

十六进制数的权是以 16 为底的幂，一个十六进制数可按权展开成多项式之和。例如，十六进制数 $(345.1)_{16}$ 可按权展开为：

$(345.1)_{16}=3\times16^2+4\times16^1+5\times16^0+1\times16^{-1}$

需要强调的是，八进制和十六进制不是计算机内部表示数值的方法，仅仅是书写和叙述时采用的一种形式。

各种数制的运算法则如下：

十进制的加、减法则：逢 10 进 1，借 1 当 10。

二进制的加、减法则：逢 2 进 1，借 1 当 2。

八进制的加、减法则：逢 8 进 1，借 1 当 8。

十六进制的加、减法则：逢 16 进 1，借 1 当 16。

例如：

$(11)_2+(01)_2=(100)_2$

$(101)_2-(11)_2=(10)_2$

4. 不同数制之间的转换

（1）R 进制转换为十进制。

将二进制、八进制和十六进制数转换成十进制数的法则是按权展开的多项式之和。

例如：把二进制数 100110.101 转换成相应的十进制数。

$(100110.101)_2=1\times2^5+1\times2^2+1\times2^1+1\times2^{-1}+1\times2^{-3}=32+4+2+0.5+0.125=(38.625)_{10}$

例如：把八进制数 103.2 转换成相应的十进制数。

$(103.2)_8 = 1 \times 8^2 + 3 \times 8^0 + 2 \times 8^{-1} = 64 + 3 + 0.25 = (67.25)_{10}$

例如：把十六进制数 10CF 转换成相应的十进制数。

$(10CF)_{16} = 1 \times 16^3 + 12 \times 16^1 + 15 \times 16^0 = 4096 + 192 + 15 = (4303)_{10}$

（2） 十进制转换为 R 进制。

十进制数转换成二进制数时，整数部分与小数部分换算的方法不同，需分别计算。

① 整数部分转换（除以 2 取余法）：将需要转换的整数除以 2，所得余数作为二进制的最低位数，将商的整数部分再除以 2，所得余数为次低位数，如此反复，直到商是 0 为止。所得到的从低位到高位的余数序列便构成对应的二进制整数。

例如：将十进制数 18 转换成二进制数。

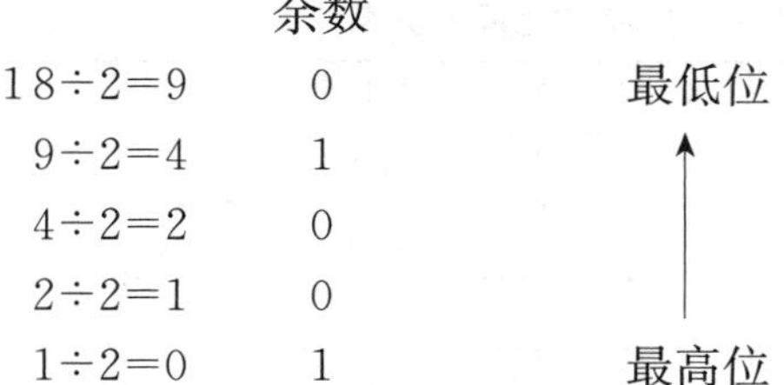

把余数按从下向上的顺序写出，得到换算结果为：$(18)_{10}=(10010)_2$。

② 小数部分转换（乘 2 取整法）：将需要转换的小数乘以 2，所得积的整数部分作为二进制小数的最高位数，将积的小数部分继续乘以 2，直到积的小数部分是 0 为止。所得到的从高位到低位积的整数序列便构成对应的二进制小数。

例如：将十进制数 0.8125 转换成二进制数。

	积的整数部分	
0.8125 ×2=1.625	1	最高位
0.625 ×2=1.25	1	↓
0.25 ×2=0.5	0	↓
0.5 ×2=1.0	1	最低位

把积的整数部分按从上向下的顺序写出，得到换算结果为：$(0.8125)_{10}=(0.1101)_2$。

若将 $(18.8125)_{10}$转换成二进制数，可先分别进行整数部分和小数部分的转换，然后再拼接在一起，结果为：$(18.8125)_{10}=(10010.1101)_2$。

需要注意的是，并不是所有的十进制小数都能转换成有限位的二进制小数，有时整个过程会无限进行下去。此时，我们必须根据计算精度要求来确定二进制小数的近似值。

例如：将十进制数 0.7 转换成二进制数，结果保留 4 位小数。

	积的整数部分	
0.7×2 =1.4	1	最高位
0.4×2 =0.8	0	↓
0.8×2 =1.6	1	↓
0.6×2 =1.2	1	最低位

把积的整数部分按从上向下的顺序写出，得到换算结果为：$(0.7)_{10} \approx (0.1011)_2$。

与十进制数转换成二进制数的方法相似，十进制数转换成八进制数和十进制数转换成十六进制数均分两部分进行。

十进制数转换成八进制数的方法：整数部分采用“除以 8 取余法”，小数部分采用“乘 8 取整法”。

十进制数转换成十六进制数的方法：整数部分采用“除以 16 取余法”，小数部分采用“乘 16 取整法”。

(3) 非十进制数间的转换。

两个非十进制数之间的转换一般可采用两种方法：第一种方法是先将被转换数转换成相应的十进制数，然后再将十进制数转换成其他进制数；第二种方法是利用二进制数、八进制数和十六进制数之间如表 1－1 所示的特殊关系进行转换。

表 1－1　二进制数与八进制数和十六进制数之间的关系

二进制数	八进制数	二进制数	十六进制数	二进制数	十六进制数
000	0	0000	0	1000	8
001	1	0001	1	1001	9
010	2	0010	2	1010	A
011	3	0011	3	1011	B
100	4	0100	4	1100	C
101	5	0101	5	1101	D
110	6	0110	6	1110	E
111	7	0111	7	1111	F

根据这种对应关系，二进制数转换成八进制数十分简单，只需将二进制数以小数点为界，整数部分从右向左每 3 位一组，小数部分从左向右每 3 位一组，最后不足 3 位补零，然后根据表 1－1，即可完成转换。

例如：将二进制数 10100101.01011101 转换成八进制数。

$(010\ 100\ 101.010\ 111\ 010)_2 = (245.272)_8$

二进制数转换成十六进制数与二进制数转换成八进制数的方法一样，只是需分成 4 位一组。

例如：将二进制数 10100101.01011101 转换成十六进制数。

$(1010\ 0101.0101\ 1101)_2 = (A5.5D)_{16}$

将八进制数和十六进制数转换成二进制数的过程正好相反。1 位八进制数对应 3 位二进制数，1 位 16 进制数对应 4 位二进制数。

例如：将八进制数 23.5 转换成二进制数。

$(23.5)_8 = (010\ 011.101)_2$

例如：将十六进制数 23.5 转换成二进制数。

$(23.5)_{16} = (0010\ 0011.0101)_2$

5. 原码、反码和补码

在计算机的 CPU 内部，用于运算的核心部件其实就是一个加法器。加法器只能做加法运算，那么计算机如何实现减法、乘法、除法运算呢？其实这些运算都是通过加法实现的，下面我们先了解几个基本概念。

（1）机器数。

计算机中的数都是以二进制形式存在的，但现实生活中，数有正数和负数之分，为了在计算机中表示数的符号，在计算机中约定：在数的前面增加一位符号位，用“0”表示正，用“1”表示负。我们把用 0 或 1 表示正负号的数称为机器数，而把机器数对应的实际数值称为“真值”。例如，＋101011 和－111001 为真值，对应的机器数为 0101011 和 1111001。

（2）原码。

一个整数的原码是指符号位用 0 或 1 表示，0 表示正，1 表示负，数值部分就是该整数的绝对值的二进制表示。例如用一个 8 位二进制表示，那么$[+34]_{原}=00100010$，$[-34]_{原}=10100010$。0 的原码不唯一，$[+0]_{原}=00000000$，$[-0]_{原}=10000000$。

（3）反码。

正数的反码与原码相同，负数的反码是把原码中除符号位以外的各位取反（即 0 变 1，1 变 0）。例如，$[+34]_{反}=[+34]_{原}=00100010$，$[-34]_{反}=11011101$。

（4）补码。

正数的补码与其原码相同，负数的补码等于其反码加 1（最低位加 1，进位不改变符号位）。例如，$[+34]_{补}=[+34]_{原}=00100010$，$[-34]_{补}=11011110$。

了解了上面的几个概念，下面我们来看一个例子。

例如：A=32，B=15，求 A－B 的值。

$[A]_{补}=[A]_{原}=00100000$，$[-B]_{原}=10001111$，$[-B]_{反}=11110000$，$[-B]_{补}=11110001$。

现在求解$[A]_{补}+[-B]_{补}=00100000+11110001=00010001$。在该计算中，两个 8 位二进制运算，结果仍用 8 位二进制表示，因此最高位进位 1 被丢掉。从上面的计算可以看出，$[A]_{补}+[-B]_{补}$计算结果为 00010001，对应的十进制数为 17，该数值恰好是 A－B=32－15 的计算结果。从以上例子中我们可以看到，通过补码运算，可以把减法变成加法，而乘法可以变成加法，除法可以变成减法，因此，使用一个加法器就可以完成加、减、乘、除运算。

6. 非数值信息编码

（1）ASCII 码。

在计算机内部，非数值信息也是采用“0”和“1”两个符号来进行编码的。在计算机中，字母和符号常用国际标准化组织规定的美国标准信息交换码——ASCII（American Standard Code For Information Interchange）码来表示。每个 ASCII 码用一个字节表示。基本 ASCII 码的最高位为 0，其范围为 00000000～01111111（二进制），用十进制表示为 0～127，共 128 种。0～31 为控制代码，32～126 为可显示、可打印字符，127 为删除符。总共 95 个可显示字符及 33 个控制字符。字母、符号与十进制 ASCII 码的对应关系见表 1－2。

可显示字符是可以通过键盘直接输入和通过显示器或打印机输出的符号。控制字符用来实现数据显示或打印时的格式控制，如回车（013）、换行（010）等。

表 1－2　ASCII 码表

ASCII	控制字符	ASCII	字符	ASCII	字符	ASCII	字符
000	NUL	032	（space）	064	@	096	`
001	SOH	033	!	065	A	097	a
002	STX	034	"	066	B	098	b
003	ETX	035	#	067	C	099	c
004	EOT	036	$	068	D	100	d
005	ENQ	037	%	069	E	101	e
006	ACK	038	&	070	F	102	f
007	BEL	039	'	071	G	103	g
008	BS	040	(	072	H	104	h
009	HT	041	)	073	I	105	i
010	LF	042	*	074	J	106	j
011	VT	043	+	075	K	107	k
012	FF	044	,	076	L	108	l
013	CR	045	-	077	M	109	m
014	SO	046	.	078	N	110	n
015	SI	047	/	079	O	111	o
016	DLE	048	0	080	P	112	p
017	DC1	049	1	081	Q	113	q
018	DC2	050	2	082	R	114	r
019	DC3	051	3	083	S	115	s
020	DC4	052	4	084	T	116	t
021	NAK	053	5	085	U	117	u
022	SYN	054	6	086	V	118	v
023	ETB	055	7	087	W	119	w
024	CAN	056	8	088	X	120	x
025	EM	057	9	089	Y	121	y
026	SUB	058	:	090	Z	122	z
027	ESC	059	;	091	[	123	{
028	FS	060	<	092	\	124	|
029	GS	061	=	093	]	125	}
030	RS	062	>	094	^	126	~
031	US	063	?	095	_	127	del

由于 ASCII 码常在编程及分析数据时使用，所以记住一些常用字符的 ASCII 码是必要的。例如，数字符号 0～9 的 ASCII 码是 048～057，大写字母 A～Z 的 ASCII 码是 065～090，小写字母 a～z 的 ASCII 码是 097～122，空格键的 ASCII 码为 032，000～031 是控制键的 ASCII 码。

ASCII 码由七位二进制数编码组成，最多可以表示 128 个不同符号；而一个字节可以表示的编码数有 256 种，ASCII 码只用了最高位为 0 的那一半。所以在有些场合，另一半从 128～255 的 128 个值常被用来作为一些特殊符号的编码，不少国家把它规定为自己国家语言的字符编码，称为“扩充 ASCII 码”。汉字也是用扩充的 ASCII 码来表示的。

(2) 汉字编码。

汉字在计算机内也是采用二进制的数字化信息编码。汉字的数量大，常用的也有几千个之多，显然用一个字节（8 bit）是不够的。目前的汉字编码有二字节、三字节甚至四字节。我们主要介绍“国家标准信息交换用汉字编码”（GB 2312），简称国标码。

国标码是二字节码，用两个七位二进制数编码表示一个汉字。目前国标码有 6763 个汉字，其中一级汉字 3755 个，二级汉字 3008 个，其他符号 682 个。

例如：“啊”字的国标码是 $(3021)_{16}$。

第一字节　　第二字节

00110000　　00100001

在计算机内部，汉字编码和 ASCII 码是共存的，每个字节都只使用了低七位，所以，计算机无法辨认某一个字节是西文的 ASCII 码还是汉字的一个字节。为了解决上述问题，人为地将国标码的两个字节最高位分别置为“1”，以便与 ASCII 码区别开来。我们把将两个字节最高位置“1”后的编码称为机内码。汉字在计算机内部存储、处理加工和传输都使用机内码。

例如：“啊”字的机内码是 $(B0A1)_{16}$。

第一字节　　第二字节

10110000　　10100001

编码的用处是将文字或数据转换成计算机系统内部能够识别、存储的二进制数字串。内部存储的编码在输出时，再由计算机自动转换成对应的符号或数字。

7. 信息内部表示与外部显示的关系

计算机可以存储并处理客观世界中各种各样的信息，这些信息在计算机内均以“0”或“1”两个符号来表示。外部信息需经某种转换变为二进制编码，然后计算机再加以处理；同样，计算机内部信息也必须经转换后才能恢复信息的本来面目。这种转换通常是由计算机的输入输出设备来实现的，有时还需要软件来参与这种转换过程。不同的信息需采用不同的编码方案。

1.2　计算机程序与计算机语言

1.2.1　什么是计算机程序

在人们的生活、工作、学习中，计算机的身影无处不在。计算机可以用于卫星运行轨迹、气象预报等科学计算，可以用于图书检索、财务管理、编辑排版等信息处理，可以用于工业生产的自动控制等，还可以用于日常生活、娱乐，如游戏、购物等。计算机给人的感觉是无所不能，可以在不同领域完成各种各样的任务，解决各种各样的问题。但其实计算机本身并不会做任何事情，真正让计算机强大起来、“无所不能”的是计算机程序。人们想要让计算机解决不同的问题，完成不同的任务，只需要编写相应的程序交给计算机运行，计算机就能按照人们的意愿完成任务。那么，什么是计算机程序呢？计算机程序就是将解决某个问题的操作步骤用计算机语言按照严格的语法规则进行描述的一组语句序列，是一组计算机能识别和执行的指令。计算机程序告诉计算机做什么和怎么做，计算机就会自动地按照预设的顺序完成每一个步骤，有条不紊地工作，从而完成指定的任务。

1.2.2　什么是计算机语言

人类要让计算机做事情，就要和计算机进行交流，告诉计算机做什么和怎么做，这就需要一种人类和计算机都能识别的语言作为交流的媒介，这种语言就是计算机语言(Computer Language)，也称为程序设计语言。计算机语言的种类非常多，通常可分为以下三大类。

1. 机器语言

机器语言是用二进制代码表示的计算机能直接识别和执行的一种机器指令的集合。它是最底层的计算机语言，它的指令面向机器硬件。对于不同的计算机系统，机器语言所用的指令集合是不同的，因此，针对一种计算机用机器语言编写的程序不能在另一种计算机上运行。虽然机器语言具有灵活、直接执行和速度快等特点，但用其编写程序的工作量较大，程序非常难读、难记，容易出错，也不容易移植，给人们学习和使用计算机造成很大的困难。

例如：计算 2+3=？

以下是用机器语言编写的程序：

机器语言（二进制代码 0 和 1）		对应的十六进制代码	
10110000	00000010	B0	02
00000100	00000011	04	03
00001100	00110000	0C	30
10001010	11010000	8A	D0

```
10110100    00000010        B4    02
11001101    00100001        CD    21
10110100    01001100        B4    4C
11001101    00100001        CD    21
```

2. 汇编语言

汇编语言是一种符号语言，其实质和机器语言是相同的，都是直接对硬件操作，但它用有意义的英文单词（或缩写）作为助记符来描述难以记忆和辨认的二进制指令码。这种语言较机器语言容易记忆，克服了机器语言的缺点，又保持了机器语言执行的高效率，是高级语言和机器语言之间较好的过渡。但是，汇编程序的每一句指令只能对应实际操作过程中的一个很细微的动作，例如移动、自增，编程时需要程序员将每一步具体的操作用命令的形式写出来。用汇编语言编写程序烦琐枯燥、工作量大，汇编源程序比较冗长、复杂、容易出错、可移植性差、无通用性，使用汇编语言编程需要有更多的计算机专业知识，因此其使用对象主要是专业软件设计人员。

例如：计算 2+3=?

下面是用汇编语言编写的程序：

```
CODE SEGMENT
    ASSUME CS:CODE
START:MOV   AL,2
      ADD   AL,3
      OR    AL,30H
      MOV   DL,AL
      MOV   AH,02H
      INT   21H
      MOV   AH,4CH
      INT   21H
CODE ENDS
    END START
```

3. 高级语言

机器语言和汇编语言都依赖于具体机器，所以被认为是“低级语言”。人们在使用它们设计程序时，要求对机器比较熟悉。随着计算机技术的发展，程序的规模越来越大，用汇编语言编程效率低的问题越来越突出。

高级语言是绝大多数编程者的选择。高级语言是相对于汇编语言而言的，它并不特指某一种具体的语言，而是包括了很多编程语言，如流行的 C 语言、C++、C#、Python 等，这些语言的语法、命令格式都各不相同。与汇编语言相比，它不但将许多相关的机器指令合成为单条指令，而且去掉了与具体操作有关但与完成工作无关的细节，例如使用堆栈、寄存器等，这样就大大简化了程序中的指令。同时，由于省略了很多细节，编程者也就不需要有太多的专业知识。

高级语言面向的是问题的求解过程，更接近人们习惯使用的自然语言和数学语言，可以直接用来编写与代数式相似的计算公式，并且广泛使用英语词汇及短语。用高级语言编写程序比用机器语言和汇编语言简单得多，易读易懂，并且易于改写和移植，软件通用性好。

计算机不能直接识别和执行用高级语言编写的程序（称为源程序），源程序必须先使用一种转换软件（编译程序或解释程序）转换成机器语言程序后，才能被计算机识别和执行。

计算机语言按转换方式可分为以下两类：

（1）解释类：在执行程序时，由解释器一边翻译一边执行，不会生成独立的可执行的机器语言程序。程序不能脱离其解释器，每次执行时都要再次翻译，因此效率比较低。但这种方式比较灵活，可以动态地调整、修改应用程序。解释类语言很容易跨平台，因为它的可执行代码就是源程序，所以代码中没有与平台相关的部分。不管平台是微软 PC、苹果 Mac、谷歌 Android，还是其他平台，只要该平台上有对应的解释器，就可以顺利执行源程序。例如，Java、JavaScript、VBScript、Python、MATLAB 都是解释类语言。

（2）编译类：源程序在执行之前需要一个专门的编译过程，编译器先将程序源代码编译成独立可执行的机器语言程序，然后计算机再执行机器语言程序。机器语言程序可以脱离其语言环境独立执行，再次执行时不需要重新编译，使用比较方便，效率较高。但程序一旦需要修改，必须先修改源代码，再重新编译生成新的机器语言程序才能执行。用编译类语言写出来的程序，必须先编译成机器语言程序，而机器语言程序与机器底层的平台息息相关，所以源程序在不同的平台上进行移植后，要重新编译生成新的机器语言程序才能执行。例如，C、C++都是编译类语言。

例如：计算 2+3=?

下面是用高级语言（C 语言）编写的程序：

```
#include<stdio.h>
int main()
{
    int a,b,c;
    a=2;
    b=3;
    c=a+b;
    printf("c=%d",c);
    return 0;
}
```

当今计算机语言的发展非常迅速，新的计算机语言层出不穷，功能也越来越强。TIOBE 编程社区索引是编程语言流行度的指标，索引每月更新一次。图 1-2 是 2019 年 7 月TIOBE 公布的全球热门编程语言排行榜。

Jul 2019	Jul 2018	Change	Programming Language	Ratings	Change
1	1		Java	15.058%	-1.08%
2	2		C	14.211%	-0.45%
3	4	^	Python	9.260%	+2.90%
4	3	⌄	C++	6.705%	-0.91%
5	6	^	C#	4.365%	+0.57%
6	5	⌄	Visual Basic .NET	4.208%	-0.04%
7	8	^	JavaScript	2.304%	-0.53%
8	7	⌄	PHP	2.167%	-0.67%
9	9		SQL	1.977%	-0.36%
10	10		Objective-C	1.686%	+0.23%

图 1－2　2019 年 7 月 TIOBE 公布的全球热门编程语言排行榜

1.3　算法的概念及表示方法

1.3.1　算法的概念

算法是为解决某个具体问题而采取的确定的、有限的、按照一定次序进行的、可执行的操作步骤。

例如：求 1×2×3×4×5，其步骤如下：

S1：先求 1×2，得到结果 2。

S2：将步骤 1 得到的乘积 2 再乘以 3，得到结果 6。

S3：将 6 再乘以 4，得到 24。

S4：将 24 再乘以 5，得到 120，即最后的结果。

算法分为数值算法和非数值算法。数值算法主要用于解决数值求解问题，例如求方程的根、面积、体积等。非数值算法主要用于解决需要用逻辑推理才能解决的问题，例如排序、查找、穷举等。

一般一个正确的算法应该具备以下特性：

（1）有穷性。一个算法应该在执行有限次的操作步骤后结束，不能无限地进行。

（2）确定性。算法中的每一个步骤都应该是确定的，不允许有歧义。

（3）有效性。算法中的每一个步骤都应能有效执行，并且能得到确定的结果。例如除数为 0 的除法，就是一个无效的操作。

（4）输入。一个算法可以没有输入，也可以有一个或多个输入。有些算法不需要从外界输入数据，例如求 1＋2＋3＋…＋100 的结果；而有些算法则需要通过输入设备输入数据，例如求 1+2+3+…+n 的结果，需要从键盘输入 n 的值，n 的值确定后，算式才会有确定的结果。

（5）输出。一个算法必须有一个或多个输出。算法的目的是求得对某个问题处理的结果，没有输出结果的算法是没有意义的。

1.3.2 算法的表示方法

表示一个算法可以用不同的方法，常用的有自然语言、传统流程图、N－S 流程图、伪代码、计算机语言。

1. 用自然语言表示算法

自然语言就是人们日常使用的语言。用自然语言描述算法时，可使用汉语、英语和数学符号等。用自然语言描述算法通俗易懂，但往往要用冗长的文字描述才能表达清楚操作步骤，且文字描述容易引起歧义。因此，自然语言适合描述较简单的算法。

例如：求 1×2×3×4×5×…×n 的结果。

自然语言描述的算法如下：

S1：从键盘输入 n 的值。

S2：将 1 赋给变量 t。

S3：将 2 赋给变量 i。

S4：如果 i 的值不大于 n，执行步骤 5 以及其后的步骤 6；否则，输出结果，即 t 的值，算法结束。

S5：使 t×i，将得到的乘积仍放在变量 t 中，即 t×i→t。

S6：使 i 的值加 1，即 i+1→i，然后转去执行步骤 4。

2. 用传统流程图表示算法

流程图是一种传统的、常用的算法描述工具。它用一些图框表示各种操作，用流程线代表执行顺序，可以清晰、直观、形象地表达算法的执行过程，易于将算法转化为程序。美国国家标准化协会规定了一些常用的流程图符号，如图 1－3 所示。

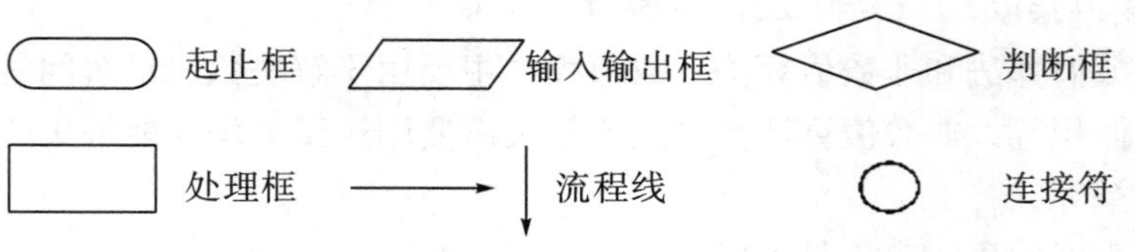

图 1－3　传统流程图中的常用符号

例如：求 1×2×3×4×5×…×n 的结果。

传统流程图描述的算法如图 1－4 所示。

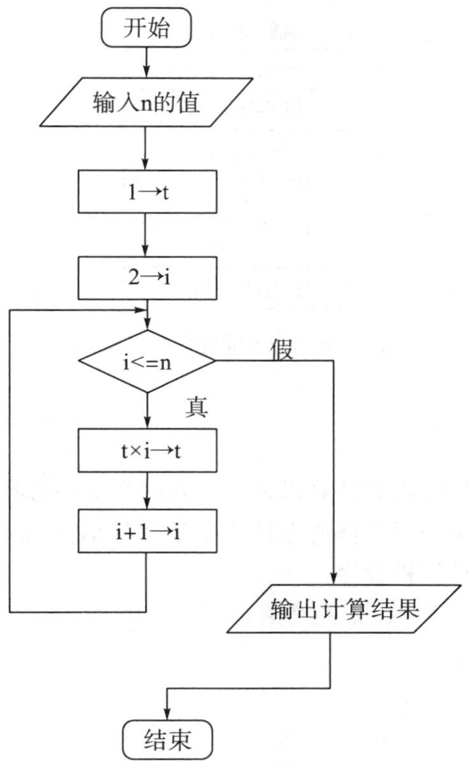

图 1-4　传统流程图表示算法

从图 1-4 可以看出，一个传统流程图包括以下三个部分：

(1) 表示相应操作的框。

(2) 带箭头的流程线。

(3) 框内外必要的文字说明。

3. 用 N-S 流程图表示算法

用传统流程图描述算法虽然直观形象、易于理解，但由于传统流程图允许自由地、不受约束地使用流程线，流程可以任意转向，对于大型程序有可能流程过于复杂，不便于阅读和修改。针对传统流程图的不足，美国学者 I. Nassi 和 B. Shneiderman 于 1973 年提出了用方框图代替传统流程图，即 N-S 流程图。在 N-S 流程图中，完全取消了流程线，避免了算法流程的任意转向，算法只能从上到下执行，增强了算法的可读性。

例如：求 $1\times2\times3\times4\times5\times\cdots\times n$ 的结果。

N-S 流程图描述的算法如图 1-5 所示。

图 1−5　N−S 流程图表示算法

4. 用伪代码表示算法

伪代码是指用介于自然语言和计算机语言之间的文字和符号描述算法的一种方法。它与计算机语言较接近，但不需要严格遵守计算机语言的语法规则。伪代码书写格式自由，无固定格式，容易转换成计算机程序。

例如：求 $1\times2\times3\times4\times5\times\cdots\times n$ 的结果。

伪代码描述的算法如下：

```
input n
t=1
i=2
while i<=n
{
    t=t*i
    i=i+1
}
print t
```

5. 用计算机语言表示算法

用自然语言、传统流程图、N−S 流程图、伪代码描述的算法并不能在计算机上执行。要让计算机实现算法，只有严格遵守语法规则，使用某种计算机语言将算法表示出来。用计算机语言表示的算法就是计算机程序。

例如：求 $1\times2\times3\times4\times5\times\cdots\times n$ 的结果。

C 语言描述的算法如下：

```
#include<stdio.h>
int main()
{
    int i,t,n;
    printf("Please input n:");
    scanf("%d",&n);
```

```
    t=1;
    i=2;
    while(i<=n)
    {
        t=t*i;
        i=i+1;
    }
    printf("The value of t is %d",t);
    return 0;
}
```

1.4　C 语言概述

1957 年 4 月，美国计算机科学家约翰·巴克斯创建了全世界第一套计算机高级程序设计语言——Fortran 语言。迄今为止，全世界涌现了 2500 种以上的高级语言，每种高级语言都有其特定的用途，其中应用比较广泛的有 100 多种。C 语言作为众多优秀高级语言中的一种，从 1972 年出现至今一直都受到用户的欢迎和喜爱。

1.4.1　C 语言的简史、标准及特点

1. C 语言的简史

1967 年，剑桥大学的 Martin Richards 对 CPL 语言进行了简化，于是产生了 BCPL (Basic Combined Programming Language) 语言。

1969 年，美国 AT&T 公司贝尔实验室（AT&T Bell Laboratory）26 岁的工程师 Ken Thompson 编写了一个模拟在太阳系航行的电子游戏——Space Travel。为了玩这个游戏，他和同事 Dennis M. Ritchie 寻找了一台空闲的计算机——PDP－7，如图 1－6 所示。这台计算机由 DEC 公司制造，拥有当时最先进的图形处理能力。但在当时，计算机主要用于数据处理，图形处理能力并不太重要，因此，当 Ken Thompson 与 Dennis M. Ritchie 发现这台 PDP－7 时，它还是“裸机”，没有能在其上运行的操作系统。而游戏需要操作系统的支持，于是他们着手为 PDP－7 开发操作系统，并为操作系统取了一个名字——UNIX。

UNIX 起初是用汇编语言编写的，但用汇编语言编写的 UNIX 缺少可移植性，针对一种计算机编写的 UNIX 系统不能在另一种计算机上使用。于是 Ken Thompson 与 Dennis M. Ritchie 决定用高级语言重新编写 UNIX，这样它就可以在更多类型的计算机上运行。一开始他们尝试用 Fortran 语言编写，可是失败了。

1970 年，Ken Thompson 以 BCPL 语言为基础，设计出很简单且很接近硬件的 B 语言（取 BCPL 的首字母），但 Dennis M. Ritchie 觉得 B 语言还是不能满足要求，于是就对

B语言进行了改良。1972年，Dennis M. Ritchie在B语言的基础上设计出了一种新的语言，他取了BCPL的第二个字母作为这种语言的名字，这就是大名鼎鼎的C语言。最终，Ken Thompson与Dennis M. Ritchie成功地用C语言重写了UNIX系统的内核，使UNIX这个操作系统的修改、移植相当便利，为UNIX日后的普及打下了坚实的基础。当UNIX和C语言结合成一个统一体后，C语言与UNIX很快成了世界的主导。

图1-6　PDP-7小型机

1983年，因为UNIX和C语言的巨大成功，Ken Thompson与Dennis M. Ritchie共同获得了计算机界的最高奖——图灵奖。

C语言问世以后得到迅速推广，至今仍然是一种十分受欢迎的计算机高级语言，其在TIOBE全球热门编程语言排行榜上一直名列前茅。C语言用途广泛，可以用于操作系统、驱动程序、嵌入式系统程序、游戏、数据库程序和应用中间件等的开发。

2. C语言的标准

目前C语言的标准一共有3套，即C89标准、C99标准和C11标准。由于C语言自问世以后就被各大公司所使用（包括当时处于鼎盛时期的IBM PC），因此，在1989年，C语言由美国国家标准协会（ANSI）进行了标准化，此时C语言又被称为ANSI C。仅过了一年，ANSI C就被国际标准化组织（ISO）给采纳了。此时，C语言在ISO中有了一个官方名称——ISO/IEC 9899：1990。其中，9899是C语言在ISO标准中的代号，像C++在ISO标准中的代号是14882；而冒号后面的1990表示当前修订好的版本是在1990年发布的。对于ISO/IEC 9899：1990，有些地方称为C89，有些地方称为C90或者C89/90。不管怎么称呼，它们都指代这个最初的C语言国际标准。

在随后的几年里，C语言标准化委员会又不断地对C语言进行改进，到了1999年，正式发布了ISO/IEC 9899：1999，简称C99标准。C99标准引入了许多特性，包括内联函数（inline functions）、可变长度的数组、对 IEEE754 浮点数的改进、支持不定参数个数的宏定义，在数据类型上还增加了 long long int 以及复数类型等。

2007 年，C 语言标准委员会重新开始修订 C 语言，于 2011 年正式发布了 ISO/IEC 9899：2011，简称 C11 标准。C11 标准新引入的特性尽管没有 C99 相对 C90 引入的那么多，但是都十分有用，如字节对齐说明符、对多线程的支持、静态断言、原子操作以及对 Unicode 的支持。

3. C 语言的特点

C 语言用途广泛、功能强大、使用灵活，既可用于编写系统软件，又可用于编写应用软件。其主要特点如下：

（1）使用灵活。C 语言书写形式自由，语法限制不太严格，程序设计自由度大，例如对变量的类型约束不严格、对数组下标越界不作检查等。这就使 C 语言能够减少对程序员的束缚，给程序员最大的发挥空间。但同时也对程序员提出更高的要求，要求用 C 语言的人对程序设计更熟练。

（2）丰富的数据类型。C 语言包含的数据类型广泛，不仅包含有传统的字符型、整型、浮点型、数组、指针、结构体和共用体等数据类型，C99 又扩充了复数浮点类型、超长整型（long long int）和布尔类型等。其中以指针类型使用最为灵活，能用来实现各种复杂的数据结构（如链表、树、栈等）的运算。

（3）丰富的运算符。C 语言运算符丰富，它将赋值、括号等均视作运算符来处理，使 C 程序的表达式类型和运算符类型均非常丰富，熟练、灵活地使用各种运算符，可以实现在其他高级语言中难以实现的运算。

（4）可以直接对硬件进行操作。C 语言允许对硬件内存地址进行直接读写，能进行位运算，能实现汇编语言的大部分功能，可直接操作硬件。C 语言不仅具备高级语言所具有的良好特性，而且包含了许多低级语言的功能，故在系统软件编程领域有着广泛的应用。它不仅是成功的系统描述语言，也是通用的程序设计语言。

（5）代码具有较好的可移植性。C 语言是面向过程的编程语言，用户只需关注要解决的问题本身，而不需要花费过多的精力去了解相关硬件，且针对不同的硬件环境，在用 C 语言实现相同功能时的代码基本一致，不需或仅需进行少量改动便可完成移植，这就意味着针对一台计算机编写的 C 程序可以在另一台计算机上轻松地运行，从而极大地减少了程序移植的工作强度。

（6）与其他高级语言相比，C 语言可以生成高质量和高效率的目标代码。

（7）结构化的程序设计语言。C 语言是一种结构化语言，它提供了编写结构化程序的基本控制语句，并以具有独立功能的函数作为模块化程序设计的基本单位，有利于以模块化方式进行程序的设计、编码、调试和维护。

1.4.2　计算机程序的开发过程

要让计算机做事情，就必须把要做的事编写成计算机能执行的程序，交给计算机执行。编写计算机程序，简称编程，又称为程序设计。计算机程序的编写通常包括以下几个步骤：

(1) 分析问题。分析问题就是要搞清楚我们要让计算机做什么事，即分析我们已有的信息和我们想要的结果，分析怎样从已知的数据出发得到想要的结果。

(2) 设计算法。搞清楚我们要让计算机做什么事后，接着就要告诉计算机怎么做这件事。因为计算机本身什么都不会做，要让计算机做事情，就必须把做一件事的具体方法和步骤都设计好（算法设计），让计算机按照预设的步骤完成任务。

(3) 编写程序代码。选用一种计算机语言把设计好的算法编写成源程序，然后对源程序进行编译和连接，生成计算机可以执行的程序。

(4) 运行程序，分析结果。根据任务的特征设计多组测试数据对程序进行测试。每次运行可执行程序都用不同的数据测试程序，然后对程序运行结果进行分析，如果程序运行结果与预期不符，就要对程序进行调试，通过调试发现程序中的错误并进行修改，再重新编译、连接、运行程序，直到程序运行结果符合要求。

1.4.3 初识C程序

1. 一个简单的C程序

学习C语言最好的方法就是动手编程序，下面我们就通过一个简单的C程序开始我们的C语言学习之路。

【例1.1】 在屏幕上输出字符串“My first C program!”。

源程序：

```
#include<stdio.h>
int main()
{
    printf("My first C program!\n");      //调用函数printf输出字符串
    return 0;
}
```

运行结果：

```
My first C program!
```

说明：

(1) 本程序包括两部分：一条预处理命令和一个函数。

(2) 任何一个C程序都是由函数组成的，函数包括函数首部和函数体两部分。在上面的程序中，int main() 是函数的首部，它提供了函数的基本信息，其中int为函数返回值的类型（int是整型数据），main是函数名，因此该函数称为main函数或主函数，括号中是函数的参数，该函数没有参数。花括号{}括起的部分称为函数体。函数体中包含具体的程序语句，一个函数的功能由函数体中的语句实现，函数体中的语句不同，函数就能做不同的事。每个C程序中都必须有一个并且只能有一个main函数。C程序的执行从main函数开始，执行main函数中的语句，在main函数中调用其他函数，最后流程回到

main 函数，在 main 函数中结束整个程序。C 程序可以由多个函数组成，一个最简单的 C 程序就只由一个 main 函数组成，如本程序。

（3）在 C 程序中，每个 C 语句都以分号结尾。例如，本程序函数体中的两条语句都以分号结尾。在书写格式上很自由，多个 C 语句可以写在一行上，也可以一行写一个语句。

（4）语句 printf("My first C program!\n");的功能是调用 C 语言编译系统提供的标准库函数 printf 在屏幕上输出双引号括起来的字符串，更改括号中的字符串就可以输出不同的内容。有的读者可能会注意到，上面的程序运行结果只输出了 My first C program!，并没有在屏幕上输出末尾的\n，这是因为\n 是一个转义字符，它的作用是换行，即使光标移到下一行开头。

（5）C 语言编译系统提供了大量的函数供用户使用，这类函数称为标准库函数。在程序中要使用标准库函数，就必须对相应函数的原型进行说明，也就是要对函数的名称、参数、函数返回值类型进行说明。这些说明信息被保存在由编译系统提供的以 h 为扩展名的文件中。以 h 为扩展名的文件称为头文件。不同类的库函数的说明信息被保存在不同的头文件中，例如输入输出库函数的说明信息被保存在头文件 stdio. h 中，数学库函数的说明信息被保存在头文件 math. h 中。在 C 程序中调用库函数时，必须使用预处理命令 #include将对应的头文件包含到程序中。本程序中使用了标准库函数 printf，其说明信息被保存在头文件 stdio. h 中，因此程序第一行 #include<stdio. h>的作用就是将头文件 stdio. h 包含到程序中，以便编译系统了解 printf 函数的信息。

#include<stdio. h>是一条预处理命令。C 语言中以 # 开头的命令称为预处理命令。#include 是文件包含命令，其作用是将指定的文件包含到程序中。除了 #include 外，C 语言中还有其他的预处理命令，我们在后续的章节中会介绍。

（6）语句 return 0;的作用是将 0 作为 main 函数的返回值返回给操作系统，结束 main 函数的调用，同时结束整个程序的运行。函数的返回值由函数的调用者使用，main 函数由操作系统调用。

（7）函数 printf 所在行中，//后面的中文是注释的内容，是对该行语句的说明。C 语言中的注释分为两种：一种是以//开始的单行注释，这种注释可以单独占一行，也可以出现在一行中其他内容的右侧（如本程序中就是出现在右侧）。单行注释的范围从//开始，以换行符结束，注释内容不能跨行，只能在同一行上。另一种是将注释内容放在/*和*/之间，注释内容可以是一行，也可以是多行，例如：

```
printf("My first C program!\n");/*调用函数 printf 输出字符串*/
```

2. 运行一个 C 程序的步骤和方法

编写好 C 源程序后，必须使用相应的 C 语言开发环境将源程序处理成可执行程序，计算机才能执行。C 语言开发环境很多，有 Microsoft Visual C++、DEV C++、gcc、C-Free、Win-TC、Xcode 等。

下面在 Microsoft Visual C++ 6.0（以下简称 VC++ 6.0）集成环境下，以例题 1.1 为例，为大家介绍运行一个 C 程序的步骤和方法。

(1) 启动VC++ 6.0。

VC++ 6.0是一个庞大的语言集成工具，经安装后将占用几百兆磁盘空间。可以在桌面上双击VC++ 6.0快捷方式启动VC++ 6.0编程环境，也可以在“开始”菜单中找到 Microsoft Visual C++ 6.0 启动VC++ 6.0编程环境。启动VC++ 6.0后，屏幕上将显示如图1−7所示的窗口。

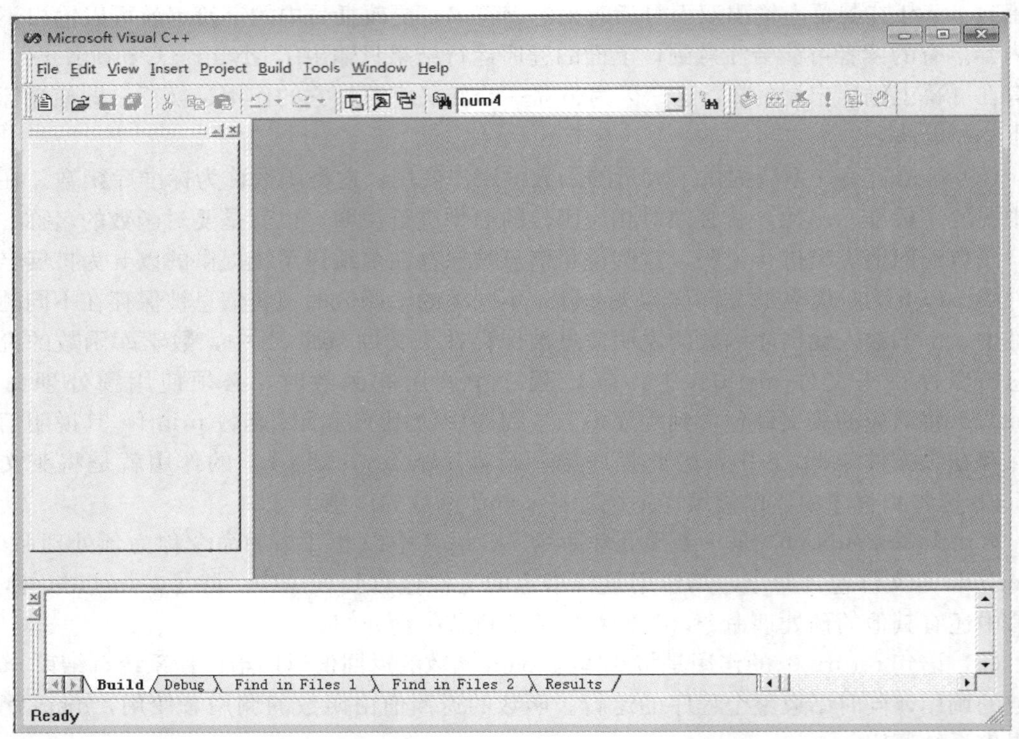

图1−7　VC++6.0启动后的窗口

(2) 新建文件，编辑程序。

启动VC++ 6.0环境后，就可以建立新文件，进入编辑窗口输入并编辑C程序代码。建立新文件有以下两种方式。

第一种方式：在如图1−7所示的窗口中，单击“File”菜单中的命令“New”，打开“New”对话框，并单击“Files”选项卡下的“C++Source File”，如图1−8所示。在“File”输入框中输入C源程序的文件名（注意文件名后需要加扩展名.C，表示是C源程序文件。如果不指定扩展名.C，系统会把程序默认为C++程序，文件扩展名默认为CPP）。本例中输入的文件名为“example−1.C”。在“Location”输入框中输入文件保存的位置，或单击输入框右侧的按钮选择保存位置。本例中文件的保存位置为“C:\C语言学习”。单击“OK”按钮，可进入C程序的编辑窗口，如图1−9所示，窗口标题栏显示正在编辑的程序的名称为 Microsoft Visual C++ - [example-1.c] 。

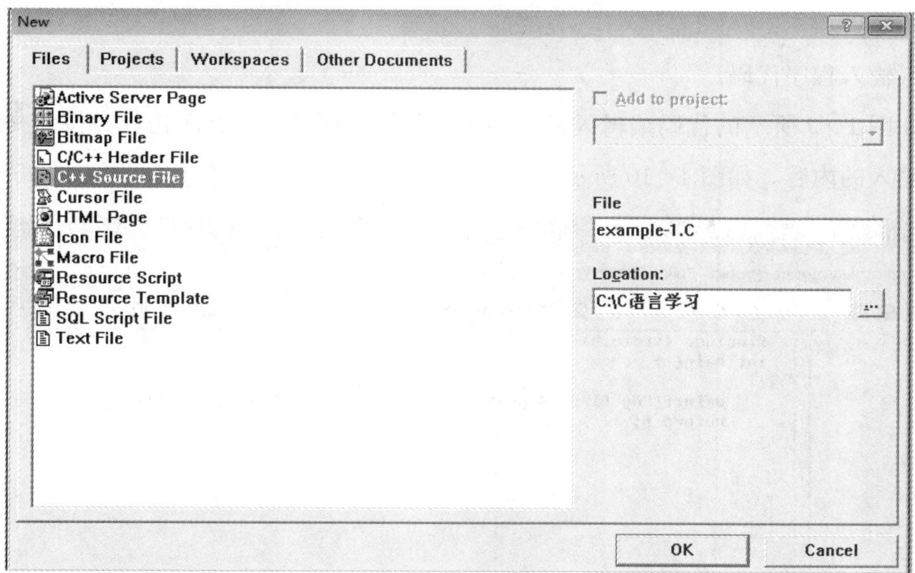

图 1－8　新建 C 源程序文件

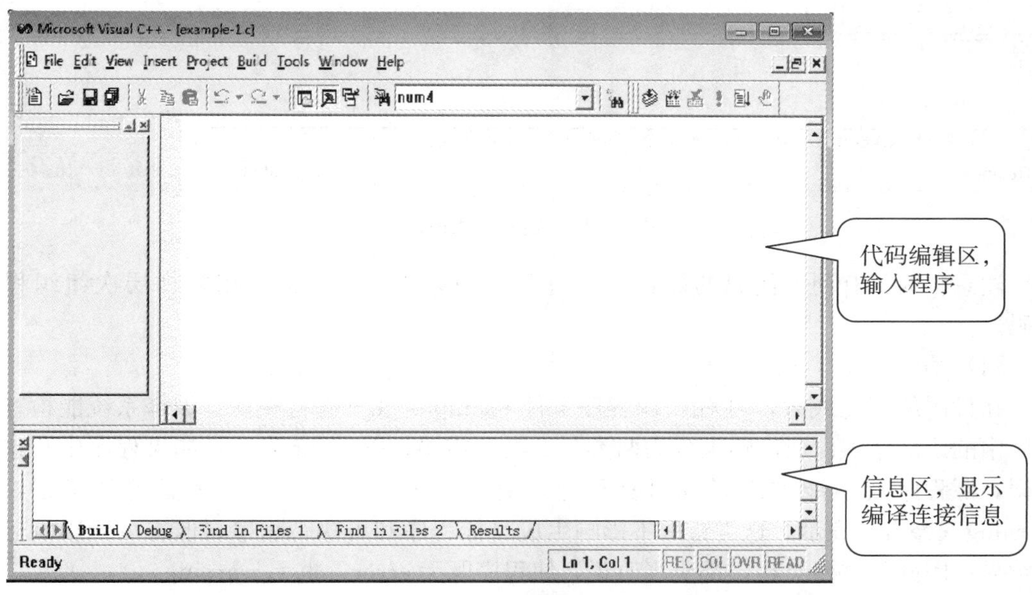

图 1－9　C 源程序编辑窗口

第二种方式：在如图 1－7 所示的窗口中，单击窗口左上角的新建文件图标，即可进入程序编辑窗口。单击窗口中的“File”菜单项，在打开的文件菜单中单击“Save”命令或单击工具栏上的保存按钮，出现“保存为”对话框，在对话框中选择文件保存位置并输入源程序文件名（注意文件名后需要加扩展名 .C，表示是 C 源程序文件。如果不指定扩展名 .C，系统会把程序默认为文本文件，文件扩展名默认为 txt），单击“OK”按钮，进入 C 程序的编辑窗口，如图 1－9 所示，窗口标题栏显示正在编辑的程序的名称为 Microsoft Visual C++ - [example-1.c] 。

（3）输入程序代码。

在如图 1－9 所示的代码编辑区输入例 1.1 的源程序代码，并单击保存按钮 保存好刚才输入的内容，如图 1－10 所示。

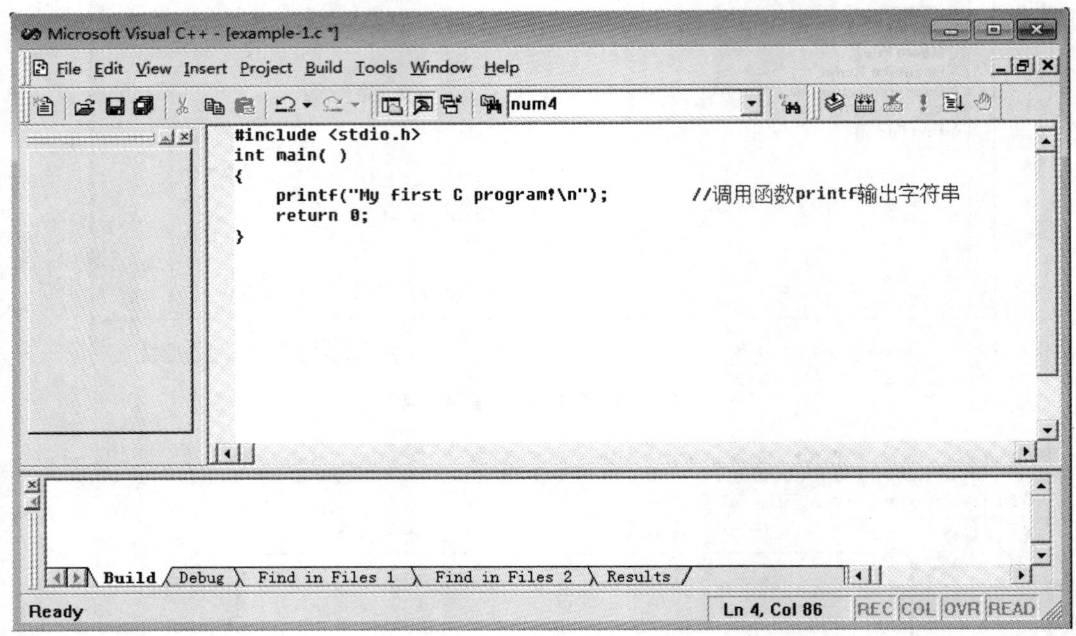

图 1－10　输入源程序代码

注意：为了有利于代码的阅读，一行只写一条语句，严格采用阶梯层次组织程序代码。

（4）编译。

在代码编写完成后，可对 C 源程序文件 example－1. c 进行编译。编译系统能检查出程序中的语法错误。语法错误分为两类：一类是错误，以 error 表示，如果程序中有这类错误，源程序就不能被编译成目标程序，更谈不上运行了；另一类是警告错误，以 warning（警告）表示，这类错误不影响生成目标程序和可执行程序，但有可能影响运行的结果。因此，这两类错误都应当改正，使程序既无 error，也无 warning。

可单击“Build”菜单下的“Compile”命令，将 C 源程序文件 example－1. c 编译成目标程序文件 example－1. obj，也可单击图 1－11 中工具条中的编译命令 或使用快捷键 Ctrl+F7 进行编译。

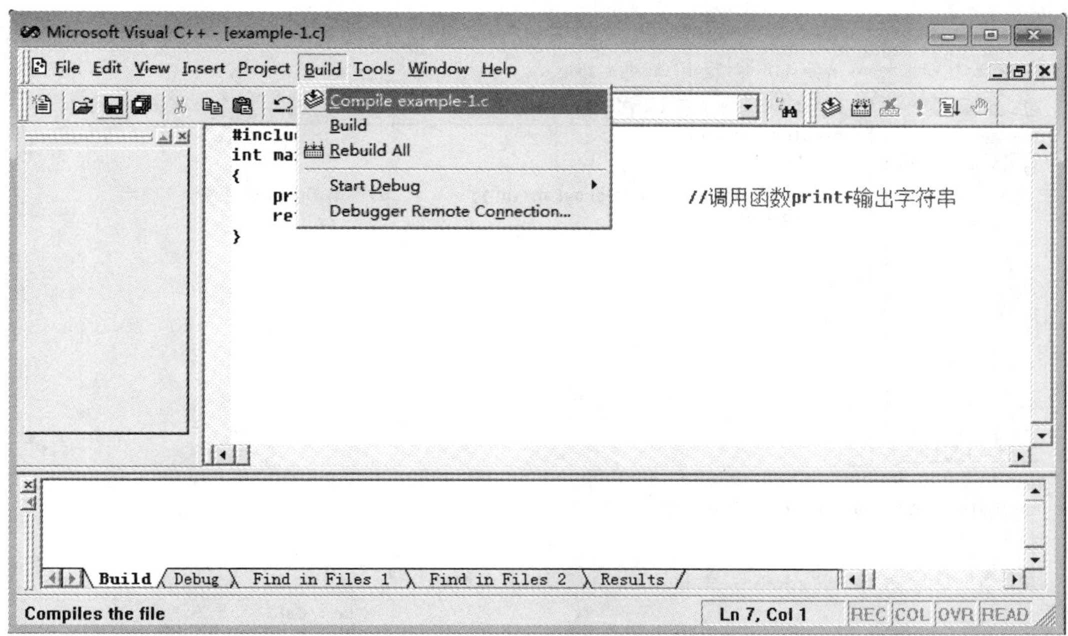

图 1−11　编译 C 程序

单击编译命令 Compile 后会出现一个对话框，如图 1−12 所示，询问是否建立一个默认的项目工作区。VC++ 6.0 必须有项目才能编译，所以应该单击“是”，然后在保存 C 源程序文件的文件夹里会生成与 C 源文件同名的 . dsw 和 . dsp 等文件。以后如果想继续编写或修改源程序，可以直接打开扩展名为 dsw 的文件，或打开扩展名为 C 的源程序文件。

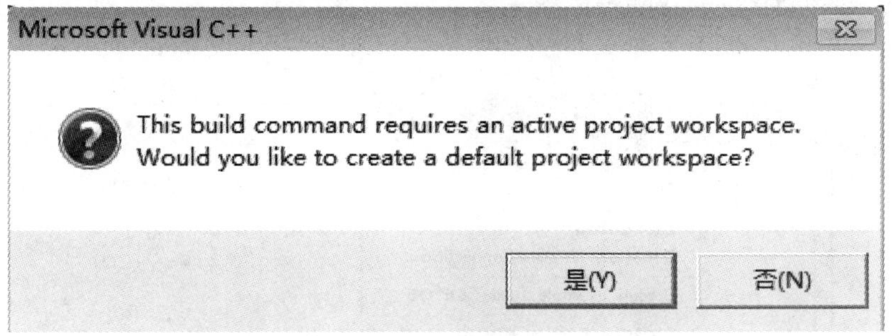

图 1−12　询问是否创建项目工作区对话框

单击如图 1−12 所示对话框中的“是”按钮后，系统开始编译源程序，编译的结果如图 1−13 所示，信息区中出现“0 error(s)，0 warning(s)”的提示信息，表示源程序无任何错误，编译成功，生成了目标程序文件“example−1. obj”。如果编译不成功，则会在信息区中显示所有错误和警告发生的位置和内容，并统计错误和警告的数量。双击错误信息，光标会跳到发生错误的行，同时该行左侧会出现一个蓝色的标记。但需要注意的是，有时程序中的错误与信息区中显示的编译错误并不是严格地一一对应，需要程序员自己加以分析。

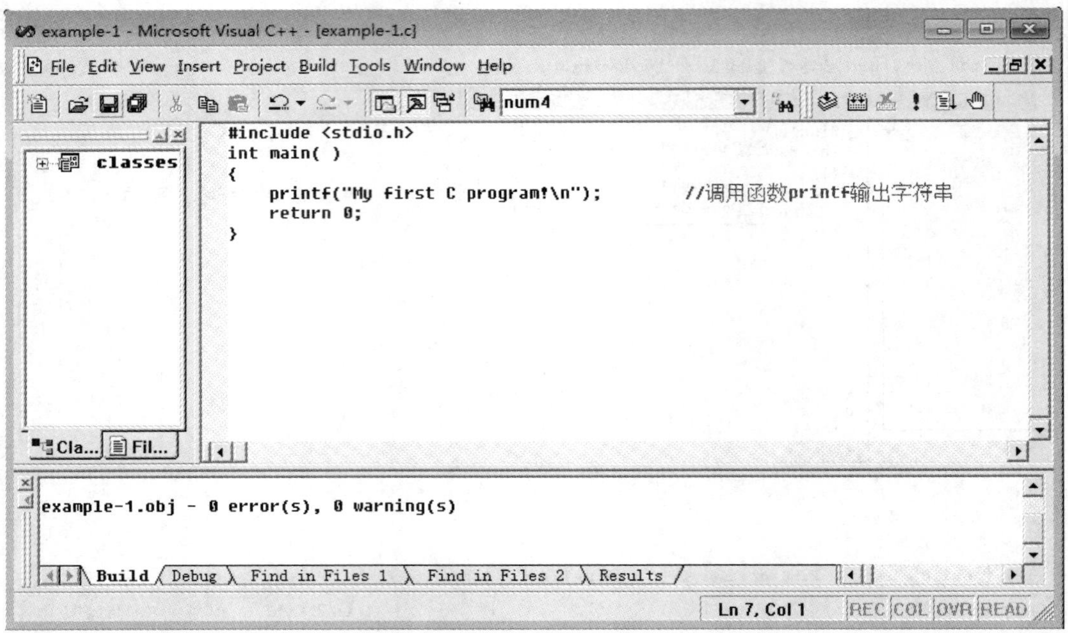

图 1-13　编译成功的窗口显示

（5）连接。

源程序编译成功，得到目标程序 example-1. obj 后，就可以对程序进行连接。此时可以单击“Build”菜单下的“Build”命令，也可以单击窗口工具条中的命令按钮，或按快捷键 F7，对目标程序进行连接操作，如图 1-14 所示。

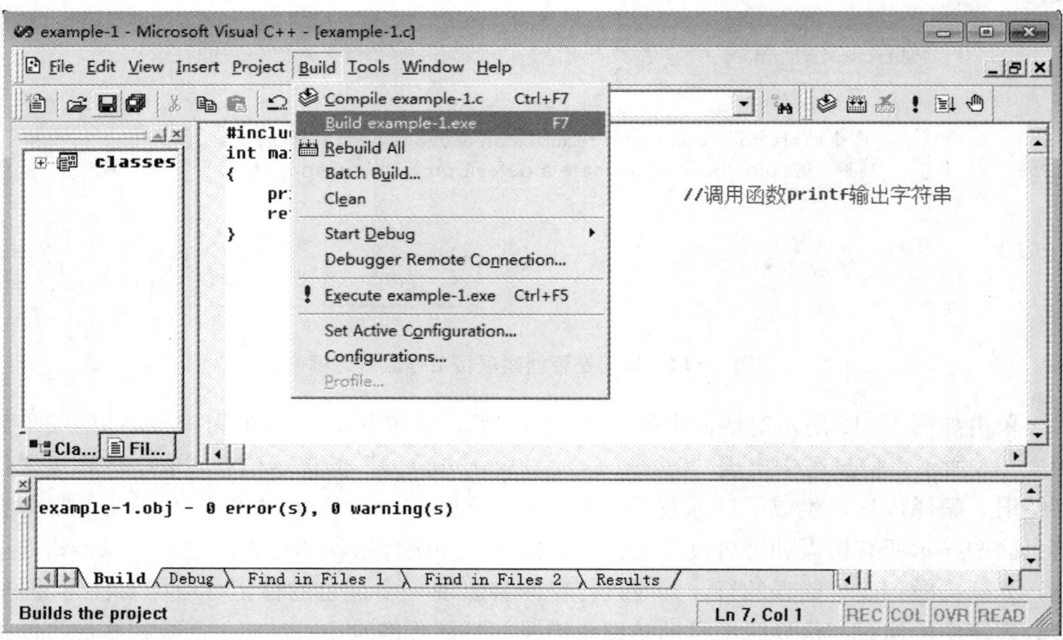

图 1-14　选择 Build 命令

执行了 Build 命令后，在信息窗口中显示连接时的信息，如图 1－15 所示，说明无连接错误，此时生成可执行程序文件“example－1. exe”。

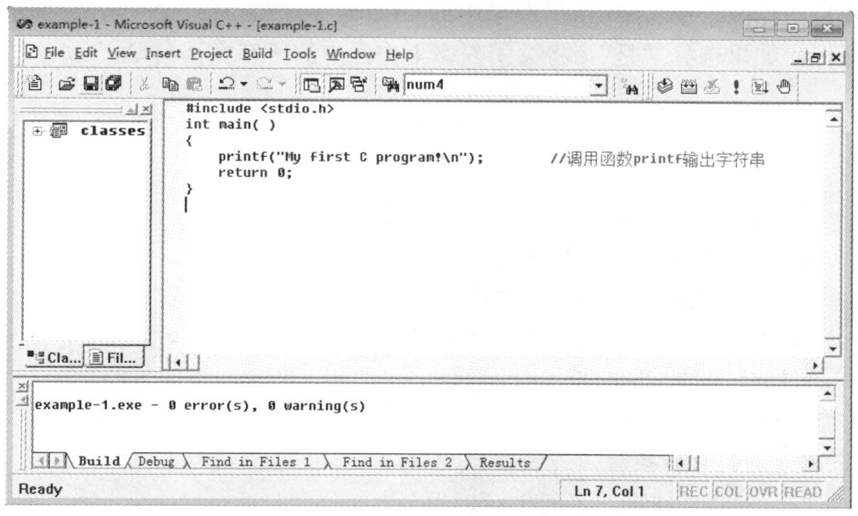

图 1－15　Build 命令执行后生成了可执行文件

（6）运行。

在生成可执行文件“example－1. exe”后，单击“Build”菜单下的“Execute”命令，或单击窗口工具条中的命令按钮 **!**，或使用快捷键 Ctrl＋F5，都可以运行程序。程序运行后会出现输出结果的窗口，窗口中显示程序的运行结果，如图 1－16 所示。在本例中，程序的运行结果为“My first C program!”。“Press any key to continue”不是程序的输出结果，而是由 Visual C＋＋ 6.0 系统自动加上的一行提示信息。输出窗口中出现该信息时，说明程序已经运行完毕，按下任意一个键可关闭输出窗口。如果程序运行结果与预期的结果不符，则需要返回编辑窗口修改程序，直到运行结果符合要求。

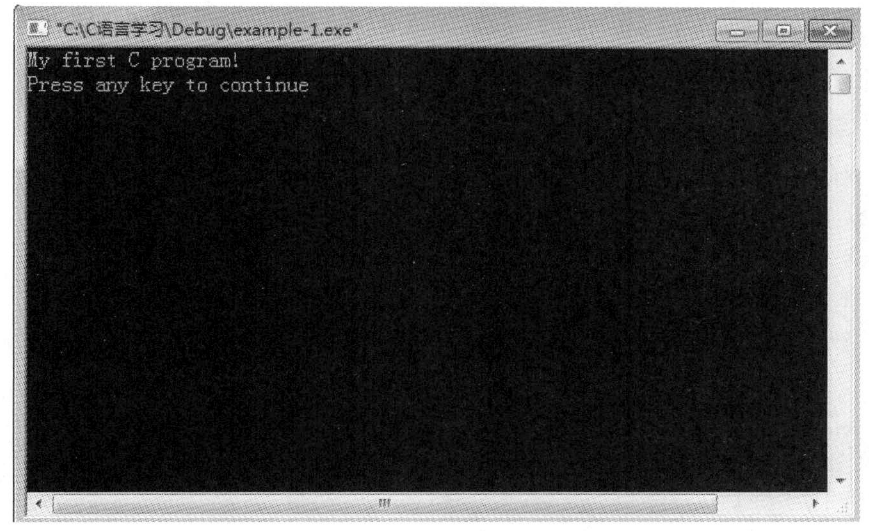

图 1－16　程序运行结果输出窗口

（7）关闭项目工作区。

如果已完成对一个程序的操作，想继续编写和操作第二个程序，此时就必须关闭前一个程序的项目工作区。单击“File”菜单中的“Close Workspace”命令，会弹出询问是否关闭的对话框，如果选择“是”，将关闭程序工作区中的所有文档窗口。

习题 1

1. 简述冯·诺依曼计算机的组成与工作原理。
2. 在计算机中为什么要采用二进制？
3. 什么是数制？在计算机领域经常使用的数制有哪些？
4. 什么是原码？什么是反码？什么是补码？写出下列数的原码、反码和补码：
   156　−156
5. 什么是 ASCII 码？
6. 将下列十进制数转换为二进制数：
   78　127　255　432　3.789　8.125
7. 将下列八进制数或十六进制数转换为二进制数：
   $(75.612)_8$　　$(78A.D3F)_{16}$
8. 什么是计算机程序？设计程序的目的是什么？
9. 什么是计算机语言？为什么要使用计算机语言？目前流行的计算机语言有哪些？
10. 什么是算法？一个正确的算法应该具有哪些特性？如何表示一个算法？
11. 程序开发的基本步骤是什么？
12. 请说明运行一个 C 程序的基本过程，以及各个阶段的主要任务。
13. 请参照本章例题 1.1 编写一个 C 程序，程序的功能是在屏幕上输出以下信息：

```
******************************
          Welcome!
******************************
```

第 2 章　数据类型、运算符和表达式

编写计算机程序的目的是使用计算机处理各种各样的数据，帮助人类更好、更快地解决问题。日常生活和工作中有各种各样的数据，例如整数、带小数点的数、汉字、英文字符等，为了用计算机处理日常生活和工作中的数据，计算机语言设计了各种数据类型来表示这些数据。

计算机处理数据时必然要进行各种各样的运算，C 语言提供了丰富的运算符，使用这些运算符可以组成各种表达式，实现需要的运算。

本章将为大家介绍 C 语言中的数据类型、运算符和表达式。

2.1　常量和变量

2.1.1　常量

在程序运行的过程中其值不能被改变的量称为常量。常量是有类型的，但在程序中使用常量时，一般不需要具体指出常量的数据类型，编译系统会自动根据常量的数据大小和书写形式确定其数据类型。

常量分为字面常量和符号常量两种。字面常量通过其字面形式就可以判断其为常量，例如，整型常量 123，浮点型常量 23.4，字符型常量 ‘a’、‘C’，字符串常量 “hello” 等。符号常量是指用一个符号名称代表一个常量。在 C 语言中用预处理命令 #define 定义符号常量，#define 称为宏定义命令。用 #define 定义的符号常量称为宏常量，一般用大写字母表示。用 #define 定义宏常量的一般形式为：

　　#define 宏常量 字符串

例如：要用 #define 定义宏常量 PI 代表 3.1415926，可以用以下形式：

　　#define PI 3.1415926

在程序中一旦定义了符号常量 PI，那么程序中出现的所有 PI 都代表常数 3.1415926。

【例 2.1】 宏常量的使用。计算圆的周长、面积，球的体积。

源程序：

```
#include<stdio.h>
#define PI 3.1415926    //定义宏常量 PI
int main()
```

```
{
    int r;
    printf("Please input r:");
    scanf("%d",&r);   //从键盘输入半径值赋给变量 r
    printf("圆的周长为:%f\n",2*PI*r);   //使用宏常量 PI
    printf("圆的面积为:%f\n",PI*r*r);   //使用宏常量 PI
    printf("球的体积为:%f\n",4.0/3*PI*r*r*r);   //使用宏常量 PI
    return 0;
}
```

说明：

在以上的程序中，使用 #define PI 3.1415926 定义了宏常量 PI 后，程序中凡是 3.1415926 出现的位置都可以用 PI 代替，如程序中的三条 printf 语句。宏常量的使用给程序的编写和修改带来了方便，同时也增强了程序的可读性。但编译系统对程序编译前先要进行宏替换，也就是将程序中的宏常量替换成字符串，这个过程也称为宏展开。在本例中，编译器会将 PI 替换成 3.1415926，然后再对宏展开后的源程序进行编译，如例 2.2 所示。

【例 2.2】 宏展开后的程序。

源程序：

```
#include<stdio.h>
int main()
{
    int r;
    printf("Please input r:");
    scanf("%d",&r);
    printf("圆的周长为:%f\n",2*3.1415926*r);   //宏展开后
    printf("圆的面积为:%f\n",3.1415926*r*r);   //宏展开后
    printf("球的体积为:%f\n",4.0/3*3.1415926*r*r*r);   //宏展开后
    return 0;
}
```

宏替换时不做任何语法检查，因此，如果替换错误，只有在对宏展开后的源程序进行编译时才会发现语法错误。

例如：在 #define PI 3.1415926;中，3.1415926 后面不小心写了一个分号，此时 PI 代表 3.1415926;，如果对例 2.1 的程序进行宏展开，此时三条 printf 语句分别为：

```
printf("圆的周长为:%f\n",2*3.1415926;*r);
printf("圆的面积为:%f\n",3.1415926;*r*r);
printf("球的体积为:%f\n",4.0/3*3.1415926;*r*r*r);
```

可以看到，在三条 printf 语句中，宏展开后，3.1415926 后面都有一个分号，如果对

包含上述三条语句的源程序进行编译，将产生语法错误。

2.1.2　变量

在程序运行期间其值能被改变的量称为变量。变量有四个属性：变量名、变量的数据类型、变量的存储单元和变量的值。每个变量都有一个名称来标识变量本身，变量的数据类型决定了变量可以存储的数据类型及变量存储单元的大小，变量的值存储在变量的存储单元中。在 C 程序中，定义变量的一般格式为：

　　数据类型　变量名；

例如，有以下语句：

```
int num;   //定义 int 型变量 num
num=10;    //给变量 num 赋值
num=4;     //再次给变量 num 赋值
```

上面的语句定义了一个整型变量 num，其中 num 为变量名，int 是变量的数据类型(int 是基本整型)，编译系统会根据数据类型 int 的特性给变量 num 分配一定长度的内存空间存储变量的值。在 Visual C++ 6.0 中一个 int 型数据需要用 4 个字节存放，因此 Visual C++ 6.0 编译系统会给一个 int 型变量分配 4 个字节的内存空间存储一个 int 型数据，不同的编译系统会有差别。变量定义完毕，执行语句 num=10;，该语句的作用是将 10 赋给变量 num 作为变量 num 的值，如图 2—1 所示。接着再执行语句 num=4;，此时变量 num 的值会被更新成 4，如图 2—2 所示。

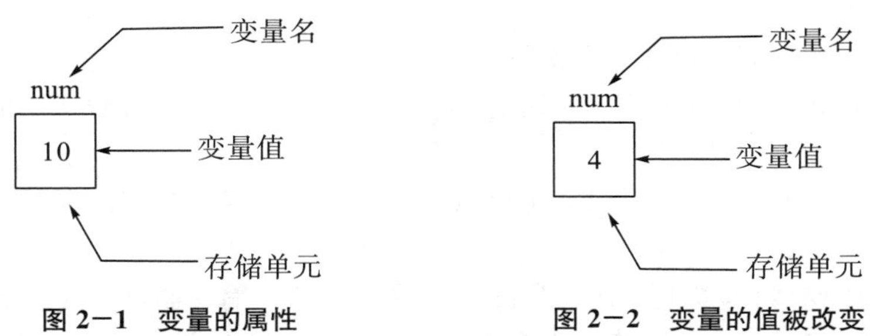

图 2—1　变量的属性　　　　**图 2—2　变量的值被改变**

说明：

(1) 标准 C(C89) 规定，所有变量必须在第一条可执行语句前定义。

例如：在以下的程序中先定义了变量 a 和变量 b，然后才出现赋值语句。

```
int main()
{
    int a;   //定义变量 a
    double b;   //定义变量 b
    a=1;
    b=2.5;
    return 0;
}
```

（2）当定义同一类型的多个变量时，各变量名之间用逗号隔开。

例如：int a, b, c;

（3）在定义变量的同时为其赋值，称为变量的初始化。

例如：

```
int x=3;   //定义一个变量并赋初始值
int x=0, y=0;   //定义多个变量,并分别赋初始值
int x=y=0;   //错误的用法,对多个变量赋初始值,必须分开赋值
```

（4）在 C 语言中，用来对变量、符号常量、函数、数组等命名的有效字符序列统称标识符。标识符就是一个名字。对于标识符的命名，C 语言中有如下规定：

- 标识符只能由字母、数字和下划线 3 种字符组成，且第 1 个字符必须为字母或下划线。
- 标识符中的字母区分大小写。
- 不允许使用 C 语言中的关键字作为标识符名称。
- 标识符包含的字符数会有最大长度的限制，与编译器相关。

例如：sum、cur _ state、number1、Max _ score 都是合法的标识符，NO. 1、x<y、Max−score 不是合法的标识符。Max 和 max 是两个不同的变量名，因为 C 语言编译系统区分字母的大小写。

（5）标识符命名时尽量做到见名知意，以增强程序的可读性。

2. 1. 3　const 常量

除了上面介绍的字面常量和符号常量，还有一种常量称为 const 常量，即用 const 定义的常量。例如：const double PI=3. 14;。const 常量只能在定义时赋初始值，一旦定义好，其值不能被改变。

C 语言可以用 const 来定义常量，也可以用 #define 来定义常量。但是前者比后者有更多的优点：

（1）const 常量有数据类型，而宏常量没有数据类型。编译器可以对前者进行类型安全检查，而对后者只进行字符替换，没有类型安全检查，且在字符替换时可能会产生意料不到的错误。

（2）有些集成化的调试工具可以对 const 常量进行调试，但是不能对宏常量进行调试。

2. 2　基本数据类型

学习 C 语言的目的就是用 C 语言编程解决各种各样的问题，解决问题的过程离不开数据的处理，而数据处理的过程中会涉及不同形式的数据。在 C 语言中，用数据类型来区分不同形式的数据。不同的数据类型，其表示形式、占据的内存空间大小以及可执行的操作等都不一样。通常，将 C 语言中的数据类型分为四大类：基本类型、构造类型、指针

类型和空类型。

常见的基本类型有整型、浮点型和字符型。该类型数据的特点是不能再分解为其他类型。

构造类型是由一个或多个已定义的数据类型按一定规则构造而成的。常用的构造类型有数组类型、结构体类型、共用体类型。

指针类型是一类特殊的变量，专门用来存储内存单元的地址。指针变量的值就是一个内存单元的地址。指针类型通常被认为是 C 语言中的精华，能正确理解和使用指针经常被看作是真正掌握 C 语言的重要标志之一。

空类型，即 void 类型，也被翻译为“无类型”，常用在定义函数时对参数类型、返回值的声明，也可用于对指针类型的声明。

本节主要介绍常见的三种基本数据类型，其他数据类型将在后续章节中介绍。

2.2.1　整型数据

1. 整型常量的表示

整型常量就是整型常数，例如 54，128 等都是整型常量。在 C 语言中，整型常量有三种表示形式，分别是十进制、八进制、十六进制，其中十进制整数是最常见的表示形式。不同进制的数使用不同的前缀来区分。

（1）十进制整数。

十进制整数由 0～9 之间的任意字符组成。十进制整数没有前缀，不能以数字 0 开头。例如，－345，789，0 等都是十进制整数。

（2）八进制整数。

八进制整数由 0～7 之间的任意字符组成，并且以数字 0 开头，例如，－0345，012 等都是八进制整数。

（3）十六进制整数。

十六进制整数由 0～9、A～F 或 0～9、a～f 之间的任意字符组成，并且以 0x 或者 0X 开头（0 是数字 0，不是字母 o），例如，－0x345，0x1F 等都是十六进制整数。

2. 整型变量

根据所占内存空间的大小和所能表示的数值范围，整型数据分为短整型、基本整型和长整型三类。

（1）短整型，以 short int 表示，或以 short 表示。

（2）基本整型，以 int 表示。在实际使用中通常将基本整型称为整型。

（3）长整型，以 long int 表示，或以 long 表示。

C 标准没有规定每种数据类型占用内存空间的长度，只要求 long 型数据不短于 int 型，short 型不长于 int 型。因此，不同的编译系统，每种数据类型占用的内存空间大小有所不同。例如，在 Visual C++ 6.0 中，short 型占 2 个字节的内存，int 型和 long 型都占 4 个字节的内存空间。

整型数据除了可以分为以上三种类型外，还可以根据数的符号分为有符号整数和无符号整数。有符号整数有正数和负数之分。在计算机中存储有符号整数时，用最高位（即最左边一位）存储符号位，0 表示正号，1 表示负号。有符号整数在计算机内存中以二进制补码的形式存放。在第一章中介绍过，一个正数的补码就是该数本身，求一个负数补码的方法为负数绝对值按位取反，然后在最低位加 1。以一个整数占 4 个字节为例，图 2－3 和图 2－4 分别是有符号整数 15 和－15 在内存中的存放形式。

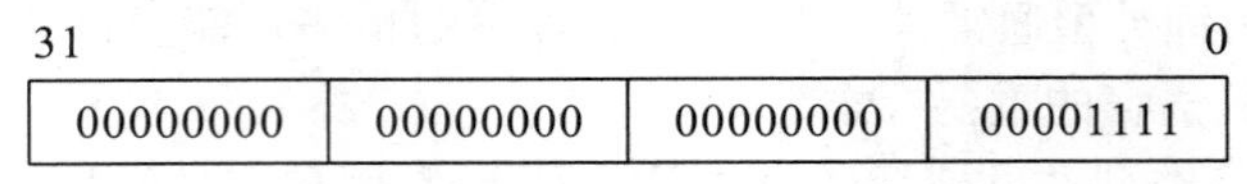

图 2－3　15 在内存中的存放形式

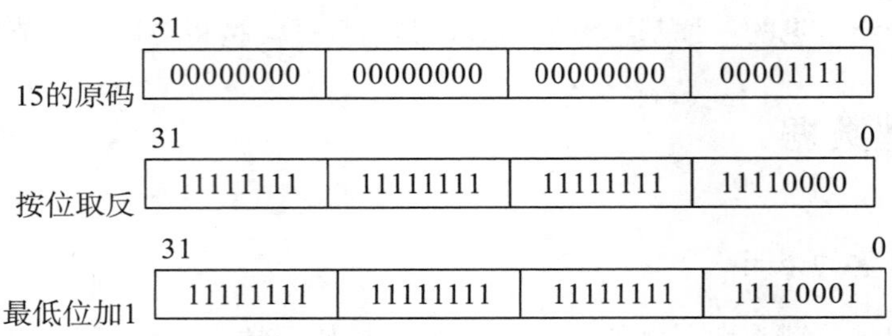

图 2－4　－15 在内存中的存放形式

一个 4 字节有符号整数能表示的数值范围是（二进制形式）：

10000000 00000000 00000000 00000000～01111111 11111111 11111111 11111111

对应的十进制表示是：$-2^{31}\sim 2^{31}-1$。

无符号数就是没有符号位的数，即非负数，如 0，3456 等。在计算机中存储无符号整数时，所有的二进制位都用来存储数值本身。因此，一个 4 字节无符号整数能表示的数值范围是（二进制形式）：

00000000 00000000 00000000 00000000～11111111 11111111 11111111 11111111

对应的十进制表示是：$0\sim 2^{32}-1$。

在 C 语言中，有符号整数用 signed 表示，无符号整数用 unsigned 表示。如果既没有指定为 signed，也没有指定为 unsigned，则默认为有符号整数。

综合以上两种分类，C 语言中的整型数据可以分为以下 6 类：

（1）有符号基本整型：用 signed int 或 int 表示。

（2）无符号基本整型：用 unsigned int 表示。

（3）有符号短整型：用 signed short int 或 short 表示。

（4）无符号短整型：用 unsigned short int 或 unsigned short 表示。

（5）有符号长整型：用 signed long int 或 long 表示。

（6）无符号长整型：用 unsigned long int 或 unsigned long 表示。

表 2－1 给出了各整数类型在 Visual C++ 6.0 下的数值范围和所占内存的大小。

用各种整数类型定义的变量称为整型变量。整型变量用来存放整数值。可以用以下方式定义整型变量，例如：

```
int x;
unsigned y;
short z;
unsigned short u;
long v;
```

整型变量只能存放其数值范围内的整数，如果将超出数值范围的整数赋给变量，变量无法存放该数，将产生“溢出”，数据会发生错误。例如，在 Visual C++ 6.0 下，有符号短整型的数值范围是－32768～32767，如果将超出该范围的数 42767 赋给一个有符号短整型变量，数据将产生“溢出”，变量的值变为－22769，不再是 42767。

表 2－1　各整数类型在 Visual C++ 6.0 下的数值范围和所占内存的大小

数据类型	所占内存字节数（B）	数值范围
short signed short int	2	－32768～32767，即 $-2^{15}\sim2^{15}-1$
unsigned short unsigned short int	2	0～65535，即 $0\sim2^{16}-1$
int signed int	4	－2147483648～2147483647，即 $-2^{31}\sim2^{31}-1$
unsigned int	4	0～4294967295，即 $0\sim2^{32}-1$
long signed long int	4	－2147483648～2147483647，即 $-2^{31}\sim2^{31}-1$
unsigned long unsigned long int	4	0～4294967295，即 $0\sim2^{32}-1$

2.2.2　浮点型数据

1. 浮点型常量的表示

浮点型常量又称为浮点数或实数，是指带小数点的数。它有两种表示形式，即十进制小数形式和指数形式。

（1）十进制小数形式。

由数字 0～9、小数点和符号组成，正号（+）可以省略不写，负数以负号（－）开头。例如，0.0，.23，0.23，6.13，5.0，300.，－267.823 均为合法的浮点数。如果小数点前的整数部分为 0 或小数点后的小数部分为 0，则整数部分或小数部分可以省略不写，例如，.23 表示 0.23，300. 表示 300.0，但整数部分和小数部分不能同时省略，例如 0.0 不能只用一个小数点（.）表示。

（2）指数形式。

由十进制小数、阶码标志“e”或“E”以及阶码组成。例如，-187×10^{2} 可表示为－187e2或－187E2，8.7×10^{-3} 可表示为 8.7e－3 或 8.7E－3。用指数形式表示浮点数时，阶码标志 e（或 E）之前必须有数字，且 e（或 E）后面的指数必须为整数。例如，e5，2.1e4.5，.e2，e 等都是不合法的指数形式，3.5e3，6.5e－4，.05e－6，83.e＋3 等都是合法的浮点数指数形式。

2. 浮点型变量

C 语言将浮点型数据分为单精度、双精度和长双精度三种类型，其中单精度用 float 表示，双精度用 double 表示，长双精度用 long double 表示，三种类型所占内存长度、精度及取值范围如表 2－2 所示。

表 2－2　浮点型数据在 Visual C＋＋6.0 下的数值范围和所占内存的大小

数据类型	所占内存字节数（B）	有效数字	数值范围
float	4	6～7 位	$-3.4\times10^{38}\sim3.4\times10^{38}$
double	8	15～16 位	$-1.7\times10^{308}\sim1.7\times10^{308}$
long double	8	15～16 位	$-1.7\times10^{308}\sim1.7\times10^{308}$

C 语言中用浮点型变量存放浮点数。例如，可以用以下语句定义浮点型变量：

```
float m,n;       // 定义单精度变量 m 和 n
double area;     // 定义双精度变量 area
long double f;   // 定义长双精度变量 f
```

3. 浮点型常量的类型

一个没有任何后缀的浮点型常量被默认为是 double 型，如 45.78，4.5e2 等。后缀是 f 或 F 的浮点型常量被编译系统认为是 float 型，如 1.23f，2.45F 等。后缀是 l or L，被认为是 long double 型，如 1.23L，5.76l 等。

2.2.3　字符型数据

1. 字符型常量

在 C 语言中，字符常量是用单引号括起来的一个字符。如 ‘w’、‘b’、‘D’、‘?’、‘B’ 等，其中 ‘B’ 和 ‘b’ 是不同的字符常量。程序中字符常量与其他数据相区别的一个重要标志就是单引号，例如，‘b’ 是一个字符常量，但 b 是一个标识符；‘5’ 是一个字符常量，但 5 是一个整数。‘12’、‘num’ 是错误的表示方法。

用一对单引号将字符括起来表示字符常量的形式适用于多数可显示字符，但不适用于某些控制字符（如回车符、换行符等）。因此，C 语言中引入了另外一种特殊形式的字符常量——转义字符。转义字符是以反斜线（\）开头的字符序列，反斜线的作用就是给后面的字符赋予新的含义。转义字符仍然要用一对单引号括起来，例如 ‘\n’ 是一个转义字符，其含义是换行，它控制输出光标移到下一行开头。常用的转义字符如表 2－3 所示。

表 2−3　常用的转义字符及含义

字符形式	含义	说明
\n	换行，使光标移到下一行开头	控制字符
\t	水平制表，将光标移到下一个 Tab 位置	
\a	响铃	
\b	退格，将光标移到前一列	
\r	回车，将光标移到本行开头	
\f	走纸换页	
\v	垂直制表	
\\	一个反斜杠	可显示字符
\'	一个单引号	
\"	一个双引号	
\?	一个问号	
\ddd	由 1～3 位的八进制 ASCII 码值所代表的字符	ASCII 码值形式的字符常量
\xhh	由 1～2 位的十六进制 ASCII 码值所代表的字符	

说明：

（1）每个转义字符只能看作一个字符。如，'\n'、'\\'、'\101'、'\0' 等都是一个字符。

（2）'\v' 垂直制表和 '\f' 走纸换页对屏幕显示没有任何影响，但会影响打印机执行响应操作。

（3）'\ddd' 是指用一个 1～3 位的八进制 ASCII 码值来表示字符常量，例如，'\101' 表示字符 A，因为八进制 ASCII 码值 101 对应的字符是 A，'\101' 与 'A' 两种形式等价，都可以表示字符常量 A。

（4）'\xhh' 是指用一个 1～2 位的十六进制 ASCII 码值来表示字符常量，例如，'\x41' 表示字符 A，因为十六进制 ASCII 码值 41 对应的字符是 A，'\x41'、'\101' 与 'A' 三种形式等价，都可以表示字符常量 A。

（5）'\0' 代表空字符，通常用作字符串结束标志。

【例 2.3】 在屏幕上输出 I can printf \n, "\t& \!。

源程序：

```
#include<stdio.h>
int main()
{
    printf("I can printf \\n,\"\\t&\\!");    /* 输出字符串 */
    return 0;
}
```

2. 字符在内存中的存储形式

我们在第 1 章介绍过，所有信息在计算机中都以二进制形式存储和处理，字符也不例外。字符在计算机中存储和处理的都是其整数编码值，对计算机来说，字符就是一个整数。但并不是任意写一个字符程序都能识别，例如圆周率 π 在程序中是不能被识别的，程序中只能使用系统字符集中的字符。目前计算机上广泛使用的字符集是 ASCII 码字符集，该字符集规定了每个字符对应的整数编码。也就是说，每个字符都对应一个整数值，这个整数值就是该字符的 ASCII 码。ASCII 码字符集共包括 128 个基本字符，每个字符用 1 个字节存放，ASCII 码值的范围为 0～127。ASCII 码字符集中的字符和对应的编码见第 1 章表 1−2。

例如，字符 a 在计算机中存储和处理的是其二进制 ASCII 码值 01100001，对应的十进制 ASCII 码值为 97。字符在计算机内部都是以二进制 ASCII 码值存储和处理的，但为了描述上的方便，后面的讨论都用的是十进制、八进制或十六进制 ASCII 码值。

3. 字符型变量

在 C 语言中，字符型数据的类型标识符是 char，分为有符号和无符号两种，其存储空间和取值范围如表 2−4 所示。

表 2−4　Visual C++ 6.0 下字符型数据的存储空间和取值范围

数据类型	所占内存字节数（B）	数值范围
char signed char	1	−128～127
unsigned char	1	0～255

字符型变量用来存储字符常量，一个字符变量只能存储一个字符。实质上一个字符变量中存储的是字符的 ASCII 码值，即一个字符变量的值其实是一个 1 字节的整数。

例如：

```
char ch='a';
```

上面的语句定义了一个字符变量 ch，同时把字符 a 作为初始值赋给变量 ch，变量 ch 的值是字符 a 的十进制 ASCII 码值 97。

在字符数据的取值范围内，对 char 型数据和 int 型数据进行相互转换不会丢失信息，二者可以进行混合运算。同时，一个 char 型数据既能以字符格式输出，也能以整数格式输出，以整数格式输出时就是直接输出字符的 ASCII 码值。

【例 2.4】以字符格式和整数格式输出 char 型数据。

源程序：

```
#include<stdio.h>
int main()
{
    char ch;                          // 定义字符变量 ch
```

```
        ch='a';                          // 将字符 a 赋给变量 ch
        printf("%c,%d\n",ch,ch);    // 以字符和整数两种格式输出 ch 的值
        return 0;
    }
```

运行结果：

a,97

【例 2.5】 大小写字母的转换。

源程序：

```
#include<stdio.h>
int main()
{
    char c1,c2;
    c1='a';
    c2='B';
    printf("转换前 c1 和 c2 的值分别为:%c,%c\n",c1,c2);
    c1=c1-32;  //将小写字母的 ASCII 码值减去 32,结果是对应大写字母的
ASCII 码值
    c2=c2+32;  //将大写字母的 ASCII 码值加上 32,结果是对应小写字母的
ASCII 码值
    printf("转换后 c1 和 c2 的值分别为:%c,%c\n",c1,c2);    // 输出转换后的结果
    return 0;
}
```

运行结果：

转换前 c1 和 c2 的值分别为:a,B
转换后 c1 和 c2 的值分别为:A,b

2.2.4　指针类型的数据

这里仅对指针进行简单的介绍，指针详细的讲解见第 8 章。

1. 什么是指针

在日常生活中，一栋大楼由若干个房间组成，每一个房间都有一个编号，这个编号称为房间的地址，通过地址就能找到对应的房间。同样，计算机的内部存储器由若干个存储单元组成，每一个存储单元中可存放一个字节的数据，每个存储单元也有一个编号，这个编号称为内存地址，计算机通过内存地址就能找到对应的内存单元，从而进行数据的存取。

如果在程序中定义了一个变量，计算机将为该变量分配一定长度的内存空间存放数

据，该段内存空间的首地址称为变量的地址。在程序中，可以使用取地址运算符“&”表示变量的地址，例如，程序中定义了一个int型变量a，可以使用表达式“&a”表示变量a的地址。

在C语言中，将内存地址形象化地称为指针，一个变量的地址称为该变量的指针。

2. 指针变量

指针变量是一类特殊的变量，这类变量专门用来存放另外一个变量的地址，因此，指针变量的值就是一个内存地址。如果把一个变量的地址赋给一个指针变量，则称为指针变量指向另一个变量，即通过指针变量可访问它所指向的变量。在C语言中，要通过指针变量访问它所指向的变量，必须使用指针运算符“*”。

定义指针变量的一般形式为：

类型名 * 指针变量名；

例如：int * p1, * p2；

在以上的定义语句中，定义了两个int型的指针变量p1和p2。指针变量的类型决定了指针变量所指向的变量的类型。在本例中，p1和p2只能指向int型变量，也就是说，p1和p2只能存放int型变量的地址。需要说明的是，在定义指针变量时，变量名前的“*”不是指针运算符，而是一个指针变量的标识符号，在定义指针变量时与普通变量进行区别。

【例2.6】 使用指针变量访问整型变量。

```
#include<stdio.h>
int main()
{
    int a, *p;   /*定义int型变量a和int型指针变量p*/
    a=100;   /*将100赋给变量a*/
    p=&a;   /*将int型变量a的地址赋给int型指针变量p*/
    printf("a=%d\n",a);   /*输出变量a的值*/
    printf("*p=%d\n", *p);   /*表达式*p表示访问的是指针变量p所指向的
变量a,即输出a的值100*/
    return 0;
}
```

程序的运行结果如下：

```
a=100
*p=100
```

2.3 运算符和表达式

在C语言程序中，用来表示某种运算的符号称为运算符，参加运算的数称为操作数，运算符和操作数组成了实现运算的表达式，例如，表达式num1+num2中，“+”是运算

符，num1 和 num2 是操作数。

C 语言提供了丰富的运算符。在一个表达式中如果出现多个运算符，那么运算顺序就要根据运算符的优先级和结合性来决定，优先级高的先运算，优先级低的后运算。如果运算符的优先级相同，则根据其结合性来判断运算顺序。

根据操作数的个数，运算符被分为一元运算符（或单目运算符）、二元运算符（或双目运算符）、三元运算符（或三目运算符）。一元运算符只需要一个操作数，二元运算符需要两个操作数，三元运算符需要三个操作数。

2.3.1　算术运算符和算术表达式

C 语言中的算术运算符有 6 个，分别是 +、－（减法）、*、/、%、－（取相反数），如表 2－5 所示。由算术运算符和操作数组成算术表达式以实现各种算术运算，算术表达式中的操作数可以是常量、变量、函数。

表 2－5　C 语言中的算术运算符及其说明

优先级	运算符	含义	需要的操作数	运算举例	运算结果	结合性
2	－	取相反数	1 个	－(－5) －3	5 －3	从右至左
3	* / %	乘法运算符 除法运算符 求余运算符	2 个	2*3 1/5 1.0/5 5%2	6 0 0.2 1	从左至右
4	+ －	加法运算符 减法运算符	2 个	2+5 6－3	7 3	从左至右

说明：

（1）表 2－5 中，代表优先级的数字越小，说明优先级越高。

（2）在 C 语言中，除法运算分为整数除法和浮点数除法。两个整数相除即为整数除法，运算结果是整数，即取商的整数部分作为运算结果。例如，8/5 结果为 1，小数部分被舍弃；1/7 结果为 0。浮点数除法中至少有一个操作数是浮点数，运算结果也是浮点数，例如，1.0/2 结果为 0.5，8/5.0 或 8.0/5.0 结果都为 1.6。

（3）对于求余运算符%，操作数只能是整型数据，也就是两个整型数据才能进行求余运算，例如 12%5 是合法的表达式，结果为 2；浮点型数据不能进行求余运算，例如 12.0%5 是不合法的表达式。

（4）当一个算术表达式中有多个运算符时，先进行高优先级的运算，如果优先级相同，再考虑结合性。例如，表达式 2.5+6－2*2 的运算顺序如下：

```
2.5+6－2*2  //乘法运算符优先级最高，先进行乘法运算
＝2.5+6－4   //加法和减法运算符优先级相同，考虑结合性，结合性为从左至右
＝8.5－4
＝4.5
```

（5）可以使用圆括号控制运算的先后顺序，圆括号内的部分优先计算。如果有多重括号，按从里到外的顺序计算。例如，(12－(3＋2))*2的运算顺序如下：

(12－(3＋2))*2

＝(12－5)*2

＝7*2

＝14

【例 2.7】计算并输出一个三位正整数的百位数字、十位数字、个位数字。

源程序：

```
#include<stdio.h>
int main()
{
      int num,dig_1,dig_2,dig_3;
      printf("请输入一个三位正整数:");
      scanf("%d",&num);            // 输入一个三位正整数
      dig_3=num/100;               // 计算百位数字
      dig_2=num%100/10;            // 计算十位数字
      dig_1=num%10;                // 计算个位数字
      printf("%d 的百位数字为%d,十位数字为%d,个位数字为%d\n",num,dig_3,
dig_2,dig_1);
      return 0;
}
```

如果从键盘输入 387，程序的运行结果如下：

请输入一个三位正整数:387

387 的百位数字为 3,十位数字为 8,个位数字为 7

2.3.2 赋值运算符和赋值表达式

1. 基本赋值运算

在C语言中，“＝”被称为赋值运算符。由赋值运算符及两侧的操作数组成的式子称为赋值表达式。在赋值表达式中，右操作数也称右值（right value），可以是一个常量、变量或者是一个表达式；左操作数也称左值（left value），只能是一个变量。赋值表达式的一般形式为：

变量＝右值

其作用是将“＝”右侧的右值赋给“＝”左侧的变量，赋值表达式的值为“＝”左侧变量的值。赋值表达式末尾加个分号就构成了赋值语句。

例如：

```
a=3   /* 将 3 赋给变量 a,该赋值表达式的值为变量 a 的值 3 */
```

c=a+b　/＊算术运算符的优先级高于赋值运算符，因此先计算 a+b，然后再将 a+b的值赋给变量 c，该赋值表达式的值为变量 c 的值＊/

c1=c2=a+b　/＊这是个多重赋值表达式，赋值运算符的结合性是自右向左，因此先计算 a+b，然后将 a+b 的值赋给变量 c2，再将变量 c2 的值赋给变量 c1，最后整个赋值表达式的值为变量 c1 的值＊/

a=3;　/＊赋值表达式后加分号，就构成了赋值语句＊/

c=a+b;　/＊赋值语句＊/

c1=c2=a+b;　/＊赋值语句＊/

a+b=c　/＊错误，因为算术运算符优先级高于赋值运算符，该表达式相当于(a+b)=c，“=”左侧出现了表达式是错误的，“=”左侧只能是一个变量＊/

5=c　/＊错误，“=”左侧出现了常数是错误的，“=”左侧只能是一个变量＊/

2. 复合的赋值运算符

在 C 语言中，除了上面介绍的赋值运算符“=”外，还提供了一类赋值运算符，称为复合的赋值运算符，涉及算术运算的复合赋值运算符有+=、-=、＊=、/=、%=，共 5 个。复合的赋值运算符优先级、结合性均与赋值运算符“=”相同。复合赋值运算符左侧的操作数只能是一个变量，右侧的操作数可以是常量、变量或其他表达式。例如，a+=5，c＊=a+b，x/=y 等。使用复合赋值运算符组成的表达式一般形式为：

变量　运算符=表达式

该表达式等价于

变量=变量　运算符　表达式

例如：

a+=5 等价于 a=a+5

c＊=a+b 等价于 c=c＊(a+b)　/＊算术运算符+的优先级高于＊=，因此 a+b 优先组成一个算术表达式＊/

x/=y 等价于 x=x/y

m%=n 等价于 m=m%n

c-=a+b 等价于 c=c-(a+b)

说明：

(1) 在复合的赋值运算符中，运算符和“=”之间没有空格，例如“+=”，“+”和“=”之间没有空格。

(2) 使用复合的赋值运算符进行运算，表达式书写形式简洁，执行效率比其等价形式高。

2.3.3　自增运算符和自减运算符

“++”称为自增运算符，由两个连续的加号组成，其作用是使变量的值加 1。“--”称为自减运算符，由两个连续的减号组成，其作用是使变量的值减 1。自增运算符和自减运算符是单目运算符，只有一个操作数，且操作数只能是变量，例如，m++，--i 都是正确的表达式，但(a+b)++，--5，(-x)++等都是错误的，因为自增运算符和自减运算符的操作数不能是表达式、常数，只能是一个变量。自增运算符和自减运算符有两种使用形式，可用在变量之前作为前缀运算符（如++n或--n），也可用在变量之后作为后缀运算符（如n++或n--）。

1. 作为前缀运算符

当自增运算符和自减运算符作为前缀时，是先使变量的值增加1或减少1，然后再使用变量的值。例如m=++n;的执行可分解为两个步骤：n=n+1;m=n;，即先使n加1，然后再将n的值赋给变量m。

又如，假设变量i的值为6，执行表达式j=++i-2后，变量i和j的值分别为多少？

j=++i-2的执行可分解为以下两个步骤：

```
i=i+1;  //i的值增加1,变为7
j=i-2;  //取i的新值7参加运算,j的值为5
```

2. 作为后缀运算符

当自增运算符和自减运算符作为后缀时，是先使用变量的值，然后再使变量的值增加1或减少1。例如m=n++;的执行可分解为两个步骤：m=n;n=n+1;，即先将n的值赋给变量m，然后再使n加1。

又如，假设变量i的值为6，执行j=i++-2后，变量i和j的值分别为多少？

j=i++-2的执行可分解为以下两个步骤：

```
j=i-2;     // 取i的值6参加运算,j的值为4
i=i+1;     // i的值增加1,变为7
```

说明：

自增运算符和自减运算符无论作为前缀还是后缀，最终结果都是使变量的值加1或减1，区别仅在于是先增减再引用，还是先引用再增减。

2.3.4 逗号运算符和逗号表达式

逗号作为一个运算符，称为逗号运算符。用逗号运算符将多个表达式分开，称为逗号表达式，其一般形式为：

表达式1,表达式2,…,表达式n

在C语言中，逗号运算符的优先级是最低的，且结合性为自左向右，因此逗号表达式的求解方法是从左到右依次求解每个表达式，但整个逗号表达式的值是最后（最右）一个表达式的值。

例如：有定义语句int a1,a2,x=8,y=7,z=5;，

分别计算表达式a1=(++x,x+y,z+x+3)和a2=++x,x+y,z+x+3的值。

解析：

(1) 在表达式a1=(++x,x+y,z+x+3)中，赋值运算符“=”优先级低于括号，因此先计算括号中的逗号表达式，然后再将逗号表达式的值赋给变量a1。逗号表达式由三

个式子组成，从左到右依次计算，++x 的值为 9，x+y 的值为 16，z+x+3 的值为 17，整个逗号表达式的值为最右一个表达式的值 17，最后将 17 赋给变量 a1，表达式 a1=(++x,x+y,z+x+3)的值即为变量 a1 的值 17。

(2) 在表达式 a2=++x,x+y,z+x+3 中，逗号运算符优先级最低，因此 a2=++x,x+y,z+x+3 就是一个逗号表达式，按自左向右的顺序依次求解，a2=++x 的值为 9，x+y 的值为 16，z+x+3 的值为 17，整个逗号表达式 a2=++x,x+y,z+x+3 的值为最右一个表达式的值 17。虽然两个表达式的值都为 17，但变量 a1 的值为 17，变量 a2 的值为 9，这是由于括号的优先级改变了运算顺序。

2.3.5　求字节数运算符（sizeof）

sizeof 是 C 语言提供的单目运算符，只有一个操作数，专门用于计算其操作数所占内存空间的字节数，其操作数可以是一个变量或指定的数据类型。sizeof 有两种使用形式，即 sizeof（数据类型）和 sizeof（变量名）。操作数为变量名时，可以写成 sizeof 变量名，但带括号的用法更普遍。

例如，计算 int 型数据所占的内存字节数，可以使用 sizeof(int) 计算。在 Visual C++ 6.0 中，sizeof(int) 的计算结果是 4。又如，要计算 double 型变量 x 所占内存字节数，使用 sizeof(x) 或 sizeof x 都可以。在 Visual C++ 6.0 中，计算结果为 8。

2.4　数据类型转换

数据类型转换就是将数据（变量、常数、表达式的结果等）从一种类型转换为另一种类型。转换的方法有两种：一种是自动转换，另一种是强制转换。

2.4.1　自动类型转换

当不同类型间的数据进行混合运算或赋值时，编译器会自动进行数据类型转换。这种转换不需要程序员干预，转换会自动进行。

1. 不同数据类型混合运算中的自动类型转换

在程序中，如果一个运算符两侧操作数的数据类型不同，编译器会自动地将操作数先转换成同一种数据类型，再进行运算。为了保证计算结果的精度，避免数据信息丢失的情况发生，类型转换时遵循取值范围小的数据类型向取值范围大的数据类型转换的规则，具体规则如图 2-5 所示。例如，表达式 3+8.9 进行运算时，因为 3 默认是 int 型，8.9 默认是 double 型，C 编译器会根据规则，先将 3 自动转换成 double 型，然后两个 double 型的数再进行运算，计算结果为 double 型。

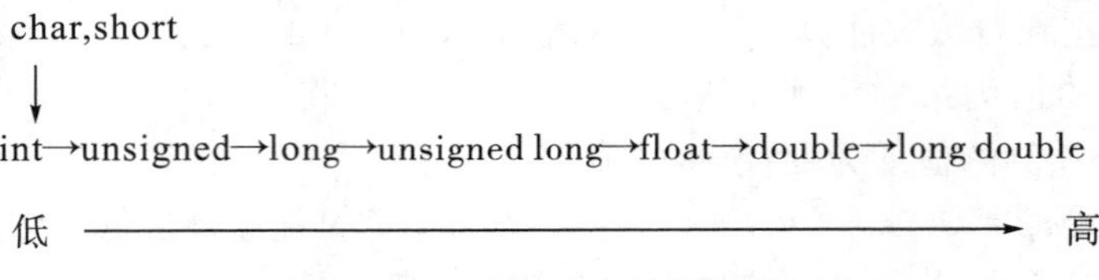

图 2-5　自动类型转换规则

2. 赋值中的自动类型转换

在赋值运算中，赋值运算符两侧的数据类型不同时，需要把右侧表达式的类型转换为左侧变量的类型。如果右侧的数据类型取值范围比左侧变量的取值范围大，可能会导致数据信息丢失，编译器一般会给出警告。

例如：

```
float f=100;
```

100 是 int 型数据，需要先转换为 float 型数据才能赋值给变量 f。

```
int n=23.45;
```

23.45 是 double 型数据，需要先转换为 int 型数据才能赋值给变量 n，因此 23.45 的小数部分会被截去，只保留整数部分 23 赋给整型变量 n。

2.4.2　强制类型转换

当自动类型转换不能满足需求时，可以使用强制类型转换将指定数据转换成需要的数据类型。强制类型转换的一般形式为：

（数据类型名）表达式

其中，表达式可以是常量、变量或表达式。例如：

```
(float)num      // 将变量 num 的值转换成 float 型
(int)(a+b)      // 将表达式 a+b 的值转换成 int 型
(int)4.5%3      // 将 double 型常数 4.5 转换成 int 型
```

【例 2.8】强制类型转换程序示例。

源程序：

```
#include<stdio.h>
int main()
{
    double x=10.57;
    int y=8,z;
    z=(int)x%y;   //将变量 x 的值强制转换成 int 型
    printf("x=%.2f,z=%d\n",x,z);
    return 0;
}
```

运行结果：

x =10.57,z=2

说明：

从以上程序的运行结果可以看出，在执行语句 z=(int)x%y;时，仅仅将变量 x 的值 10.57 转换成 int 型数据 10，然后让 10 和变量 y 的值 8 进行求余运算得到余数 2，最后赋值给变量 z。将 double 型变量 x 强制转换后，得到了一个临时的整数 10 参加运算，而变量 x 的数据类型和值都没有发生改变，如程序运行结果所示，变量 x 的值仍然是 10.57。

习题 2

1. 什么是常量？什么是变量？在程序中为什么要定义变量？

2. C 语言的标识符只能由字母、数字和下划线三种字符组成，且第一个字符（　　）。
   (A) 必须为字母　　(B) 必须为下划线
   (C) 必须为字母或下划线　　(D) 可以是这三种字符中的任一种

3. 下列是用户自定义标识符的是（　　）。
   (A) int　　(B) 2x　　(C) #x　　(D) _x

4. 在 C 语言中，下列常数不能作为常量的是（　　）。
   (A) 2e5　　(B) 5.6E-3　　(C) 068　　(D) 0xA3

5. 在 C 语言中，最基本的数据类型包括（　　）。
   (A) 整型、实型、字符型　　(B) 整型、字符型、逻辑型
   (C) 整型、实型、逻辑型　　(D) 实型、字符型、逻辑型

6. 字符串常量"ab\n\\cde\125"包含字符的个数是（　　）。
   (A) 8　　(B) 9　　(C) 12　　(D) 13

7. 如果在一个 C 语言表达式中有多个运算符，则运算时应该（　　）。
   (A) 只考虑优先级
   (B) 只考虑结合性
   (C) 先考虑优先级，然后考虑结合性
   (D) 先考虑结合性，然后考虑优先级

8. 在 C 语言中，运算对象必须是整型的运算符是（　　）。
   (A)%　　(B) >=　　(C) &&　　(D) =

9. 下列表达式与 x=(y++)等价的是（　　）。
   (A) x=y，y=y+1　　(B) x=x+1，y=x
   (C) x=++y　　(D) x+=y+1

10. 若定义 int x=17;，则表达式 x++ * 1/6 的值是（　　）。
    (A) 1　　(B) 2　　(C) 3　　(D) 4

11. char 型常量在内存中存放的是（　　）。
    (A) ASCII 值　　(B) BCD 码值
    (C) 内码值　　(D) 十进制代码值

12. 若有 char a;int b;float c;double d;，则表达式 a * b+d-c 的值的类型是（　　）。
    (A) float　　(B) int　　(C) char　　(D) double

13. 若已定义 x 和 y 为 double 型，则表达式 x=1,y=x+3/2 的值是（　　）。

(A) 1.0　　(B) 2.0　　(C) 0.0　　(D) 2.5

14. 若有代数式 3ae/(bc)，则错误的 C 语言表达式为（　　）。

(A) a/b/c*e*3　　(B) 3*a*e/b/c

(C) 3*a*e/b*c　　(D) a*e/c/b*3

15. 编程实现：从键盘输入一个华氏温度 F，要求输出摄氏温度 C，计算公式为 C=5(F−32)/9。

16. 从键盘输入 x，y，z 的值，编写程序输出以下表达式的值：

x+z%3*(int)(x+y)%2/4

第 3 章　顺序结构程序设计

3.1　C 语言的语句

第 2 章讲述了基本数据类型和表达式，这些是构成程序的基础。语句是 C 语言的基本执行单位，是用来向计算机系统发出操作指令的。一条语句经过编译后生成一条或者多条机器指令，一个实际的程序会包含若干语句。按其功能，语句可以分为两类：一类用于描述计算机要执行的操作运算，称为操作运算语句；另一类是控制操作执行的顺序，称为流程控制语句。语句按语法形式可以分为表达式语句、复合语句、空语句、流程控制语句、函数调用语句等。

本章我们将从基本的表达式语句、复合语句入手，学习如何利用语句编写简单的 C 语言的程序。

3.1.1　表达式语句

在 C 语言中所有操作运算都是通过表达式来完成的。由表达式构成的语句称为表达式语句：表达式语句由一个表达式加上分号构成。

表达式语句的语法格式为：

　　表达式;

最典型的表达式语句是由赋值表达式构成的赋值语句，例如：

　　a=3　　　赋值表达式
　　a=3;　　 赋值语句
　　a=b+3;　 赋值语句

注意：语句的最后必须出现分号。分号是完整语句不可缺少的一部分，并非两个语句间的分隔符号。a=3 和 a=3;所表达的含义是完全不同的。

3.1.2　复合语句

在 C 语言中括号的分工较为明显，{} 用于将若干条语句组合在一起形成某一功能块，多条语句用括号 {} 括起来组成的一个程序块称复合语句。在程序中可以把复合语句看成是一个整体，而不是多条语句。下面是一条复合语句：

```
{
    c=a+b;
    c=c%10;
    printf("%d%d%d",a,b,c);
}
```

注意：复合语句内的各条语句都必须以分号结尾，此外在括号“}”外不能加分号；复合语句在程序运行时，{} 中的各行单语句是依次执行的。复合语句是允许嵌套的，也就是在 {} 中的 {} 也是复合语句。

3.1.3 空语句

所谓的空语句，是指没有执行代码，只有一个独立的分号“;”，在语法上也是一条语句。例如：

```
int a=1;
{
    ;               //空语句
    a++;
                    //空行
}
```

只有一个分号而无任何表达式的那句就是空语句，当程序执行到那一行时，什么都不做，继续往下执行。空语句不会影响程序的功能和执行顺序。a++;语句后面的什么内容也没有的是空行。与空语句不同，程序执行到第四行的时候会忽略空行，但不会忽略空语句。

空语句一般用于在程序某个位置上，按语法要求需要出现一条语句，但从功能上并不需要执行任何实际操作的时候。比如用于循环语句中的循环体，可以实现延时功能。

3.1.4 流程控制语句

流程控制语句用于完成一定的控制功能，能描述语句的执行条件与执行顺序。C 语言有以下 9 种控制语句：

①if( )…　else…　　条件语句
②for( )…　　循环语句
③while( )…　　循环语句
④do… while( )　　循环语句
⑤continue　　结束本次循环语句
⑥break　　中止执行 switch 或循环语句
⑦switch　　多分支选择语句
⑧goto　　转向语句
⑨return　　从函数返回语句

上述语句中的括号（）表示其中有表达式，… 表示内嵌语句。例如：

```
if(a>b)
    max=a;
else
    max=b;
```

3.1.5　函数调用语句

函数调用语句由一次函数调用加一个分号构成。例如：

```
printf("This is a C program!");
```

3.2　数据的输入输出

输入输出（Input and Output，IO）是用户和程序"交互"的过程。在控制台程序中，输入一般是指获取用户在外部设备（如键盘、鼠标等）输入到计算机的数据，输出一般是指将数据（包括数字、字符等）从计算机输出到外部设备（如显示器、打印机等）。

在 C 语言中，为了增加用户程序的通用性和可移植性，所有的数据输入/输出操作都是由函数实现的，因此都是函数调用语句。在 C 语言的标准函数库中提供了一些输入输出函数，例如输出函数 printf() 和输入函数 scanf() 。在使用这两个函数时，一定要注意 printf() 和 scanf() 不是 C 语言的关键字，只是函数名。C 语言提供的函数以库的形式存放在系统中。

不同的编译系统所提供的函数库中函数的数量、名字和功能不完全相同。不过有些通用函数如 printf() 和 scanf() 等，各种编译系统都会提供，称为各系统的标准函数。

C 语言的标准函数库中的输入输出函数是以标准的输入输出设备作为输入输出对象。标准的输入输出设备一般是指终端设备，如键盘、显示器等。

在程序中要使用标准函数库中的函数，需要在程序中用预编译命令"#include"将标准输入输出头文件 stdio. h 包含在用户源文件中，即：

```
#include<stdio.h>
```

或

```
#include"stdio.h"
```

stdio 是 standard input & output 的缩写，它包含了与标准 I/O 库有关的变量定义和宏定义以及对函数的声明。

3.2.1　格式化输出函数

1. printf() 函数

printf() 是最常用的数据格式化输出函数，在前面的章节中我们已多次使用过这个函数，其关键字最末一个字母 f 即为"格式"（format）之意。函数的功能是按用户指定的格式，把若干个指定的任意类型的数据输出到显示器屏幕上。

printf 函数是一个标准库函数，它的函数原型在头文件“stdio. h”中。用 printf 函数可以输出任何类型的多个数据。

printf() 函数调用的一般形式为：

printf("格式控制字符串",输出表列);

例如：

printf("%c, %d\n", c, a);

括号内包含两个部分：

(1)“格式控制字符串”用于指定输出格式。格式控制字符串由非格式字符串和格式控制说明两部分组成。

①非格式字符串。非格式字符串就是普通字符，在输出时需要原样输出，在显示中起提示作用。例如上面 printf() 函数中双撇括号内的逗号、换行符等。

②格式控制说明。格式控制是以“%”开头的字符串，在%后面跟有不同的格式字符，以说明和规定输出数据的类型、形式、长度、小数位数等。例如，“%c”表示按字符型输出，“%d”表示按十进制整型输出，“%ld”表示按十进制长整型输出。

(2)“输出表列”表示需要输出的数据，可以是常量、变量或表达式。一般情况下要求格式字符串和各输出项在数量和类型上一一对应。输出表列可以是多个值，也可以没有。

例如：

普通字符

printf("x =%d, y= %d\n", x,y);

格式说明　输出表列

printf("Hello\n");

printf("x=%d, y=%f", x, y);

printf("输出字符:%c", ch);

【例 3.1】 printf() 函数举例。

源程序：

```
#include<stdio.h>
int main()
{
    int a=88,b=89;
    printf("%d %d\n",a,b);          //输出结果之间有一个空格
    printf("%d,%d\n",a,b);
    printf("%c,%c\n",a,b);          //输出整数值对应的字符
    printf("a=%d,b=%d",a,b);
    return 0;
}
```

运行结果：

88 89

88,89

X,Y

a=88,b=89

本例中四次输出了 a,b 的值，但由于格式控制串不同，输出的结果也不相同。printf("%d ␣ %d\n",a,b);的输出语句格式控制串中，两格式串%d 之间加了一个空格（非格式字符），所以输出的 a,b 值之间有一个空格。printf("%d,%d\n",a,b);语句格式控制串中加入的是非格式字符逗号，因此输出的 a,b 值之间加了一个逗号。printf("%c,%c\n",a,b);格式串要求按字符型输出 a,b 值。printf("a=%d,b=%d",a,b);为了提示输出结果增加了非格式字符串 a=和 b=。可以看出在执行 printf 函数时，非格式控制符按照原来的内容、格式输出。

2. 格式控制符

在输出数据时，不同类型的数据要采用不同的格式控制说明。常用的格式控制符如表 3—1 所示。

表 3—1　格式控制符

数据类型	控制符	说　明
int	%d、%o、%x（或 %X 或%＃x 或 %＃X）	分别以整型数据的十进制、八进制、十六进制输出
long int	%ld、%lo、%lx	分别以长整型数据的十进制、八进制、十六进制输出
int	%md	m 为指定的输出字段的宽度。如果数据的位数小于 m，则左端补以空格；如果数据的位数大于 m，则按实际位数输出
unsigned	%u	输出无符号整型（unsigned）。输出无符号整型时也可以用 %d，这时是将无符号数转换成有符号数，然后输出
char，int	%c	用来输出一个字符
float，double	%f、%e	用来输出实数，包括单精度和双精度，以小数形式输出。不指定字段宽度，由系统自动指定，整数部分全部输出，小数部分输出 6 位，超过 6 位的四舍五入
float，double	%. mf	输出实数时小数点后保留 m 位，注意 m 前面有个点
字符串	%s	用来输出字符串。用 %s 输出字符串同前面直接输出字符串是一样的

注意：格式控制说明和变量名应该在类型个数和顺序上保持一致。另外，在格式控制说明里可以指定数据的对齐方式、整型的输出宽度或者实型数据的整数及小数部分占的位数，如%md、%-md、%m. nf、%-m. nf。

下面详细介绍主要格式控制符的使用方法：

（1）d 格式符：输出十进制整数，有以下几种用法：

① %d，按十进制整型数据的实际长度输出。

②%md，m 为指定的输出数据宽度，不足 m 位时，在左端补空格；大于 m 位时，按实际长度输出。例如（␣ 表示空格）：

```
int a=1888,b=88;
printf("%3d,%3d\n",a,b);
```

输出：1888,␣88

③%ld，表示输出长整型数据，例如：

```
long a=123456;
printf("%ld",a);
```

如果用%d 输出会发生错误，因为整型数据的范围是−32768～32767，对于 long 型数据应该用%ld 格式输出。对于长整型数据，也可以指定字段宽度，如果将上面的 printf 函数中的“%d”改为“%8ld”，则输出：

␣␣123456

④%0md,%0mld 0（数字 0）表示位数不足 m 时补 0。例如：

```
int i=123;
long j=123456;
printf("%d␣%5d␣%05d,␣%ld␣%8ld␣%08ld",i,i,i,j,j,j);
```

输出：123␣␣␣123␣00123,␣123456␣␣␣123456␣00123456

注意：%后面的 m（位数控制）、0（位数不足补 0）对于其他格式符也适用。

（2）o（字母）格式符：按八进制格式输出。（不会出现负数格式）

（3）x 格式符：按十六进制格式输出。（不会出现负数格式）

（4）u 格式符：用于输出 unsigned 型数据。

【例 3.2】控制格式符应用举例。

源程序：

```
#include<stdio.h>
int main()
{
    unsigned int a=4294967295;
    int b=-2;
    printf("a=%d,   %o,   %x,   %u\n",a,a,a,a);
    printf("b=%d,   %o,   %x,   %u\n",b,b,b,b);
    return 0;
}
```

运行结果：

```
a=-1,   37777777777,   ffffffff,   4294967295
b=-2,   37777777776,   fffffffe,   4294967294
```

（5）c 格式符：以字符形式输出。例如：

```
char ch='A';
printf("%c",ch);
```

输出：A

如果指定域宽：printf("%3c",ch);，则输出为：

␣␣A

字符在内存中存放的是其对应的 ASCII 码的值，每个字符的 ASCII 码值占一个字节，因此在 0~127 范围内的整数也可以用%c 输出，此时系统把该整数值作为 ASCII 码值，转换成对应的字符输出到屏幕上。例如：

```
int a=65;
printf("%c",a);
```

输出：A

同样，对于定义好的字符变量，也可以用%d 输出其 ASCII 码值，例如：

```
char ch='a';
printf("%d",ch);
```

输出：97

（6）s 格式符：以字符串格式输出。例如：

```
printf("%s","Hello");
```

输出：Hello

（7）f 格式符：按实数格式输出，包括单、双精度以及长双精度。

①%f，按实数格式输出，整数部分按实际位数输出，6 位小数。

②%m. nf，总位数 m（含小数点），其中 n 位小数。

③%-m. nf，同上，左对齐。

【例 3. 3】 f 格式符输出误差。

源程序：

```
#include<stdio.h>
int main()
{
    float x,y;
    x=111111.111;
    y=222222.222;
    printf("%f",x+y);
    return 0;
}
```

运行结果：

333333.328125（不同硬件、不同编译器处理结果会不相同，实数运算误差不可避免）

【例 3. 4】 f 格式符输出精度。

源程序：

```
int main()
{
      double x,y;double x2,y2;
      x=1111111111111.111111111;
      y=2222222222222.222222222;
      x2=1111111111111.111;
      y2=2222222222222.222;
      printf("%f %f",x+y,x2+y2);        //13 位整数,6 位小数
}
```

运行结果：

3333333333333.333000 3333333333333.333000（相同）

注意：从以上两例可以看出，实数运算中误差不可避免，double 比 float 精度高。float 实数（单精度）的有效数字是 6 位，double 实数（双精度）的有效数字是 15 位，超过其范围的输入和输出均无意义。例如：

```
float f=123.456;
printf("%f␣␣%10f␣␣%10.2f␣␣%.2f␣␣%-10.2f",f,f,f,f,f);
```

输出：

123.456001␣␣123.456001␣␣␣␣␣␣123.46␣␣123.46␣␣123.46

（8）e 格式符：以指数形式输出实数。

%e 输出 13 位，其中：1 位整数，1 位小数点，6 位小数，5 位指数（含字符 e 和指数的符号），不同编译系统规定略有不同。例如：

```
float a=3,b=5.28745,c=7145427458.23;
printf("a=%e,b=%e,c=%e",a,b,c);
```

输出：

a=3.000000e+000,b=5.287450e+000,c=7.145427e+009

思考：如何输出'%'、'\'和双引号？

printf 中有输出控制符'%'，转义字符前面有反斜杠'\'，还有双引号。那么大家有没有想过这样一个问题：怎样将这三个符号通过 printf 输出到屏幕上呢？

要输出'%'，只需在前面再加上一个%；要输出'\'，只需在前面再加上一个\；要输出双引号，也只需在前面再加上一个\即可。

【例 3.5】输出特殊字符。

源程序：

```
#include<stdio.h>
int main(void)
{
```

```
        float a=3;
        printf("%f%%\n",a);
        printf("\\\n");
        printf("\"\"\n");
        return 0;
    }
```

运行结果：

3.000000%

\

""

注意：

(1) 除 X，E，G 外，格式控制符必须用小写字母。

(2) 通常格式字符 o 和 x 按八进制和十六进制形式输出整数时，在数值前不出现 0 和 0x。如果需要出现 0 和 0x，可在%和格式字符间插入#来实现。

例如：printf("%o,%#o,%x,%#x\n",10,10,10,10);

输出：12,012,a,0xa

3.2.2　格式化输入函数

1. scanf() 函数

scanf() 是最常用的格式化输入函数，如同 printf() 函数一样，其关键字最末一个字母 f 即为“格式”(format) 之意。函数的功能是按用户指定的格式，把若干个指定的任意类型的数据从键盘读入到缓存。

scanf() 函数是一个标准库函数，它的函数原型在头文件“stdio.h”中。用 scanf() 函数可以输入指定类型的多个数据。

scanf() 函数调用的一般形式为：

    scanf("格式控制字符串",地址表列);

例如：

    scanf("%c,%d",&c,&a);

格式控制字符串的作用与 printf() 函数相同，以%开始，以格式字符结束，中间可以插入一些普通字符。地址表列中给出各变量的地址或者字符串的首地址。变量地址是由地址运算符“&”后跟变量名组成的。&c，&a 分别表示变量 c 和变量 a 的地址。这个地址就是编译系统在内存中给 a，b 变量分配的地址。变量的地址是 C 编译系统分配的，用户不必关心具体的地址是多少。

这里应该把变量的值和变量的地址这两个不同的概念区别开来。变量的地址和变量的值的关系如下：&a--->a 567，a 为变量名，567 是变量的值，&a 是变量 a 的地址，& 是一个取地址运算符，&a 是一个表达式，其功能是求变量的地址。

【例 3.6】scanf()函数简单应用。

源程序：

```
#include<stdio.h>
int main()
{
    int a,b,c;
    printf("input a,b,c\n");
    scanf("%d%d%d",&a,&b,&c);
    printf("a=%d,b=%d,c=%d",a,b,c);
    return 0;
}
```

说明：

在本例中，由于 scanf() 函数本身不能显示提示串，故先用 printf 语句在屏幕上输出提示，请用户输入 a，b，c 的值。执行 scanf 语句，则等待用户输入。用户输入 7 8 9 后按下回车键，则可以看到输出变量 a，b，c 的值分别为 7，8，9。在 scanf 语句的格式串中由于没有非格式字符在“%d%d%d”之间作输入时的间隔，因此在输入时要用至少一个空格或回车键作为每两个输入数之间的间隔。

如：7 8 9

或

7

8

9

2. 格式字符串

格式字符串的一般形式为：

%[*][输入数据宽度][长度]类型

其中有方括号[ ]的项为任选项。各项的意义如下：

(1) 类型：表示输入数据的类型，类型格式符及其意义如表 3-2 所示。

表 3-2 类型格式符及其意义

格式符	意义
d	输入十进制整数
o	输入八进制整数
x	输入十六进制整数
u	输入无符号十进制整数
f 或 e	输入实型数（用小数形式或指数形式）
c	输入单个字符
s	输入字符串

(2) “*”符：用以表示该输入项读入后不赋予相应的变量，即跳过该输入值。例如：

```
scanf("%d %*d%d", &a, &b);
```

当输入 1 2 3 时，把 1 赋予 a，2 被跳过，3 赋予 b。

(3) 宽度：用十进制整数指定输入的宽度（即字符数）。例如：

```
scanf("%5d", &a);
```

当输入 12345678 后，只把 12345 赋予变量 a，其余部分被截去。

又如：

```
scanf("%4d%4d", &a, &b);
```

当输入 12345678 后，将把 1234 赋予 a，而把 5678 赋予 b。

(4) 长度：长度格式符为 l 和 h，l 表示输入长整型数据（如%ld）和双精度浮点数（如%lf），h 表示输入短整型数据。

3. 使用 scanf()函数的注意事项

(1) scanf()函数中没有精度控制，如 scanf("%5.2f", &a);是非法的，不能企图用此语句输入小数为 2 位的实数。

(2) scanf()函数中要求给出变量地址，如果给出变量名，则会出错。如 scanf("%d", a);是非法的，改为 scnaf("%d", &a);才是合法的，但是大部分编译器不报语法错误，而运行时会报错。

(3) 在输入多个数值时，若格式控制串中没有非格式字符作为输入数据之间的间隔，则可用空格、TAB 或回车作间隔。C 语言编译在碰到空格、TAB、回车或非法数据（如对“%d”输入“12 A”时，A 即为非法数据）时即认为该数据输入结束。

(4) 在输入字符数据时，若格式控制串中无非格式字符，则认为所有输入的字符均为有效字符。例如：

```
scanf("%c%c%c", &a, &b, &c);
printf("a=%c, b=%c, c=%c\n", a, b, c);
```

当输入 d␣e␣f 时，a=d，b=␣，c=e。

当输入 def 时，a=d，b=e，c=f。

又如：

```
scanf("%c␣%c␣%c", &a, &b, &c);
```

输入时各数据之间可加空格。

(5) 如果格式控制串中有非格式字符，则输入时也要输入该非格式字符。例如：

```
scanf("%d, %d, %d", &a, &b, &c);
```

其中用非格式符“,”作间隔符，故输入时应为：5，6，7。

又如：

```
scanf("a=%d, b=%d, c=%d", &a, &b, &c);
```

输入时应为：a=5，b=6，c=7。

当输入的数据与输出的类型不一致时，虽然编译能够通过，但结果可能不正确。

3.2.3 字符的输入输出函数

字符的输入输出是指在终端操作方式下，针对单个字符数据的输入输出操作，除了可以用格式输入函数和输出函数以外，C语言还为用户提供了专供字符输出的函数 putchar() 以及专供字符输入的函数 getch()，getchar() 和 getche()。本节重点介绍常用的 putchar() 和 getchar() 函数。

1. putchar() 函数

putchar() 函数（字符输出函数）是向标准输出设备输出一个字符，其调用格式为：

putchar(ch);

其中，ch 为一个字符变量或常量，即 ch 可以是事先用 char 定义好的一个字符型变量，可以是被单引号（英文状态下）引起来的一个字符，也可以是介于 0～127 之间的一个十进制整型数（包含 0 和 127）。putchar() 函数的作用等同于 printf("%c",ch);。

【例 3.7】 输出单个字符。

源程序：

```
#include<stdio.h>
int main()
{
    char a,b,c;
    a='O';b='K';c='!';
    putchar(a);putchar(b);putchar(c);putchar('\n');
    putchar(a);putchar('\n');
    putchar(b);putchar('\n');
    putchar(c);putchar('\n');
    return 0;
}
```

运行结果：

OK!

O

K

!

注意：用 putchar() 函数可以输出要在屏幕上显示的字符，也可以输出控制字符，如上例中的 putchar('\n')，其作用是输出一个换行符，'\' 表示的是转义字符。如果要输出单撇号，则对应的语句为：putchar('\'') 。也可以输出其他转义字符。

2. getchar() 函数

getchar() 函数是字符读入函数的一种。它的作用是从标准输入设备里读取一个字符，返回值类型为 int 型，为用户输入的 ASCII 码或 EOF，且将用户输入的字符回显到屏幕。其调用格式为：

getchar();

当程序调用 getchar 时，程序就等着用户按键。用户输入的字符被存放在键盘缓冲区中，直到用户按回车键为止（回车字符也放在缓冲区中）。用户按回车键后，getchar 才开始从 stdio 流中每次读入一个字符。

【例 3.8】 读入单个字符。

源程序：

```
#include<stdio.h>
int main()
{
    char c;
    int a;
    c=getchar();
    a=getchar();
    putchar(c);putchar(a);
    putchar('\n');
    printf("%c,%c\n",c,a);
    printf("%d,%d\n",c,a);
    return 0;
}
```

在运行时，用键盘输入字符‘O’‘K’并按下 Enter 键。

运行结果：

OK

OK

O,K

79,75

注意：getchar() 函数只能接收一个字符。getchar() 函数得到的字符可以赋给一个字符变量或整型变量，也可以不赋给任何变量，而作为表达式中的一部分。如上例中的第 6、7、8 行可以修改为：putchar(getchar());putchar(getchar());。

因为 getchar() 函数的值为读入的字符，因此 putchar() 函数输出该字符值，同样，也可以用 printf() 函数输出该值。

3.3 顺序结构程序设计举例

所谓顺序结构，是指从头到尾按部就班执行下去，即任何事情都遵循先做什么、再做什么的思想，这样的结构是我们日常生活中最常见的结构。在顺序结构中，当一件事情开始后就执行下去，中途不会出现跳转或者放弃的情况，直到最后一步完成。在学习了前面许多知识点后，我们就可以开始最基本的顺序结构的程序设计了。

【例 3.9】从键盘读入一个小写英文字母，将其转换成大写英文字母，输出大写英文字母及其 ASCII 码。

思路解析：从键盘读入单个字符，可以选择用 getchar() 函数或者 scanf() 函数，将小写字母转换成大写字母，需要找到大、小写字母之间的关系：它们的 ASCII 码值相差 32。

源程序：

```
#include<stdio.h>
int main()
{
    char ch;
    ch=getchar();
    ch=ch-32;
    printf("%c,%d\n",ch,ch);
    return 0;
}
```

【例 3.10】从键盘输入 a，b，c 的值，计算并输出一元二次方程 $ax^2+bx+c=0$ 的根。a，b，c 的值由键盘输入，设 $b^2-4ac>0$。

思路解析：在这里 a，b，c 都定义为双精度实数，用 scanf 函数从键盘读入。由于 a，b，c 是双精度实数，在读入时的格式控制符要用 %lf。

源程序：

```
#include<stdio.h>
#include<math.h>
int main()
{
    double a,b,c,disc,p,q;
    scanf("%lf,%lf,%lf",&a,&b,&c);
    disc=b*b-4*a*c;
    p=-b/(2*a);
    q=sqrt(fabs(disc))/(2*a);
    printf("x1=%.2f,x2=%.2f",p+q,p-q);
    return 0;
}
```

运行结果：

输入数据：1,3,1

输出结果：x1=-0.38,x2=-2.62

【例 3.11】 从键盘读入三个学生的英语成绩，求平均成绩，保留 2 位小数。

思路解析：学生的英语成绩用整型存放，平均成绩是个实数，用单精度类型存放。

源程序：

```
#include<stdio.h>
int main()
{
    int Score1,Score2,Score3;
    float Aver;
    printf("Please input the score of three student:\n");
    scanf("%d,%d,%d",&Score1,&Score2,&Score3);
    Aver=(float)(Score1+Score2+Score3)/3;
    printf("Aver =%7.2f",Aver);
    return 0;
}
```

习题 3

1. 选择题

(1) 已知 int a,b;，则执行语句 scanf("%d%d",&a,&b);时，从键盘输入数据，不能作为分隔符的是（　　）。

(A) 空格　　(B) Tab 键

(C) ,　　(D) 回车键

(2) 执行语句 printf("%d\n",(int)(6.4+2)/3);的结果是（　　）。

(A) 1　　(B) 2

(C) 0　　(D) 2.8

2. 找出下面程序的错误并改正

```
#include<stdio.h>
int main()
{
    int xy2;
    scanf("%d",xy2);
    printf("xy2=%s\n",xy2);
    return 0;
}
```

3. 分析下面程序运行的结果

(1)

```
#include<stdio.h>
int main()
```

```
{
    char c1='B';c2='O';c3='Y';

    printf("%c%c%c\n",c1,c2,c3);
    return 0;
}
```

(2)

```
#include<stdio.h>
int main()
{
    int x=12;
    float y=15.5;
    printf("x=%d%%,y=%f%%",x,y);
    return 0;
}
```

4. 问答题

(1) 什么是变量？变量的命名规则是什么？

(2) 字符常量与字符串常量的区别是什么？

(3) ++k 和 k++在使用时的区别是什么？如有下面定义：int x=1,y=-1;，则语句 printf("x =%d",x--&&++y);的输出结果是什么？

5. 程序设计题

(1) 从键盘读入矩形的长和宽的值，编程计算矩形的周长和面积，并将结果显示到屏幕上。

(2) 从键盘读入一个英文大写字母，将其转换成小写字母，并且将转换前后的字母及其 ASCII 码都显示到屏幕上。

(3) 编写一程序实现以下功能：从键盘读入 5 个数 num1、num2、num3、num4、num5，输出：(num1÷num2 的商)×num3+num4−num5，不需考虑 num2 为 0 和计算结果溢出的情况。要求输出的结果中，整数部分宽度为 6（不足 6 时以 0 补足）、小数部分宽度为 8。编程可用素材：printf("请输入 5 个数:")，printf("\n 计算结果为:")。

(4) 编写一程序实现以下功能：从键盘读入 4 个数据（依次为 1 个整数、2 个字符、1 个实数），然后按示例格式倒序输出这 4 个数据。编程可用素材：printf("请输入 4 个数据(依次为 1 整数、2 字符、1 实数): ")，printf("\n 这 4 个数据倒序为:")。

例如：输入 123 a b 254.67　　输出：4−254.67 3−b 2−a 1−123

(5) 编写一程序实现以下功能：从键盘输入一日期，年月日之间以“−”分隔，并以同样的形式但以“/”作分隔符输出。编程可用素材：printf("\n please input a date:")，printf("\n the date is:")。

(6) 编写一程序实现以下功能：从键盘上输入一个 3 位整数，逆序输出这个 3 位数，并且计算各个位上的数字之和。

(7) 已知直角三角形的两条直角边，求第三条边。

(8) 分别用 getchar() 和 scanf() 函数读入 2 个不同的字符，用 putchar()和 printf()函数将这两个字符输出，比较这几个函数对字符操作的不同。

(9) 计算如下图所示的圆环的面积。小圆和大圆的半径从键盘读入，输出要有文字说明，精确到小数点后 3 位，请编程实现。

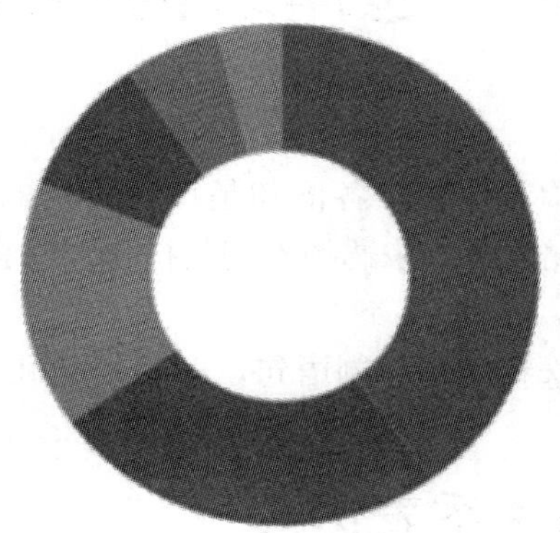

第 4 章　选择结构程序设计

在第 3 章学习的顺序结构程序中，各语句是按照排列的先后次序执行的。但在实际中，常常需要根据不同的情况或条件来选择不同的操作步骤去执行，这就需要用到选择结构，也称为分支控制结构。

本章将介绍 C 语言中的选择结构控制语句，即 if 语句和 switch 语句。

4.1　关系运算符和关系表达式

关系运算是指对两个运算量进行比较，关系运算的结果为逻辑值。C 语言提供 6 种关系运算符，含义和优先级如下：

运算符	优先级与结合方向
<　（小于） <=（小于或等于） >　（大于） >=（大于或等于）	优先级相同（高），结合方向：自左向右
==（等于） !=（不等于）	优先级相同（低），结合方向：自左向右

所谓关系表达式，是指用关系运算符将两个表达式连接起来表示关系运算的式子。关系表达式的值是一个逻辑值。在 C 语言中表示逻辑值运算结果时，以“1”代表“真”，以“0”代表“假”。

关系表达式求值过程举例如下：

关系表达式 2+4 ==2 * 3，表示判断 2+4 和 2 * 3 是否相等，其结果为 1。

关系表达式 5>2 * 3，表示判断 5 是否大于 2 * 3，其结果为 0。

若有 int x=100;关系表达式 1<x<5 包含两个关系运算符，根据结合方向自左向右，首先计算 1<x，值为 1，再计算 1<5，结果仍然为 1，即整个表达式的值为 1。由此可见，表示 x 在 1 到 5 之间不能使用这种方式来进行表示。那区间应该怎么表达呢？这需要用到逻辑运算符。

4.2　逻辑运算符和逻辑表达式

逻辑运算是表示运算对象的逻辑关系。C 语言提供的逻辑运算如表 4−1 所示。

表 4－1　C 语言逻辑运算符及其含义

<table>
<tr><th>运算符</th><th>含义</th><th>举例</th><th>说明</th></tr>
<tr><td>&&</td><td>逻辑与</td><td>a&&b</td><td>如果 a 和 b 都为真，则结果为真；否则为假</td></tr>
<tr><td>||</td><td>逻辑或</td><td>a||b</td><td>如果 a 和 b 有一个以上为真，则结果为真；二者都为假时，结果为假</td></tr>
<tr><td>!</td><td>逻辑非</td><td>!a</td><td>如果 a 为假，则!a 为真；如果 a 为真，则!a 为假</td></tr>
</table>

逻辑与和逻辑或运算为双目运算符，需要两个操作数；逻辑非运算是单目运算符，只需要一个操作数。三个运算符的优先级各不相同，优先级由高到低依次是：!，&&，||。三个运算符的结合性为：! 运算自右向左，&& 和 || 自左向右。

表 4－2 为逻辑运算的“真值表”，用来表示当 a 和 b 的值为不同组合时，各种逻辑运算所得到的值。

表 4－2　逻辑运算真值表

<table>
<tr><th>a</th><th>b</th><th>!a</th><th>!b</th><th>a&&b</th><th>a||b</th></tr>
<tr><td>非 0</td><td>非 0</td><td>0</td><td>0</td><td>1</td><td>1</td></tr>
<tr><td>非 0</td><td>0</td><td>0</td><td>1</td><td>0</td><td>1</td></tr>
<tr><td>0</td><td>非 0</td><td>1</td><td>0</td><td>0</td><td>1</td></tr>
<tr><td>0</td><td>0</td><td>1</td><td>1</td><td>0</td><td>0</td></tr>
</table>

所谓逻辑表达式，是指用逻辑运算符将两个表达式连接起来表示逻辑运算的式子。逻辑表达式的值是一个逻辑值。在 C 语言中表示逻辑值运算结果时，以“1”代表“真”，以“0”代表“假”。在 C 语言中进行逻辑运算时，以“非 0”表示“真”，“0”表示“假”。

逻辑表达式运算举例：

!4　　　　　　结果为 0

1&&5&&0　　　先计算 1&&5，结果为 1，再计算 1&&0，结果为 0

0||5&&6　　　先计算 5&&6，结果为 1，再计算 0||1，结果为 1

若要表示 $0 \leqslant x \leqslant 10$，表达式为 x>=0&&x<=10。

特别注意，在计算逻辑表达式时，只有在必须执行下一个表达式时，才求解该表达式（即并不是所有的表达式都被求解）。也就是说，对于逻辑与运算，如果第一个操作数被判定为“假”，系统不再判定或求解第二个操作数。例如，表达式(a=0)&&(b=5)，第一个操作数为 0，则不再计算表达式 b=5，而是系统直接给出该表达式的值为 0。

对于逻辑或运算，如果第一个操作数被判定为“真”，系统不再判定或求解第二个操作数。例如，表达式(a=1)||(b=5)，第一个操作数为 1，则不再计算表达式 b=5，而是系统直接给出该表达式的值为 1。

4.3　if 语句的使用

4.3.1　if 语句的一般表示

在 C 语言中，通常有三种形式的 if 语句供大家选用。

1. if 单分支语句

if（表达式）
　　语句

这是最简单的单分支选择结构，其执行过程如图 4－1 所示。此时，若表达式为真，则执行语句，否则不做任何操作。

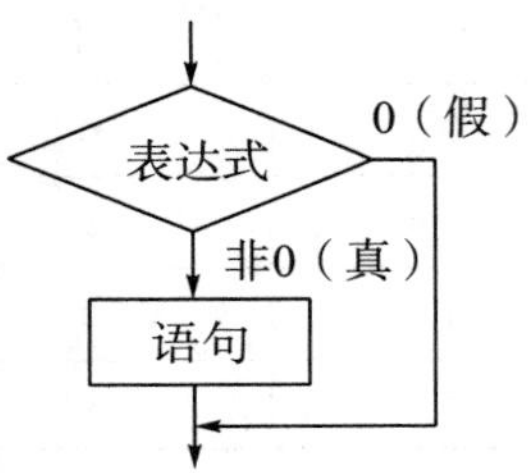

图 4－1　单分支选择结构

注意：

（1）此处语句为单语句，若需要执行多条语句，则应以复合语句形式体现，即用 {} 括起满足条件需要执行的语句。

（2）表达式一般为逻辑表达式或关系表达式，也可以是其他表达式。

这两点对其他 if 结构的表达式和语句也是适用的。

【例 4.1】 从键盘输入两个十进制整数，并按照由小到大的顺序输出这两个数。

源程序：

```
#include<stdio.h>
int main()
{
    int num1,num2,tmp;

    scanf("%d%d",&num1,&num2);
    if(num1>num2)                    //比较两数大小
    {                                //交换变量 num1 和变量 num2 的值
        tmp=num1;
```

```
        num1=num2;
        num2=tmp;
    }
    printf("%d %d\n",num1,num2);
    return 0;
}
```

运行结果：

输入数据：511 213

输出结果：213 511

程序分析：在以上的程序中，整型变量 num1 和 num2 用于存储从键盘输入的两个十进制整数。题目要求两个数按照由小到大的顺序输出，那么，若变量 num1 的值大于变量 num2 的值，则需要交换两数，否则不做任何操作。

在计算机中交换两个变量的值，需要有中间变量来做临时存储空间，这好比要将两个杯子里的液体进行交换需要第三个空杯子一样。

2. if 双分支语句

```
if（表达式）
    语句 1
else
    语句 2
```

if−else 双分支选择结构的执行过程如图 4−2 所示。此时，若表达式为非 0(真)，则执行语句 1，否则执行语句 2。

注意：else 不能作为独立语句单独使用，而只能与 if 配对使用。

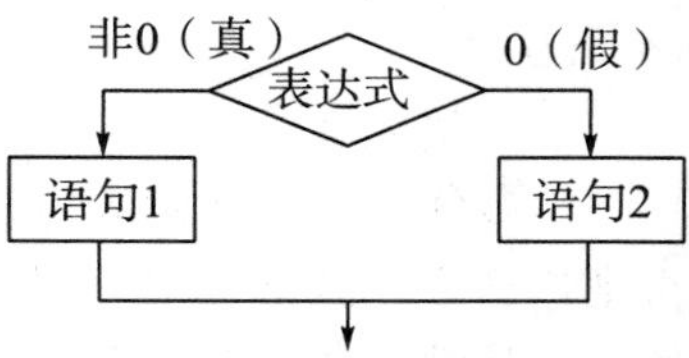

图 4−2　双分支选择结构

【例 4.2】从键盘输入两个十进制整数，计算并输出两个整数的最大值。

源程序：

```
#include<stdio.h>
int main()
{
    int num1,num2,max;
    scanf("%d%d",&num1,&num2);
    if(num1>num2)
        max=num1;
    else
        max=num2;
```

```
    printf ("max=%d\n", max);
    return 0;
}
```

运行结果：

输入数据：511 213

输出结果：max=511

程序分析：

```
if(num1>num2)
    max=num1;
else
    max=num2;
```

以上语句表明：当变量 num1 的值大于变量 num2 的值时，max 变量取 num1 的值；否则，max 变量取 num2 的值。

3. if 多分支语句

```
if (表达式 1)
    语句 1
else if (表达式 2)
    语句 2
else if (表达式 3)
    语句 3
else
    语句 4
```

if 多分支选择结构的执行过程如图 4－3 所示。若表达式 1 为非 0(真)，则执行语句 1；否则，若表达式 2 为非 0(真)，则执行语句 2；否则，若表达式 3 为非 0（真)，则执行语句 3；否则，执行语句 4。

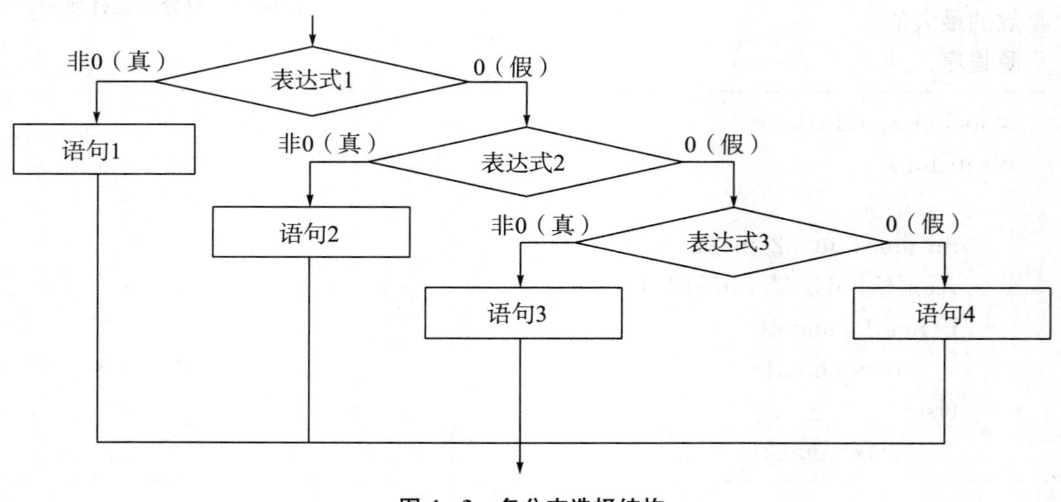

图 4－3　多分支选择结构

注意：此处表达式为 3 个，实际使用时，表达式的个数可为任意多个。

【例 4.3】 从键盘输入整数 x，然后计算并在屏幕上输出函数值 $F(x)$。

注意：x 只考虑整数 int 且必须定义为 int，但 $F(x)$ 完全可能超过 int 的表示范围。

$$F(x)=\begin{cases}-5x+27, & x<0\\ 7909, & x=0\\ 2x-1, & x>0\end{cases}$$

源程序：

```
#include<stdio.h>
int main(void)
{
    int x;
    double Fx;
    printf("Please input x:");
    scanf("%d",&x);
    if(x<0)
    {
        Fx=-5.0*x+27;   //语句 1
    }
    else if(0==x)
    {
        Fx=7909;    //语句 2
    }
    else
    {
        Fx=2.0*x-1; //语句 3
    }
    printf("\nF(%d)=%.0f",x,Fx);
    return 0;
}
```

运行程序，首先在屏幕上显示 Please input x:，此时输入 3，程序的运行结果如下：

F(3)=5

程序分析：

此题是一个三分支选择结构，当表达式 x< 0 为真时，执行语句 1；否则，若表达式 x< 0 为假，即 x ⩾ 0 时，再判断表达式 0==x。若表达式 0==x 为真，执行语句 2；否则，执行语句 3。

执行语句 1 的条件是 x<0；执行语句 2 的条件是 0==x；执行语句 3 的条件是 x>0。if 之后的表达式可以根据所处的分支不同，从而简化某些条件的描述。如第 2 个 if 后面的表达式可以直接描述为 0==x，而无须写成 x>=0&&0==x。

此题还需注意变量类型的定义。根据题目要求，变量 x 定义为基本整型 int，而函数值 F(x)有可能超过 int 型的范围，故不能定义为 int，否则可能出现溢出的情况。F(x)不能定义为 float 型，因为精度不能满足。综合考虑数的大小和精度，可以采用 double 型来存放函数值 F(x)，当输出结果时，小数部分输出 0 位。还需要注意一点，函数值 F(x)进行变量命名不能直接使用名称 F(x)，因为其中包含标识符命名的非法字符，可以命名为 Fx。

从 2.4.1 节我们得知，为了保证计算结果的正确性，语句 1 和语句 3 在赋值运算符的右侧进行算术运算时进行了数据类型的转换。以 F(x)＝－5x+27 的计算为例，正确的表达式为：

Fx=-5.0 * x+27;　或者　Fx=-5 * (double)x+27;

错误的表达式为：

Fx=(double)(-5 * x+27);

该表达式在计算出加法结果后再将结果强制转换成双精度浮点型。若加法结果已经溢出，那么再进行类型转换已毫无意义。

我们再来看看此题用 if 单分支实现的源程序：

```
#include<stdio.h>
int main()
{
    int x;
    double Fx;
    printf("Please input x:");
    scanf("%d",&x);
    if(x<0)
    {
        Fx=-5.0 * x+27;    //语句 1
    }
    if(0==x)
    {
        Fx=7909;    //语句 2
    }
    if(x>0)
    {
        Fx=2.0 * x-1; //语句 3
    }
    printf("\nF(%d)=%.0f",x,Fx);
    return 0;
}
```

采用三个 if 单分支结构也能实现题目的要求，它与 if 多分支方法的差别在于，当 if

多分支结构执行了其中一个分支时，程序流程将跳出当前 if 而跳转到 if 结束后的语句进行执行。例如，该题目中当输入负数时，前一种方法执行语句 1 后不再进行后续表达式的判断，而是直接跳转到 if 结束后的输出语句；而后一种方法会分别对三个 if 的表达式依次进行判断。由此可见，前者效率更高。

下面是本题的一种错误实现方式，请大家思考一下，问题出在哪里？

```
if(x<0)
{
    Fx=-5.0*x+27;    //语句 1
}
if(0==x)
{
    Fx=7909;    //语句 2
}
else
{
    Fx=2.0*x-1;    //语句 3
}
```

4.3.2　if 语句的嵌套

在 if 语句中的语句部分又包含一个或多个 if 语句，称为 if 语句的嵌套。if 语句的嵌套有多种形式，4.3.1 节 if 一般形式的第三种形式也是一种 if 语句的嵌套。

if 语句嵌套的一般形式如下：

```
if（表达式 1）
    if（表达式 2）
        语句 1
    else
        语句 2
else
    if（表达式 3）
        语句 3
    else
        语句 4
```

上述 if 嵌套结构的执行过程如图 4−4 所示。若表达式 1 为真，则再判断表达式 2。若表达式 2 为真，执行语句 1，否则执行语句 2。若表达式 1 为假，执行外层 if 的 else 部分，进一步判断表达式 3。若表达式 3 为真，执行语句 3，否则执行语句 4。

说明：

（1）if 与 else 的配对规则：else 总是与它上面离它最近却尚未配对的 if 进行配对。

（2）为了使 if 嵌套结构的逻辑清晰，可以使用 {} 标明嵌套层次。

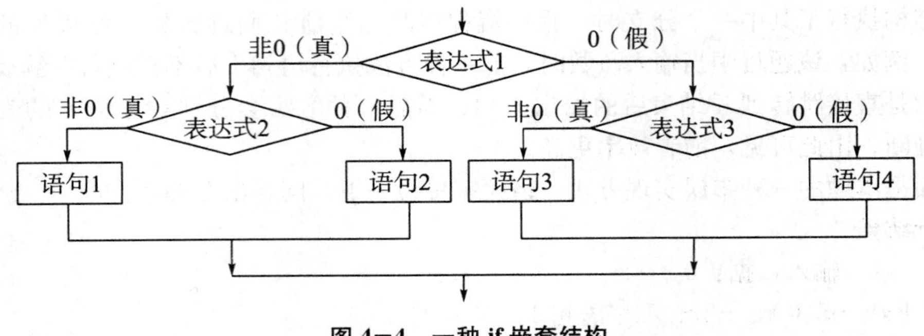

图 4-4　一种 if 嵌套结构

【例 4.4】从键盘输入 a，b，c 的值，计算并输出一元二次方程 $ax^2+bx+c=0$ 的根。

思路解析：首先根据 a 的值判断是否构成一元二次方程。当 $a=0$ 时，不构成一元二次方程，直接输出“该方程不是一元二次方程”；当 $a\neq0$ 时，再根据 b^2-4ac 的值进行判断，根据一元二次方程的求根公式，若令

$$p=-\frac{b}{2a},\quad q=\frac{\sqrt{|b^2-4ac|}}{2a}$$

则当 $b^2-4ac=0$ 时，有两个相等的实根 $x_1=x_2=p$；当 $b^2-4ac>0$ 时，有两个不相等的实根，分别为：$x_1=p+q$，$x_2=p-q$；当 $b^2-4ac<0$ 时，有一对共轭复根，分别为：$x_1=p+q\mathrm{i}$，$x_2=p-q\mathrm{i}$。

源程序：

```
#include<stdio.h>
#include<math.h>
int main()
{
    double a,b,c,disc,p,q;
    scanf("%lf%lf%lf",&a,&b,&c);
    if(fabs(a)<=1e-6)
        printf("该方程不是一元二次方程。");
    else
    {
        disc=b*b-4*a*c;
        p=-b/(2*a);
        q=sqrt(fabs(disc))/(2*a);
        if(fabs(disc)<=1e-6)
            printf("x1=x2=%.2f",p);
        else if(disc>0)
            printf("x1=%.2f,x2=%.2f",p+q,p-q);
        else
```

```
            printf("x1=%.2f+%.2fi,x2=%.2f-%.2fi",p,q,p,q);
        }
        return 0;
    }
```

运行结果：

（1）输入数据：0 5 11

输出结果：该方程不是一元二次方程。

（2）输入数据：2 4 2

输出结果：x1=x2=-1.00

（3）输入数据：1 3 1

输出结果：x1=-0.38，x2=-2.62

（4）输入数据：2 3 2

输出结果：x1=-0.75+0.66i，x2=-0.75-0.66i

说明：判断浮点数 a 是否等于 0，不能直接写成表达式 a==0，而是判断 a 是否近似为 0，即判断 a 的绝对值是否小于或等于一个很小的数（如 1e-6），写成表达式：fabs(a)<=1e-6。同理，如果要比较两个浮点数是否相等，应判断它们的差的绝对值是否近似为 0。

4.3.3 条件运算符和条件表达式

条件运算符由两个符号（? 和:）组成，是 C 语言中唯一一个三目运算符，需要三个操作数。条件表达式的一般形式如下：

表达式 1 ? 表达式 2 : 表达式 3

它的执行顺序是：先计算表达式 1 的值，若为非 0，则求解表达式 2，此时表达式 2 的值作为整个表达式的值。若表达式 1 的值为 0，则求解表达式 3，此时表达式 3 的值作为整个表达式的值。

if 双分支结构可以由条件表达式进行描述，例 4.2 的 if 结构可以改写成如下条件表达式：

```
max=num1>num2?num1:num2;
```

4.4 switch 语句的使用

使用 if 结构可以实现所有的分支结构程序。但有些时候，当问题涉及的分支较多时，可以采用 C 语言中的多路选择语句——switch 语句来简单清晰地描述多分支结构。

多分支选择语句 switch 语句的一般形式如下：

```
switch(表达式)
{
```

case 常量 1：语句 1
case 常量 2：语句 2
⋮
case 常量 n：语句 n
default：语句 n+1
}

switch 语句执行时首先计算表达式的值，然后根据表达式的值使程序流程跳转到对应的分支依次往下执行。若各分支常量值有与表达式的值相同的，则跳转到对应 case 分支；若无，则跳转到 default 分支。

说明：

（1）switch 后面括号内的表达式，值的类型应为整数类型（包括字符型）。

（2）语句 1，语句 2，…，语句 n，语句 n+1，可以是单语句，也可以是多条语句。当为多条语句时，无须使用 {} 构成复合语句。

（3）每个 case 后面的常量必须互不相同，但各个 case 的先后顺序不影响程序结果。也可以多个 case 共用一组语句。

（4）default 可以缺省。此时如果没有与 switch 匹配的 case 常量，则不执行任何语句，流程转到 switch 语句的下一个语句。

（5）根据 switch 语句流程，执行了对应分支语句后，流程将继续执行后续分支代码，而不是转到 switch 语句的下一个语句。如果需要执行完一个分支就结束 switch 语句，则需要使用 break 语句作为分支的最后一条语句。

【例 4.5】输入计算式子，输出计算结果。计算式子格式：操作数 1 运算符 操作数 2，其中运算符可能是加（+）或减（−）。

思路解析：本题根据从键盘接收到的字符型的运算符来判断执行哪个分支，若运算符不是规定的运算符，则输出“无效的运算式子”。

源程序：

```
#include<stdio.h>
int main()
{
    int a,b;
    char op;
    scanf("%d %c %d",&a,&op,&b);
    switch(op)
    {
        case '+':
            printf("%d%c%d=%d",a,op,b,a+b);
            break;                          //转到 switch 结束后的下一条语句
        case '-':
            printf("%d%c%d=%d",a,op,b,a-b);
```

```
            break;
        default:
            printf("无效的运算式子。");
    }
    return 0;
}
```

运行结果：

输入数据：511+213

输出结果：511+213=724

说明：若去掉 break 语句，以上输入数据的运行结果如下：

511+213=724511+213=298 无效的运算式子。

由此可见，switch 语句中如果执行完一个分支要退出 switch 语句，则需要使用 break 语句。

【例 4.6】 从键盘输入 2019 年的某个日期，计算该日为 2019 年的第几天。

思路解析：题目结果由月份天数之和与当月天数这两部分的和构成。例如，如果是 2019－5－11，则需要计算 1～4 月的天数之和，再加上 5 月当月的 11 天，即可得到答案 131 天。

源程序：

```
#include<stdio.h>
int main()
{
    int year,month,day,total=0;
    scanf("%d-%d-%d",&year,&month,&day);
    switch(month-1)
    {
        case 11:
            total=total+30;
        case 10:
            total=total+31;
        case 9:
            total=total+30;
        case 8:
            total=total+31;
        case 7:
            total=total+31;
```

```
        case 6:
            total=total+30;
        case 5:
            total=total+31;
        case 4:
            total=total+30;
        case 3:
            total=total+31;
        case 2:
            total=total+28;
        case 1:
            total=total+31;
    }
    total=total+day;
    printf("%d-%d-%d是当年第%d天。",year,month,day,total);
    return 0;
}
```

运行结果：

输入数据：2019－5－11

输出结果：2019－5－11是当年第131天。

程序分析：此题利用switch语句找到对应分支后依次执行其后语句的特性，巧妙完成了累加。思考一下，如果从键盘输入的日期是任意年份的某一天，该如何计算该日是当年的第几天？

4.5 程序设计举例

【例4.7】输入一个年份year，输出year是否闰年。

思路解析：year是闰年的条件：（1）能被4整除，但不能被100整除；（2）能被400整除。如果满足（1）和（2）其中之一，则year为闰年。

源程序：

```
#include<stdio.h>
int main()
{
    int y;
    scanf("%d",&y);
```

```
    if(y%4==0&&y%100!=0||y%400==0)
        printf("%d 是闰年。",y);
    else
        printf("%d 非闰年。",y);
    return 0;
}
```

运行结果：

输入数据：2008

输出结果：2008 是闰年。

【例 4.8】 从键盘输入一个字符 ch，判断 ch 是字母、数字、空格还是其他字符。

源程序：

```
#include<stdio.h>
int main()
{
    char ch;
    scanf("%c",&ch);
    if(ch>='A'&&ch<='Z'||ch>='a'&&ch<='z')
        printf("%c 是字母。",ch);
    else if(ch>='0'&&ch<='9')
        printf("%c 是数字。",ch);
    else if(' '==ch)        //单引号中有一个空格字符
        printf("%c 是空格。",ch);
    else
        printf("%c 是其他字符。",ch);
    return 0;
}
```

运行结果：

输入数据：Z

输出结果：Z 是字母。

说明：判断 ch 是数字的表达式 ch>='0'&&ch<='9'也可以写成 ch>=48&&ch<=57。后者直接使用了字符'0'和字符'9'的 ASCII 值 48 和 57。从程序可读性方面考虑，推荐使用第一种方法。

如果源程序中的 if 语句漏掉了两处 else，变成了以下代码，则逻辑是错误的。你能分析出哪些情况会出错吗？

```
if(ch>='A'&&ch<='Z'||ch>='a'&&ch<='z')
    printf("%c 是字母。",ch);
if(ch>='0'&&ch<='9')
```

```
        printf("%c是数字。",ch);
    if(' '==ch)
        printf("%c是空格。",ch);
    else
        printf("%c是其他字符。",ch);
```

【例4.9】输入3个整数，要求按从小到大的顺序输出。

思路解析：对变量a，b，c进行两次比较，将三个数中的最大数放到变量c中；再对变量a，b进行一次比较，将两个数中的大者放到b中，完成三个数从小到大的排序。

源程序：

```
#include<stdio.h>
int main(void)
{
    int a,b,c,tmp;
    scanf("%d%d%d",&a,&b,&c);
    if(a>b)
    {
        tmp=a;
        a=b;
        b=tmp;
    }
    if(b>c)
    {
        tmp=b;
        b=c;
        c=tmp;
    }
    if(a>b)
    {
        tmp=a;
        a=b;
        b=tmp;
    }
    printf("%d %d %d",a,b,c);
    return 0;
}
```

运行结果：

输入数据：300 100 200

输出结果：100 200 300

【例 4.10】 从键盘输入一名学生的考试成绩（整数），根据以下规则输出其所属等级。

成绩	等级
90 及以上	A
70～89	B
60～69	C
0～59	D

源程序：

```
#include<stdio.h>
int main()
{
    int score;
    scanf("%d",&score);
    switch(score/10)
    {
        case 10:
        case 9:
            printf("%d:A",score);
            break;
        case 8:
        case 7:
            printf("%d:B",score);
            break;
        case 6:
            printf("%d:C",score);
            break;
        default:
            printf("%d:D",score);
    }
    return 0;
}
```

运行结果：

输入数据：98

输出结果：98:A

说明： switch 语句的使用非常重要的一点就是 switch 后的表达式的构建。此题通过表达式 score/10 来确定所在分支。

习题 4

1. 从键盘输入 4 个整数，输出其中的最大数和次大数。

2. 有一个函数：

$$y=\begin{cases}x, & x<1\\ 3x+5, & 1\leqslant x<30\\ 7x-3, & x\geqslant 30\end{cases}$$

编写程序，输入 x 的值，计算并输出 y 的值。

3. 从键盘输入一个整数，如果是正数，输出该数自身；如果是负数，输出它的绝对值。

4. 从键盘输入 a，b，c 三个数，判断能否构成三角形。若能构成三角形，计算并输出三角形的面积。

5. 从键盘输入一个字符，如果是小写字母，则转换为其对应的大写字母；如果是大写字母，则原样输出；如果是数字，则输出其十进制 ASCII 值；如果是其他字符，则统一输出@。

6. 身体质量指数（BMI）是常用的衡量人体肥胖程度和是否健康的重要标准。BMI 判断标准如下：

BMI	分类
小于 18.5	体重过低
18.5（含）～24.0	正常范围
24.0（含）～28.0	超重
大于等于 28.0	肥胖

BMI 的计算公式：体重（kg）/ 身高（m）的平方。编程实现从键盘输入一个人的体重和身高，计算并输入其所在分类。

7. 从键盘输入 4 个整数，要求按从大到小的顺序输出。

第 5 章　循环结构程序设计

5.1　为什么要用循环

第 3 章介绍了按照语句排列的先后次序执行的顺序结构程序，第 4 章介绍了根据不同的情况或条件来选择不同的操作步骤执行的选择结构程序。用顺序结构和选择结构可以解决简单的、不出现重复的问题，但是在现实生活中经常会遇到需要重复处理的问题。

例如：输入全年级 450 名学生的 C 语言程序设计课程成绩，计算平均分。

处理这个问题，我们需要先获得总成绩，然后除以人数就可以得到平均成绩。总成绩可以通过加法计算得到，计算式子为：sum＝score1＋score2＋score3＋…＋score450。但定义 450 个不同名字的变量来存储每个成绩，以及把包含 450 个加数项的加法式子写完整，都不太可行，于是我们需要另寻他法。

经过分析发现，处理每一位同学成绩的步骤都是相同的，具体如下：

首先，从键盘获得成绩存入 score；

其次，将 score 累加到总和 sum 中。

这就意味着重复执行以上两件事情 450 次，就可以获得全年级同学的总成绩。如何描述重复执行的任务呢？这就需要循环结构。

C 语言程序设计提供了循环控制结构来处理类似需要重复执行的操作。循环控制结构是结构化程序设计的基本结构之一。顺序结构、选择结构和循环结构构成 C 语言的三种基本结构，成为各种复杂程序设计的基础。

C 语言提供三种循环语句，即当型循环 while 语句、直到型循环 do…while 语句和 for 语句，本章将一一进行介绍。

5.2　while 循环语句

while 循环语句的一般形式如下：

　　while（表达式）

　　　　循环体语句

while 循环语句执行过程如图 5－1 所示。首先计算表达式即循环判断条件的值，当表达式值为非 0 值（真）时，执行循环体语句；反复计算表达式的值，若仍然为非 0 值（真），则继续执行循环体语句，直到表达式的值为 0（假），结束循环。

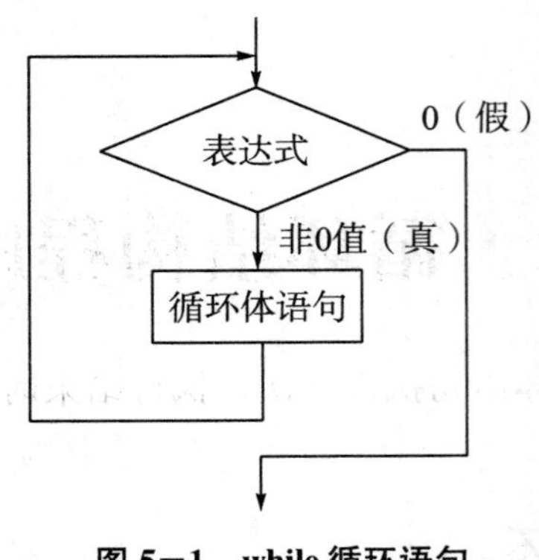

图 5－1　while 循环语句

注意：

（1）while 循环语句的特点是先判断条件表达式，后执行循环体语句。当首次循环条件不满足时，循环体语句执行 0 次。

（2）此处循环体语句为单语句，若循环体为多条语句，则应以复合语句形式体现，即用｛｝括起多条循环体语句。这点对于 do…while 循环结构和 for 循环结构的循环体语句也是适用的。

（3）表达式一般为逻辑表达式或关系表达式，也可以是其他表达式。

（4）通常在循环控制语句开始之前有为循环判断条件表达式变量赋初值的语句，而在循环体语句中有改变循环判断条件表达式变量的语句。

【例 5.1】从键盘输入字符 ch 和整数 n，使用循环结构输出 n 个 ch 字符。

源程序：

```
#include<stdio.h>
int main()
{
    int i,n;  //使用变量 i 记录输出字符的个数
    char ch;
    scanf("%c%d",&ch,&n);
    i=1;  //i 赋初值
    while(i<=n)  //输出字符个数不足 n 个,则继续循环输出
    {
        printf("%c",ch);
        i++;  //输出一个字符后,i 的值增 1
    }
    printf("\n");
    return 0;
}
```

运行结果：

输入数据：＊8

输出结果：********

程序分析： 循环体语句为输出一个 ch 字符，循环执行 n 次循环语句。循环判断条件表达式为 i<=n。为组织循环，在 while 循环之前为循环控制变量 i 赋初值 1，循环体语句每执行一次，循环控制变量增 1。

根据以上输入数据，循环体语句执行 8 次，执行结束时，i 的值为 9。若输入数据为＊0，则第一次循环判断条件表达式的值就为 0（假），不执行循环体语句。换句话说，此时循环体执行 0 次。

此题循环体语句是复合语句，若去掉循环体语句的 {}，即：

```
while(i<=n)
    printf("%c",ch);
    i++;
```

则语句 i++;不属于循环体，此时由于 i 的值一直不发生改变，循环成为死循环，无法正常退出。

【例 5.2】 从键盘输入正整数 n，计算并输出 $1+2+3+\cdots+n$ 的值。

思路解析： 这个题目需要先后将 n 个数相加，考虑每次加入一个数，则需要反复执行 n 次加法，题目应采用循环结构来实现。这是典型的累加问题，需要一个用于存放累加和的变量，并在累加开始前赋初值 0；接下来组织循环，实现累加。

源程序：

```
#include<stdio.h>
int main()
{
    int i,n,sum;
    scanf("%d",&n);
    sum=0;  //存放累加和的变量赋初值为 0
    i=1;
    while(i<=n)
    {
        sum=sum+i;  //累加,也可写成 sum+=i;
        i++;  //累加计数器增 1
    }
    printf("sum=%d",sum);
    return 0;
}
```

运行结果：

输入数据：100

输出结果：sum=5050

程序分析：变量 sum 用来存储累加和，使用变量 i 取 1，2，…，n 值来获得每次的加数。循环执行 n 次，每次将 i 的值累加进 sum 变量。给变量 sum 和变量 i 赋初值很重要，不要忽略。

5.3 do…while 循环语句

do…while 循环语句的一般形式如下：

```
do
    循环体语句
while(表达式);
```

do…while 循环语句执行过程如图 5－2 所示。先执行一次循环体语句，然后计算表达式即循环判断条件的值，当表达式的值为非 0（真）时，返回重新执行循环体语句，如此反复，直到表达式的值为 0（假），此时结束循环。

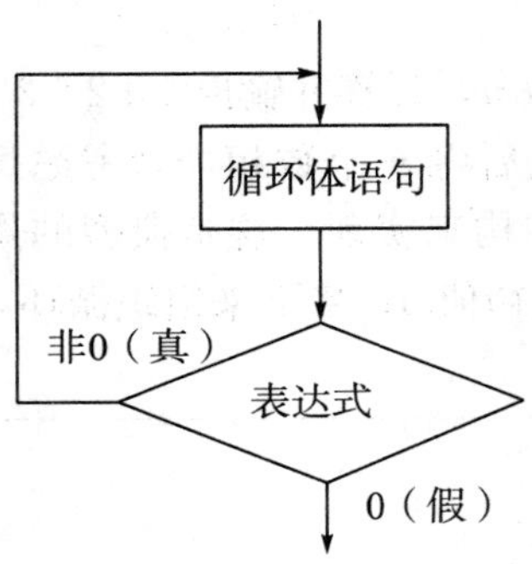

图 5－2 do…while 循环语句

注意：

（1）do…while 循环语句的特点是先执行循环体语句，后判断条件表达式，即循环体语句至少执行 1 次。

（2）此处循环体语句为单语句，若循环体为多条语句，则应以复合语句形式体现，即用｛｝括起多条循环体语句。

（3）do…while 循环语句最后的分号（;）是语法格式，不能省略。

（4）同一个问题既可以使用 while 循环语句，也可以使用 do…while 循环语句，二者可以相互转换。

【例 5.3】用 do…while 实现从键盘输入正整数 n，计算并输出 $1+2+3+\cdots+n$ 的值。

源程序：

```
#include<stdio.h>
int main()
{
    int i,n,sum;
```

```
    scanf("%d",&n);
    sum=0;  //存放累加和的变量赋初值为 0
    i=1;
    do
    {
        sum=sum+i;  //累加
        i++;  //累加计数器增 1
    }while(i<=n);
    printf("sum=%d",sum);
    return 0;
}
```

【例 5.4】从键盘输入某同学的 C 语言程序设计的平时成绩和考试成绩，计算并输出总评成绩。成绩为百分制整数，若输入成绩有误，需重新输入，直到数据输入正确。平时成绩占总评成绩的 30%，考试成绩占总评成绩的 70%。

思路解析：该题目只输入并计算一名同学的总评成绩。但根据题目要求，可能出现平时成绩或考试成绩输入出错的情况，此时就需要反复执行输入语句，直到输入数据正确。数据输入至少执行 1 次，故选择 do…while 循环语句实现数据的输入。

源程序：

```
#include<stdio.h>
int main()
{
    int zp,ps,ks;
    do
    {
        printf("请输入平时成绩和考试成绩(空格分隔):");
        scanf("%d%d",&ps,&ks);
    }while((ps<0 ||ps>100)||(ks<0 ||ks>100));
    zp=(int)(ps*0.3+ks*0.7);
    printf("平时成绩:%d,考试成绩:%d,总评成绩:%d",ps,ks,zp);
    return 0;
}
```

运行结果：

输入数据：其中 105 98 95 −1 95 98 从键盘输入。

请输入平时成绩和考试成绩(空格分隔):105 98

请输入平时成绩和考试成绩(空格分隔):95 −1

请输入平时成绩和考试成绩(空格分隔):95 98

输出结果:平时成绩:95,考试成绩:98,总评成绩:97

程序分析：只有当输入的两个整数均在0～100（含0和100）之间时，循环才结束。

5.4 for循环语句

for循环语句的一般形式如下：

for(表达式1;表达式2;表达式3)

循环体语句

for循环语句执行过程如图5-3所示，具体如下：

(1) 计算表达式1（通常是循环变量赋初值）。

(2) 计算表达式2（循环条件），当表达式2的值为非0（真）时，执行循环体语句，然后执行第（3）步；若表达式2的值为0（假），则结束循环，转到第（5）步。

(3) 计算表达式3（循环变量增值）。

(4) 转回步骤（2）继续执行。

(5) 循环结束，执行for语句下面的一个语句。

注意：

(1) for语句非常灵活，不仅可以用于循环次数已知的计数循环，也可以用于循环次数未知的条件循环。

(2) 此处循环体语句为单语句，若循环体为多条语句，则应以复合语句形式体现，即用{}括起多条循环体语句。

(3) 表达式1、表达式2和表达式3均可省略，但分号不能省略。当省略表达式2时，循环条件恒为真，循环将无终止地进行。

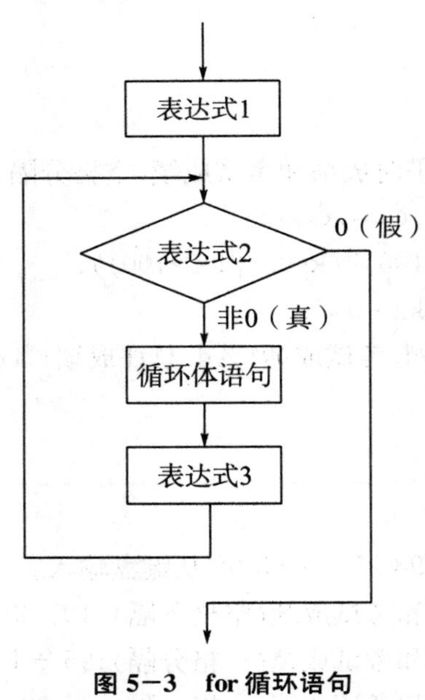

图5-3 for循环语句

【例5.5】 用for循环实现从键盘输入正整数n，计算并输出$1+2+3+\cdots+n$的值。

源程序：

```
#include<stdio.h>
int main()
{
    int i,n,sum;
    scanf("%d",&n);
    for(sum=0,i=1;i<=n;i++)
        sum=sum+i;              //累加
    printf("sum=%d",sum);
    return 0;
}
```

说明：C99 允许在 for 循环语句的表达式 1 中定义变量并赋初值，例如：

```
for(int i=1;i<=n;i++)
    sum=sum+i;
```

此时变量 i 的有效范围仅限于 for 循环中，在循环外不能使用该变量。

【例 5.6】 从键盘输入正整数 n，按从小到大的顺序输出所有能被 n 整除的两位数。

思路解析：该题目可以使用穷举法。循环列举所有的两位数（10，11，12，…，99），将每个可能满足条件的数用 n 去除，若能够整除，则输出，否则不做任何操作。

源程序：

```
#include<stdio.h>
int main()
{
    int n,i;
    scanf("%d",&n);
    for(i=10;i<=99;i++)
        if(i%n==0)
            printf("%d ",i);
    return 0;
}
```

运行结果：

输入数据：11

输出结果：11 22 33 44 55 66 77 88 99

程序分析：此题循环初值为 10，增量为 1，循环体语句执行次数为 99−10+1=90 次。当循环结束时，循环控制变量 i 的值为 100。当表达式 i%n==0 的值为 1 时，表明 i 能够被 n 整除。

说明：此处循环体语句是一个 if 单分支结构，可以看作一条单语句，因而不加 {} 也不会影响程序结构。

5.5 循环的嵌套

在一个循环体内又包含另一个完整的循环结构，称为循环的嵌套。循环嵌套时，外层循环执行一次，内层循环从头到尾执行一遍。内嵌的循环中还可以嵌套循环，这就是多重循环。三种循环（while循环、do…while循环、for循环）不仅可以自身嵌套，而且可以互相嵌套。例如，以下几种形式均为合法的形式：

（1）一个for循环内嵌另一个for循环。

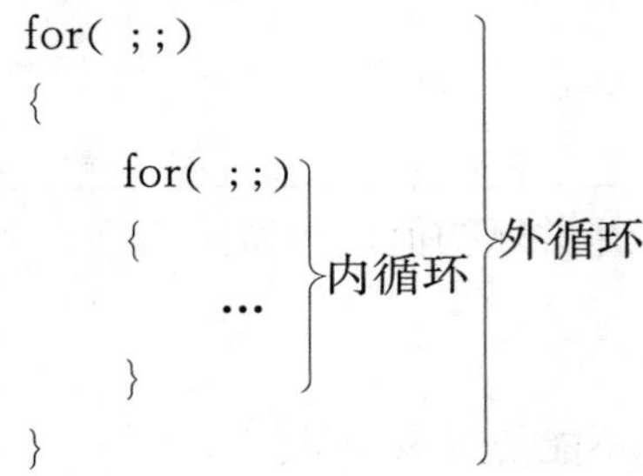

（2）一个while循环内嵌一个do…while循环。外循环的循环体可包含一个内循环和其他循环体语句。

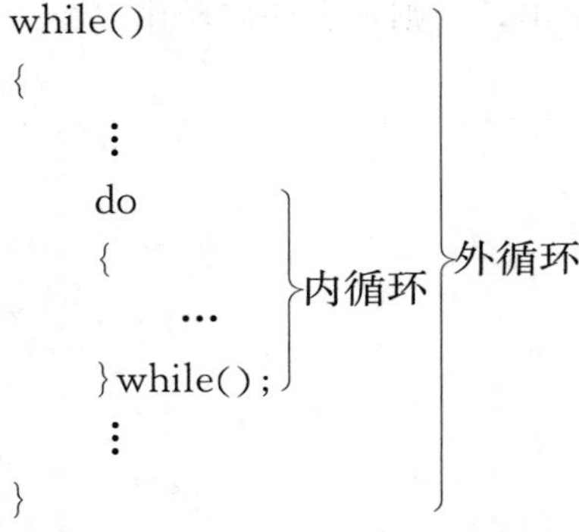

（3）一个while循环内嵌两个并列的for循环。

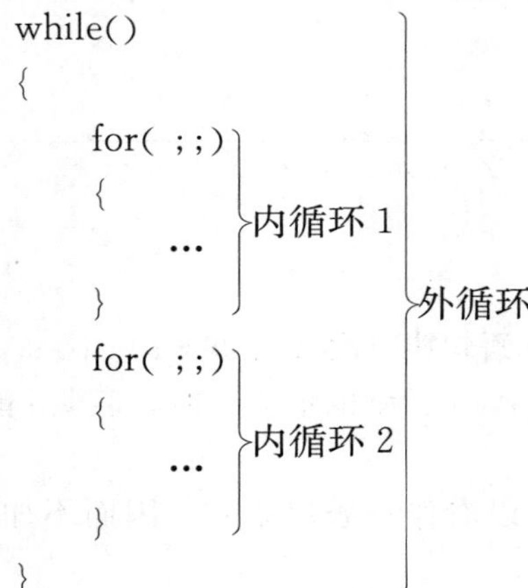

【例 5.7】 从键盘输入字符 ch 和正整数 n，m，输出 n 行 m 列 ch 字符。

源程序：

```
#include<stdio.h>
int main()
{
    int i,j,n,m;
    char ch;
    scanf("%c%d%d",&ch,&n,&m);
    for(i=0;i<n;i++)
    {
        for(j=0;j<m;j++)
            printf("%c",ch);
        printf("\n");
    }
    return 0;
}
```

运行结果：

输入数据：＊4 5

输出结果：

```
*****
*****
*****
*****
```

程序分析： 外循环控制变量 i 用于控制行，当 i 取 0，1，…，n−1 值时，循环条件表达式为非 0（真），执行外循环循环体语句。外循环循环体包含 2 条语句，第一条语句是一个 for 循环（内循环），其功能是输出一行上的 m 个 ch 字符；第二条语句是 printf("\n");，用于输出行末的回车换行。当外循环执行一次，内循环循环体语句 printf("%c",ch);将执行 m 次。所以，程序运行时，内循环循环体语句 printf("%c",ch);将执行 n＊m 次，外循环循环体语句 printf("\n");将执行 n 次。

说明： 此题外循环循环体语句的 {} 不能省略。若删除 {} 写成下面的形式，则 printf("\n");语句不是循环体语句，它仅在循环结束后才执行。

```
for(i=0;i<n;i++)
    for(j=0;j<m;j++)
        printf("%c",ch);
    printf("\n");
```

此时，运行程序，输入以下数据：

＊4 5

程序的运行结果如下：

```
**********************
```

【例 5.8】输出九九乘法口诀表。

源程序：

```
#include<stdio.h>
int main()
{
    int i,j;
    for(i=1;i<=9;i++)
    {
        for(j=1;j<=i;j++)
            printf("%d*%d=%-3d",i,j,i*j);
        printf("\n");
    }
    return 0;
}
```

运行结果：

```
1*1=1
2*1=2  2*2=4
3*1=3  3*2=6   3*3=9
4*1=4  4*2=8   4*3=12  4*4=16
5*1=5  5*2=10  5*3=15  5*4=20  5*5=25
6*1=6  6*2=12  6*3=18  6*4=24  6*5=30  6*6=36
7*1=7  7*2=14  7*3=21  7*4=28  7*5=35  7*6=42  7*7=49
8*1=8  8*2=16  8*3=24  8*4=32  8*5=40  8*6=48  8*7=56  8*8=64
9*1=9  9*2=18  9*3=27  9*4=36  9*5=45  9*6=54  9*7=63  9*8=72  9*9=81
```

程序分析：循环控制变量 i 用于控制行的循环，循环控制变量 j 用于控制列的循环。内循环循环条件是 j<=i，由于 i 是变量，因而内循环循环体语句 printf("%d*%d=%-3d",i,j,i*j);的执行次数也是变化的。当 i 取 1 时，内循环循环体执行 1 次，当 i 取 2 时，内循环循环体执行 2 次，以此类推。

说明：printf("%d*%d=%-3d",i,j,i*j);用于输出九九乘法口诀表的一项。输出格式%-3d 表示输出总共占 3 列，输出数据位数不足三位时用空格在右侧补足，即实现数据的左侧对齐。

5.6　流程的转移控制

5.6.1　goto 语句

goto 语句是无条件转移语句，其一般形式为：

goto 标号;

执行 goto 语句使程序流程无条件地转移到相应标号所在的语句，并从该语句继续执行。

说明：

（1）标号是一个标识符，应根据标识符的命名规则来命名。

（2）标号语句的形式是：

标号:语句

（3）goto 语句只能使流程在函数内转移，不得转移到该函数外。

（4）goto 语句一般用于同层跳转，或由内层向外层跳转，而不用于由外层向内层跳转。

【例 5.9】 使用 goto 语句实现从键盘输入正整数 n，计算并输出 $1+2+3+\cdots+n$ 的值。

源程序：

```
#include<stdio.h>
int main()
{
    int i,n,sum;
    scanf("%d",&n);
    sum=0;
    i=1;
loop:
    sum=sum+i;
    i++;
    if(i<=n)
        goto loop;
    printf("sum=%d",sum);
    return 0;
}
```

说明： 其中 loop 是标号，此题采用 goto 语句来实现循环。goto 语句的使用会打乱各种有效的控制语句，使程序的结构性和可读性变差，因此，要尽量避免使用 goto 语句。

5.6.2 break语句

break语句是限定转向语句，其使用形式为：

break;

使用break语句将使程序流程跳出所在的结构，转到所在结构之后。break语句通常只能在switch语句和循环语句中使用。当在switch语句中执行break语句时，程序流程将跳出switch结构。当在循环语句中执行break语句时，程序流程跳出break所在的循环结构，转向执行该循环结构后面的语句。

【例5.10】从键盘输入任意多位同学的C语言程序设计的考试成绩（百分制整数，假定数据输入均正确），当输入−1时表示输入结束。计算并输出考试及格率。

思路解析：本题需要循环处理多位同学的成绩，需要存放成绩的变量score，统计总人数的变量total，统计及格人数的变量pass。对于其中某位同学，首先从键盘输入成绩并存储到score变量，接下来总人数计数变量total增1，再判断score是否及格，若及格，则及格人数计数变量增1。其中score变量可以反复使用，即每次输入的成绩均可存入score变量，不过新输入的数据会覆盖原有数据。本题循环次数不确定，可根据输入数据是否为结束标记来判断循环是否结束。

源程序：

```
#include<stdio.h>
int main()
{
    int score,total=0,pass=0;   //计数变量赋初值0
    while(1)
    {
        scanf("%d",&score);
        if(-1==score)
            break;
        total++;
        if(score>=60)
            pass++;
    }
    printf("及格率:%.1f%%\n",(double)pass/total*100);
    return 0;
}
```

运行结果：

输入数据：89 77 45 98 0 78 100 −1

输出结果：及格率：71.4%

说明：本题中while循环语句的表达式（循环条件）为常数1，表明循环将无休止地进行下去。循环的退出是由循环体语句中的 break 语句来实现的。当执行到 break 语句时，程序流程跳出其所在的 while 循环语句，转到循环结构之后的下一条语句。

printf("及格率:%.1f%%\n",(double)pass/total * 100);中输出格式%.1f 表示输出一个浮点数，小数部分占 1 位；格式控制字符串"%%"实现输出一个"%"符号；(double)pass/total * 100 是计算及格率的表达式，由于 pass 和 total 均为 int 型，则需先把除法的操作数强制转换成浮点型才能实现浮点除法。

5.6.3　continue 语句

continue 语句的使用形式为：

continue;

continue 语句的功能是使本次循环提前结束，而接着进行下次循环。即跳过循环体中 continue 下面尚未执行的语句，转到循环体语句结束点，再进行下次循环。

【例 5.11】 输出能被 7 整除的所有两位数。

源程序：

```
#include<stdio.h>
int main()
{
    int i;
    for(i=10;i<100;i++)
    {
        if(i%7)
            continue;
        printf("%d ",i);
    }
    return 0;
}
```

运行结果：

14 21 28 35 42 49 56 63 70 77 84 91 98

说明：当 i 取 10 时，if 表达式 i%7 的值为非 0（真），执行 continue 语句，程序转到 for 循环循环体的结束点，不再执行 printf("%d ",i);语句，而是进行下一次循环，即流程转到 for 循环的表达式 3 执行 i++，再执行表达式 2（循环条件）。

5.6.4　exit 函数

exit 函数的功能是终止整个程序的执行，强制返回操作系统。

exit 函数所在头文件是 stdlib.h，使用 exit 退出函数的一般形式为：

exit(参数);

其中，参数取 0 值，表示正常退出；参数取 1 或其他非 0 值，表示异常退出。该函数的参数将被传递给操作系统，以供其他程序使用。

5.7 程序设计举例

【例 5.12】 输出 Fibonacci 数列的前 $n(3\leqslant n\leqslant 20)$ 项。

$$f(n)=\begin{cases}1, & n=1,2\\ f(n-1)+f(n-2), & n>2\end{cases}$$

思路解析：本题约定 $3\leqslant n\leqslant 20$，故先输出 Fibonacci 数列的第 1 项和第 2 项；再组织循环，计算并输出第 3 项、第 4 项……直到第 n 项。

源程序：

```
#include<stdio.h>
int main(void)
{
    int n,fn_2=1,fn_1=1,fn,i;
    scanf("%d",&n);
    printf("%d %d ",fn_2,fn_1);
    for(i=3;i<=n;i++)
    {
        fn=fn_1+fn_2;        //fn_1 用于存放 f(n-1)的值
        printf("%d ",fn);
        fn_2=fn_1;
        fn_1=fn;
    }
    return 0;
}
```

运行结果：

输入数据：10

输出结果：1 1 2 3 5 8 13 21 34 55

【例 5.13】 从键盘输入一个大于 2 的正整数 n，判断其是否为素数。素数是指一个大于 1 的自然数，除了 1 和它自身以外，不能被其他自然数整除。

思路解析：判断 n 是否为素数，根据素数定义，就是看 n 能否被 2，3，…，n−1 其中的某个数整除。循环控制变量 i 的初值为 2，增量为 1，当 i<n 时执行循环。设定标记变量 flag，初值为 1，表示是素数，当找到 n 的因子时，flag 置为 0。循环结束后根据 flag 值的情况判断 n 是否为素数。

源程序：

```
#include<stdio.h>
int main()
{
    int i,n,flag=1;
    scanf("%d",&n);
    for(i=2;i<n;i++)
        if(n%i==0)
            flag=0;
    if(1==flag)
        printf("%d 是素数。",n);
    else
        printf("%d 非素数。",n);
    return 0;
}
```

运行结果：

输入数据：17

输出结果：17 是素数。

程序分析：考虑以下两点，可以对程序做出优化。其一，若循环过程中一旦遇到 n 的因子，那么无须继续循环，可以直接退出循环，这由 break 语句来实现。此时素数判断条件可根据循环判断条件相关的式子来进行判断。通过 break 语句退出循环时，为非素数，循环条件为真。此时例 5.13 循环部分可以优化如下：

```
……
for(i=2;i<n;i++)
    if(n%i==0)
    {
        flag=0;
        break;
    }
……
```

其二，i 无须取到 n−1，只需要取到最接近 n/2 或是$\sqrt{n}$的整数即可，从而缩减循环次数，例 5.13 的优化程序自己完成。

对于素数判断，除了采用例 5.13 使用标志变量的方法，我们还可以根据循环变量 i 的值来判断，具体的算法流程如图 5−4 所示。

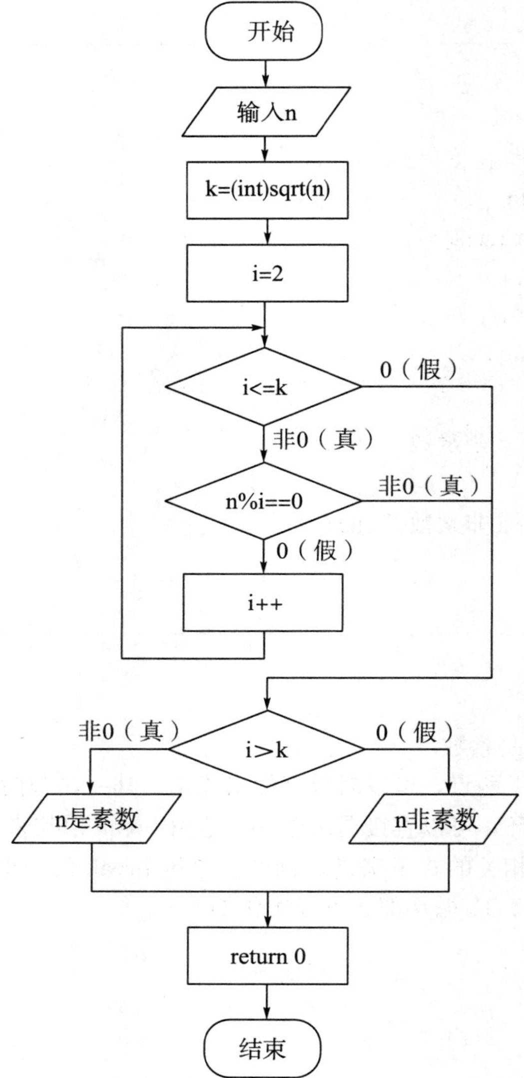

图 5-4　判断素数的算法流程

源程序如下：

```
#include<stdio.h>
#include<math.h>
int main()
{
    int i,n,k;
    scanf("%d",&n);
    k=(int)sqrt(n);
    for(i=2;i<=k;i++)
```

```
        if(n%i==0)
            break;
    if(i>k)
        printf("%d 是素数。",n);
    else
        printf("%d 非素数。",n);
    return 0;
}
```

【例 5.14】 输出 10～100 之间（含 10 和 100）的所有素数，并统计输出素数个数。

思路解析：组织循环穷举 10～100 之间的每个数 i。循环体判断 i 是否素数，若是，则输出该数并计数，否则不输出。

源程序：

```
#include<stdio.h>
#include<math.h>
int main()
{
    int i,j,n=0,k;
    for(i=10;i<=100;i++)
    {
        k=(int)sqrt(i);
        for(j=2;j<=k;j++)
            if(i%j==0)
                break;
        if(j>k)
        {
            printf("%d ",i);
            n++;
        }
    }
    printf("\n 素数个数:%d",n);
    return 0;
}
```

运行结果：

11 13 17 19 23 29 31 37 41 43 47 53 59 61 67 71 73 79 83 89 97

素数个数：21

说明：由于 sqrt 函数调用会带来时间和空间开销，因此以下两种方式相比，前者效率优于后者。

方式一：

k=(int)sqrt(i);

for(j=2;j<=k;j++)

方式二：

for(j=2;j<=(int)sqrt(i);j++)

【例 5.15】 从键盘输入学生人数 n（$n\geqslant 1$），再输入 n 名学生的 C 语言程序设计课程成绩，计算并输出最高分、平均分。

源程序：

```
#include<stdio.h>
int main()
{
    int n,i,score,max,sum;
    scanf("%d",&n);
    i=1;
    do
    {
        printf("第%d 名同学成绩:",i);
        scanf("%d",&score);
    }while(score<0||score>100);
    max=score;
    sum=score;
    for(i=2;i<=n;i++)
    {
        do
        {
            printf("第%d 名同学成绩:",i);
            scanf("%d",&score);
        }while(score<0||score>100);
        sum+=score;
        if(score>max)
            max=score;
    }
    printf("最高分:%d,平均分:%.2f",max,(double)sum/n);
    return 0;
}
```

运行程序，根据提示信息输入数据：

5

第 1 名同学成绩:101

第 1 名同学成绩:92
第 2 名同学成绩:75
第 3 名同学成绩:−9
第 3 名同学成绩:115
第 3 名同学成绩:100
第 4 名同学成绩:78
第 5 名同学成绩:96

运行结果：

最高分:100,平均分:88.20

程序分析：计算最高分是求最值算法，其算法步骤为两步：第一步，为最大值变量 max 赋初值，通常为这批数中的其中一个。为了给 max 赋初值，第一个学生成绩在循环外单独处理。第二步，组织循环，将其他数据依次与现有最大值进行比较，若大于现有 max，则替换 max 的值。此题中的 do…while 循环实现成绩输入的数据有效性控制。

习题 5

1. 计算并输出 $1!+2!+\cdots+n!$（其中 $n<16$）。

2. 输出 1000 以内的所有完数。“完数”是指一个数的因子之和等于自身。

3. 输入两个正整数 m 和 n，计算并输出其最大公约数。

4. 一个球从 100 米高度自由落下，每次落地后反跳回原高度的一半，再落下，再反弹。求它在第 8 次落地时共经过多少米，第 8 次反弹多高。

5. 输入一行字符，分别统计其中英文字母、数字和其他字符的个数。

6. 从键盘输入任意个整数，以−888 结束（不计入），计算并输出其中的最大数和最小数。

7. 要将 100 元钱换成 1 元、5 元和 10 元的零钱，每种零钱的张数大于 0，且为 5 的倍数，编程输出所有可能的换法。

8. 百钱百鸡问题。用 100 钱买 100 只鸡，公鸡一只五钱，母鸡一只三钱，小鸡三只一钱，编程输出所有可能的买法（要求每种鸡至少要买 1 只）。

第 6 章　模块化程序设计

通过前几章的学习，我们已经能够编写一些简单的 C 程序，然而迄今为止，不管解决什么问题，程序都是编写在一个名为 main 的主函数里。这对于功能比较简单的任务来说是实际可行的，但是对于一个庞大而复杂的问题，将所有的程序代码都写在一个主函数中，就会使主函数结构变得复杂，难以理解，头绪不清，这不利于程序的编写和维护，也不利于程序的控制。

此外，对于程序中要多次实现的某一功能，就需要重复编写实现此功能的程序代码，这使程序冗长。因此，人们自然会想到采用“组装”的办法来简化程序设计的过程。如同组装积木块一样，事先生产好各种部件，在最后组装产品时用到什么就从仓库里取出什么，直接装上就可以了，这就是模块化程序设计的基本思路。

模块化程序设计就是将一个复杂的问题分解成若干个功能相对简单的模块，每个模块又可以继续分解成更简单、更小的模块，直到模块划分已经足够简单为止。这种把一个相对复杂的问题分解成若干个小的容易解决的模块来解决问题的方式称为模块化程序设计方式。C 语言中最小的模块单位就是函数，本章将介绍与函数有关的概念及如何编写一个函数。

6.1　函数

6.1.1　函数的概念

“函数”是个外来词，英文是 function，因而我们可以将函数理解为功能或者方法。每一个函数用来实现一个特定的功能，函数的名字应该能体现其对应的功能。在 C 语言中，函数是一段逻辑上独立、能完成指定功能的程序。对于函数的使用者来说，只需要知道函数能实现的功能是什么、如何使用，不一定需要知道函数的具体实现过程和方法。

在 C 语言中，函数的使用与编程是密不可分的。在我们接触 C 语言编程时，就已经在使用函数了，如 getchar()，putchar() 等都是函数，只不过它们已经编写好了，放在了指定的头文件中。一个 C 语言程序可以由一个主函数和若干个其他函数构成。主函数中可以调用其他函数，函数之间也可以相互调用，一个函数可以被其他函数调用一次或者多次。

函数为程序的层次构造提供了有力支持，可以用已有的函数构造出功能更强大的函数和程序，不必一切从头开始。合理的函数规划有助于程序的编写、阅读、调试、修改和维护，提高程序的开发效率。

【例 6.1】编写函数，求任意两个浮点数的最大数。

思路解析：设计一函数 Max 用来求两个浮点数中的较大数；在主函数中完成数据输入，然后调用 Max 函数求出两个数中的最大数，再利用函数的返回值将结果送往主函数中的变量并输出。

源程序：

```
#include<stdio.h>
float Max(float x, float y);
int main()
{
    float a,b,max;
    scanf("%f%f",&a,&b);
    max=Max(a,b);
    printf("Max=%f\n"),max);
}

float Max(float x, float y)
{
    return x>y?x:y;
}
```

6.1.2　函数的分类

从用户使用的角度来看，构成一个C语言程序的函数可以划分为下面两种基本类型。

1. 库函数（或标准函数）

库函数一般是指编译器提供的可在C源程序中调用的函数。库函数可分为两类：一类是C语言标准规定的库函数，另一类是编译器提供的库函数。这部分函数编程时只需要包含相关头文件就可以直接调用，不需要提供函数的实现源代码。例如，我们已经学过的输入函数 scanf()、输出函数 printf() 等库函数都是由C语言系统定义的。由于版权原因，库函数的源代码一般是不可见的，但在头文件中可以看到它对外的接口。

C语言的库函数并不是C语言本身的一部分，它是由编译程序根据一般用户的需要编制并提供给用户使用的一组程序。C语言的库函数极大地方便了用户，同时也补充了C语言本身的不足。在编写C语言程序时，应当尽可能多地使用库函数，这样既可以提高程序的运行效率，又可以提高编程的质量。正确使用库函数的必要条件如下：

（1）了解函数的功能及其所能完成的操作。

（2）参数的数目和顺序，以及每个参数的意义及类型。

（3）返回值的意义及类型。

（4）需要包含的头文件。

不同的编译环境提供的库函数会有区别，一般来说，库函数主要有以下九大类：

（1）I/O 函数。

包括各种控制台 I/O、缓冲型文件 I/O 和 UNIX 式非缓冲型文件 I/O 操作。需要包含头文件 stdio. h 。

例如：getchar，putchar，printf，scanf，fopen，fclose，fgetc，fgets，fprintf，fsacnf，fputc，fputs，fseek，fread，fwrite 等。

（2）字符串、内存和字符函数。

包括对字符串进行各种操作和对字符进行操作的函数。需要包含头文件 string. h，mem. h，ctype. h。

例如：用于检查字符的函数 isalnum，isalpha，isdigit，islower，isspace 等；用于字符串操作的函数 strcat，strchr，strcmp，strcpy，strlen，strstr 等。

（3）数学函数。

包括各种常用的三角函数、双曲线函数、指数和对数函数等。需要包含头文件 math. h。

例如：sin，cos，exp（e 的 x 次方），log，sqrt（开平方），pow（x 的 y 次方）等。

（4）时间、日期和与系统有关的函数。

对时间、日期的操作和设置计算机系统状态等。需要包含头文件 time. h。

例如：time 返回系统的时间；asctime 返回以字符串形式表示的日期和时间。

（5）动态存储分配。

包括“申请分配”和“释放”内存空间的函数。需要包含头文件 alloc. h 或 stdlib. h。

例如：calloc，free，malloc，realloc 等。

（6）目录管理。

包括磁盘目录建立、查询、改变等操作的函数。

（7）过程控制。

包括最基本的过程控制函数。

（8）字符屏幕和图形功能。

包括各种绘制点、线、圆、方和填色等的函数。

（9）其他函数。

2. 用户自定义函数

用户自定义函数是由用户根据应用程序的需要而自行编写的，能完成特定功能的程序模块。函数的功能需用户自己编程实现，比如，例 6.1 中的 Max 函数。本章学习的重点就是如何来设计和实现用户自己的函数。

6.2 函数的定义

C 语言规定用到的所有函数都必须先定义后使用。定义一个函数时需要确定几个内容：①函数的类型，即函数的返回值类型；②函数的名字；③函数的参数个数和类型；④函数应当完成的功能和实现方法。确定了以上内容后就可以定义一个特有功能的函数了。

6.2.1　函数的定义形式

在C语言中，函数主要由函数说明部分（函数头部）和函数体组成，用来对完成特定功能的程序段做出描述。函数定义的一般格式为：

```
返回值类型　函数名(类型 形参 1,类型 形参 2,……)
{
    声明语句;
    可执行语句;
}
```

其中，函数类型（即返回值类型）可以是基本数据类型或用户自定义数据类型，用于确定该函数的返回值类型，函数也可以没有返回值，此时返回值类型定义为 void；函数名是自定义的任何合法标识符，通常函数的名字应该能尽量表达出函数拟完成的功能；函数名后面的括号里是函数的形式参数列表，是用逗号隔开的变量声明表，在函数调用时可以用来传递数据。函数的形参根据程序设计需要可以有 1 个或者多个，也可以没有形参。当声明一个没有形参的函数时，上面的格式可以简化为：

```
返回值类型　函数名()                    返回值类型　函数名(void)
{                                       {
    声明语句;           或                  声明语句;
    可执行语句;                             可执行语句;
}                                       }
```

函数说明后面大括号里的是函数体。函数体是一个复合语句，函数体里包含变量声明和可执行语句。C 语言规定：在函数体里不能再出现其他函数的定义，即除了主函数被操作系统直接调用以外，其他函数都是一个相对独立的程序块，每个函数之间是并列的关系，可以相互调用，但不能相互包含。

例如：编写一个函数，求两个整数的差。

首先确定函数名 Sub；函数的参数有两个，类型为 int；函数的返回值为两个整数的差，类型为整型。

```
int Sub(int x,int y)
{
    int result;
    result=x-y;
    return result;
}
```

C 语言还允许设计函数体为空的函数，例如：

```
void 函数名()
{
```

```
}
```

当程序调用该函数时，什么也不做。在程序设计中定义这种函数的目的：程序执行到调用该函数的语句处，先确定这里要调用某一函数；在函数定义处，说明这里要定义一个函数。但是由于函数暂时还没编写或者还没确定，或者是有待于扩充程序功能等原因没有最终实现，空函数在程序开发中经常会被采用。

6.2.2 函数的返回值

在设计函数时，如果函数的类型是有返回值的，则函数的类型要与返回值的类型一致，可以采用前面学习过的 int/float/double/char 等基本类型或者采用后面讲述的用户自定义数据类型定义。在函数体里，返回函数值语句的一般形式为：

return(表达式)；

或

return 表达式；

前面例子中的 return result;就是将两个整数相减的结果返回。函数名 Sub 前面的 int 就是函数类型，一般与 return 的值类型一致。

“return(表达式)”中的表达式可以是常量、变量、各种类型的表达式等。当表达式省略时，可以写成 return；此时，将返回一个不确定的值。

return 语句有两个功能：一是结束被调函数；二是将函数的值返回给主调函数。

如果函数不需要返回值，那么函数类型就用 void，例如：

```
void output(int n)
{
    ……;
}
```

此时函数体里不需要 return 语句。

注意：

（1）有返回值的函数必须有 return 语句。return 语句可以出现在函数的任何位置，只要执行到它，函数执行就将完成。执行完 return 语句后，程序就立即返回到调用函数的位置往后执行。

（2）函数中的 return 语句可以有多个，但一次只有一个 return 语句会执行，因此函数的返回值只会有一个。在函数中设置多个 return 语句通常是为了在不同条件下返回不同的值。

（3）在定义函数时函数值的类型说明一般应与函数体里 return 语句的表达式类型一致。如果两者不一致，则以函数类型说明为准。为提高程序的可理解性和可移植性，在编写函数时，如果 return 语句中的表达式类型与函数定义时函数的类型不一致，建议在表达式前加上与返回值类型一致的强制类型转换运算。

前面例子中求两个浮点数中较大数的函数我们还可以写成：

```
float Max(float x,float y)
{
    if(x>=y)
        return x;
    else
        return y;
}
```

6.2.3　函数的参数

函数的参数分为形式参数（简称形参）和实际参数（简称实参）两种。

形参出现在函数定义中，在整个函数体内都可以使用，离开该函数则不能使用。实参出现在主调函数中，在被调函数中不能使用实参变量。

形参和实参的功能是进行数据传递。发生函数调用时，主调函数把实参的值传送给被调函数的形参，从而实现主调函数向被调函数的数据传递。

函数的形参和实参具有以下特点：

（1）形参变量只有在函数被调用时才分配内存单元，在函数调用执行结束时即刻释放其所分配的内存单元。因此，形参只在函数内部有效。函数调用结束返回主调函数后，则不能再使用该形参变量。

（2）实参可以是常量、变量、表达式、函数等。无论实参是何种类型，在进行函数调用时，它们都必须具有确定的值，然后才能把这些值传送给形参。因此，应预先用赋值、输入等方法使实参获得确定值。

（3）实参和形参在数量、类型、顺序上应严格一致，否则会发生“类型不匹配”的错误。

（4）函数调用时发生的数据传送是单向的。即只能把实参的值传送给形参，而不能把形参的值反向地传送给实参。因此，在函数调用过程中，形参的值会发生改变，而实参的值不会变化。

6.2.4　函数的原型声明

C 编译系统提供的库函数是由编译系统事先定义好的，库文件中包含了提供给用户使用的各个函数的定义，用户不需要自己定义，只需用＃include 指令把有关头文件包含进来就可以。库函数为程序员提供了基本的、通用的一些函数，对于库函数中没有提供的而在程序中又需要使用的函数，程序员必须自己来定义。

例 6.1 中，可以看到函数的定义（函数的实现）在函数调用之后，那么我们首先要做的就是函数的原型声明。声明的意思是告诉编译器这个函数的返回值类型、函数名、参数的类型和个数等信息，以便在遇到函数调用时编译系统能正确识别函数且能检查主调函数中的函数调用是否合法。

函数原型声明可以在程序预处理部分，通常在包含头文件的语句之后；也可以在主函数里，调用该函数之前。在函数原型声明的形参列表中，形参变量名可以省略，只给出所需形参的类型。函数的声明格式是：

返回值类型 函数名(形参表列);

函数原型声明与函数定义时的函数头部格式基本一样，但是最后要加一个分号。

【例 6.2】 编写函数，求任意两个整数的平方和。

思路解析：设计一个函数 Sum，其功能用来求两个整数的平方和；在主函数里完成数据输入，然后使用 Sum 函数求出两个整数的平方和并将结果输出。

```
#include<stdio.h>
int Sum(int a,int b);                //函数原型声明
int main()
{
    int x,y,sum;
    printf("Please input two number:");
    scanf("%d%d",&x,&y);
    sum=Sum(x,y);                    //函数调用
    printf("Sum=%d\n",sum);
    return 0;
}
int Sum(int a,int b)             //函数定义
{   a=a*a;
    b=b*b;
    return(a+b);
}
```

说明：函数原型声明后面的分号不能省略。

6.3 函数的调用

函数的定义是对函数功能的描述，仅仅具有说明性质。函数只有在被调用时才会执行，在函数内部声明的变量（包括形参）才会被系统分配内存空间，而函数调用结束后，这些存储空间会被系统回收。在一个程序中，调用其他函数的函数称为主调函数，被调用的函数称为被调函数。在 C 语言中，除了主函数是由操作系统自动调用以外，其他函数之间都可以相互调用，也就是一个函数既可能被另外的函数调用，也可以调用其他函数，但不能去调用 main 函数。

6.3.1 函数调用的一般形式

定义好函数后，我们就可以调用这个函数了。函数调用的一般形式为：

函数名(实参表列);

其中，函数名后圆括号中的数据称为实际参数，简称实参。实际参数表中的参数可以是常量、变量或其他构造类型数据及表达式等，各实参之间用逗号分隔。在调用函数时，每个实参必须有一个确定值。无参函数的调用则无实参表，但是括号不能省。

根据函数调用所处的位置，有以下三种表现形式：

(1) 函数调用作为一个单独语句：此时不需要使用函数的返回值，函数有无返回值不影响执行，只是通过函数完成一定的操作。

(2) 函数调用作为表达式的一部分：函数出现在一个表达式中，此时函数也必须有一个确定的值，程序需要利用函数的返回值参与表达式的运算。

(3) 函数调用作为另一个函数的参数：此时函数也必须有一个确定的值，程序需要利用函数的返回值作为另一个函数的实参。

在函数调用时应注意以下几点：

(1) 实参表中实参个数不止一个的时候，各参数之间用逗号分隔。

(2) 实参的个数、类型必须与函数定义时提供的形参一致。当不一致时，有些编译系统不报错，但是可能出现预想不到的结果。

(3) 允许函数嵌套调用，即允许在调用函数的过程中又调用另外一个函数。

(4) 允许函数递归调用，即允许在调用的过程中出现直接或者间接调用该函数本身。

6.3.2　函数调用时数据的传递

函数参数传递机制问题在本质上是主调函数和被调函数在调用发生时进行信息传递的方法问题。在调用一个函数时，主调函数与被调函数之间需要进行信息传递，两个函数之间信息共享有两种方式：一是用全局变量；二是在函数调用时通过形参与实参之间的对应位置传送数据。在C语言中，值传递是唯一可用的参数传递机制，但是传递给形参的值有两种，即传实参变量的值和传实参变量存储空间的地址值，我们将两种不同的值传递分别称为传值和传地址。

1. 传值方式

将实参的值赋给函数的形参，在函数内对形参进行操作，对实参本身没有影响，在函数结束返回后，形参占用的存储空间被回收，实参的内容不会被改变。

传值的过程：首先计算出实参表达式的值，接着给对应的形参变量分配一个存储空间，该空间的大小等于该形参类型的长度，然后把已求出的实参表达式的值一一存入形参变量分配的存储空间，成为形参变量的初值，供被调用函数执行时使用。这种传递是把实参表达式的值传送给对应的形参变量，故称这种传递方式为“按值传递”。

使用这种方式，调用函数执行过程中使用的是形参变量，不会对实参进行操作。也就是说，即使形参的值在函数中发生了变化，实参的值也完全不会受到影响，仍为调用前的值。

例 6.2 中，假设从键盘读入 a 和 b 分别为 5 和 6，当程序执行函数调用语句时：

sum=Sum(a,b);

首先为变量 x，y 分配内存空间，然后把实参值传递给形参，相当于：x=a，y=b，然后程序转移到函数体里执行相应的语句，直到遇到 return 语句或者到函数结束。可以在主调程序中指定另一个变量用于接收这个函数执行后的返回值，比如变量 sum 就接收了函数 Sum() 的返回值。

例 6.2 执行过程中各结点的变量值如图 6－1 所示。

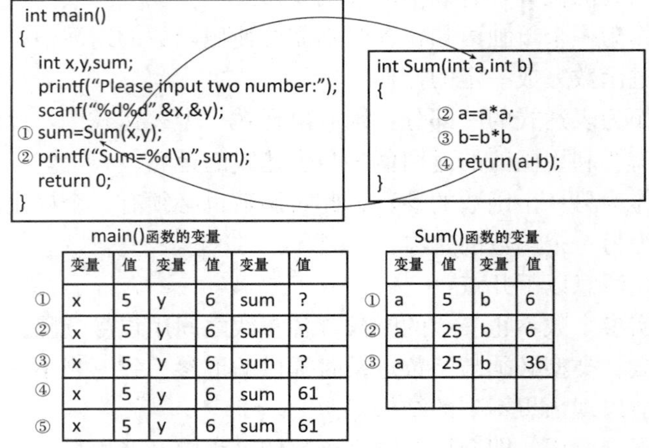

int main()
{
int x,y,sum;
printf("Please input two number:");
scanf("%d%d",&x,&y);
① sum=Sum(x,y);
② printf("Sum=%d\n",sum);
return 0;
}
int Sum(int a,int b)
{
② a=a*a;
③ b=b*b
④ return(a+b);
}
main()函数的变量

	变量	值	变量	值	变量	值
①	x	5	y	6	sum	?
②	x	5	y	6	sum	?
③	x	5	y	6	sum	?
④	x	5	y	6	sum	61
⑤	x	5	y	6	sum	61

Sum()函数的变量

	变量	值	变量	值
①	a	5	b	6
②	a	25	b	6
③	a	25	b	36

图 6－1　函数调用时实参与形参的变化

下面的例子能更好地理解函数参数的单向传递。

【例 6.3】 编写两个函数：一个函数求两个整数的和，另一个函数求形参自加 1 后两个数的和。

思路解析：设计两个函数完成不同的两个数相加的功能，求和函数 Plus() 及用来求形参自加 1 后和的函数 WrongPlus()，主函数中完成数据输入，再调用两个函数，并输出结果。

```
int Plus(int a, int b)
{
    return a+b;
}
int WrongPlus(int a, int b)
{
    a++;
    b++;
    return a+b;
}

int main()
{
    int x, y;
```

```
    int sum1,sum2;
    printf("Please input two number: ");
    scanf("%d %d",&x,&y);
    sum1=Plus(x,y);
    printf("x+y=%d\n",sum1);
    sum2=WrongPlus(x,y);
    printf("x=%d,y=%d\n",x,y);
    printf("x(a++)+y(b++)=%d\n",sum2);
    return 0;
}
```

运行结果：假设从键盘输入 2 和 3。

(1) 主函数中定义的变量 int x 和 int y，调用 Plus(x,y)，这时两变量是实参，则将变量 x 和 y 的值 2 和 3 传入 Plus(x,y)函数内部。用于接收这两个参数时的 int a 和 int b 是形参，即函数调用时，a=x=2，b=y=3。

(2) 在 WrongPlus() 函数体内对形参做 a++和 b++的操作后，函数内部 a 和 b 的值都增加 1，但是并未影响 main 函数中的变量 x 和 y 的值。所以在 WrongPlus() 函数体内 a 和 b 的值分别为 3 和 4，函数运行结果的返回值为 7，而在 main 函数中 x 和 y 两个变量的值仍然是 2 和 3，所以运行 WrongPlus(x,y)后，printf() 函数显示出的结果则是 x=2，y=3，sum2=7。

2. 传地址值方式

将实参的地址值传递给函数，此时实参与形参共用实参变量的地址空间，在函数内对形参进行操作等同于对实参进行相同的操作，在函数调用结束返回后，形参虽被释放，但由于利用形参操作的是实参的值，所以函数调用结束后，结果会影响主调函数变量的值。

首先来看下面传值方式函数调用的示例。

```
#include<stdio.h>
void Swap(int x,int y)
{
    int tmp;
    tmp=x;
    x=y;
    y=tmp;
    printf("x=%d,y=%d\n",x,y);
}
int main()
{
```

```
    int a=10,b=20;
    Swap(a,b);
    printf("a=%d,b=%d\n",a,b);
    return 0;
}
```

问题：

（1）分别画出实参和形参的内存图。

（2）分析该程序能否完成两个数的交换，为什么？

实参和形参在内存值的变化如图 6－2 所示。

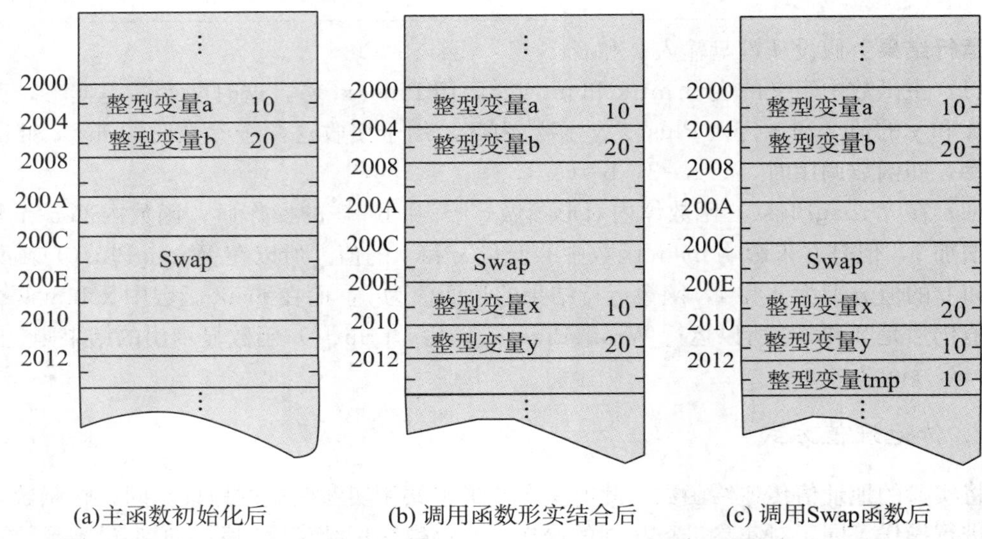

图 6－2　Swap 函数调用时实参与形参在内存值的变化

从上面的例子我们可以进一步理解函数参数单向传递的内涵，那么我们要实现两个数交换，应该怎么办呢？

【例 6.4】 编写一个函数，利用传地址方式完成两个数交换的功能。

源程序：

```
#include<stdio.h>
void Swap(int * px,int * py);
int main()
{
    int a=10,b=20;
    Swap(&a,&b);            // &a,&b 取 a,b 变量的地址值作为实参值
    printf("a=%d,b=%d\n",a,b);
    return 0;
```

```
}

void Swap(int * px, int * py)        // int * px, int * py 加 * 用于接收实参变量地址
{
    int tmp;
    tmp= * px;            //取 px 指向的地址中内容的值赋给变量 tmp
     * px= * py;          //把 py 指向的地址中的内容送往 px 指向的地址中
     * py=tmp;            //把 tmp 变量的值送往 py 指向的地址中
    printf(" * px=%d, * py=%d\n", * px, * py);   //输出 px, py 地址中的内容
}
```

程序分析：在上面的示例代码中，函数 void Swap(int * px, int * py)中的参数 px，py 都是指针类型，在 main 函数中使用语句“Swap(&a, &b)”进行调用，该调用语句将 a 的地址(&a) 赋给 px，b 的地址（&b）赋给 py。很显然，这里的函数调用有两个隐含操作：

将 &a 的值赋给参数 px，将 &b 的值赋给参数 py，如下面的代码所示：

px=&a;　　　py=&b;

注意，这里与传值方式存在着很大的区别。在传值方式中，传递的是变量 a，b 的内容（即在上面的值传递示例代码中，将 a，b 的内容传递给参数 x，y)；而这里的传址方式则是将变量 a，b 的地址值（&a，&b）传递给参数 px，py。

这样，指针变量 px，py 的值已经分别是变量 a，b 的地址值（&a，&b)。接下来，对“ * px”“ * py”的操作当然也就是对 a，b 变量本身的操作了。所以 Swap() 函数中的交换操作就是对 a，b 值进行交换，这就是所谓的地址传递。执行过程中各结点的变量值如图 6－3 所示。

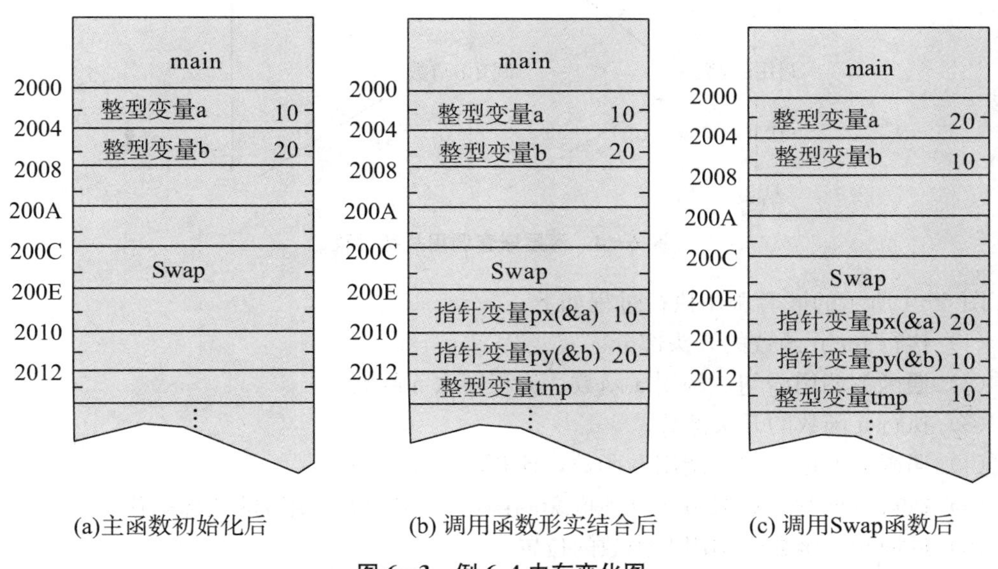

图 6－3　例 6.4 内存变化图

运行结果为：

```
*px=20, *py=10
a=20,b=10
```

地址传递的特点是传递给形参的是实参变量的地址值，形参在取得该地址之后，通过该地址访问的是实参变量的存储空间，如果对该存储空间内的数据进行了修改，实际上是对实参变量的内容进行了修改。

执行函数调用的内涵有以下几点：

（1）为被调函数的形参变量分配内存空间，把实参的值传递给形参。换言之，实参的值就是函数调用时赋给形参初始化值，实参与形参的数据类型及传递顺序必须一一对应。

（2）执行被调函数的函数体。

（3）除了 void 类型函数以外，其他函数都会通过 return 语句有一个返回值。如果没有 return 语句，就返回一个不确定的值。对于非 void 类型的函数，函数调用可以作为表达式的一部分参加运算。

（4）在函数体中执行返回语句 return 时，将控制和函数返回值带回到主调函数。对于没有 return 语句的函数，执行完被调函数的最后一条语句，会自动将控制返回到主调函数。

6.3.3 函数的嵌套调用

在定义函数时，一个函数内不能再定义另一个函数，即不能嵌套定义，但可以嵌套调用函数，即在调用一个函数的过程中又调用另一个函数。如图 6-4 所示。

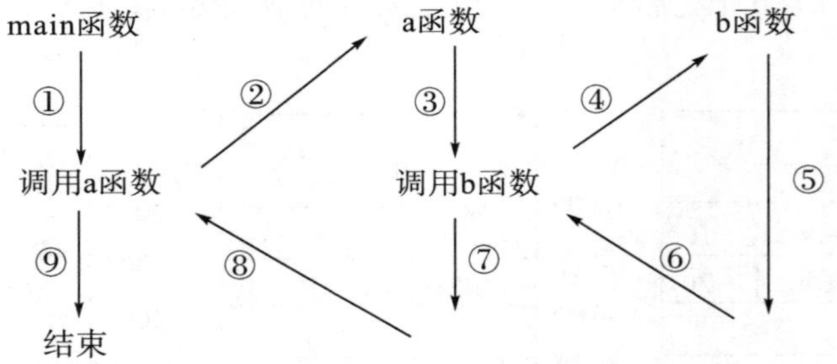

图 6-4　两层嵌套调用执行过程

图 6-4 所示的嵌套调用执行过程如下：

（1）执行 main 函数的开头部分。

（2）遇函数调用语句，调用 a 函数，流程转去 a 函数。

（3）执行 a 函数的开头部分。

（4）遇函数调用语句，调用 b 函数，流程转去函数 b。

（5）执行 b 函数，如果再无其他嵌套的函数，则完成 b 函数的全部操作。

（6）返回到 a 函数中调用 b 函数的位置。

（7）继续执行 a 函数中尚未执行的部分，直到 a 函数结束。

（8）返回 main 函数中调用 a 函数的位置。

（9）继续执行 main 函数的剩余部分直到结束。

【例 6.5】用函数的嵌套调用求 3 个数中最大数和最小数的差值。

思路解析：设计 3 个函数，求 3 个数中最大值的函数 max()，求 3 个数中最小值的函数 min()，求差值的函数 dif()。由主程序中调用 dif()，dif() 又调用 max() 和 min()。

源程序：

```
#include<stdio.h>
int max(int x,int y,int z);                //max 函数原型声明
int min(int x,int y,int z);                //min 函数原型声明
int dif(int,int,int);                      //dif 函数原型声明
int main()
{
    int a,b,c;
    scanf("%d %d %d",&a,&b,&c);
    printf("Max-Min=",dif(a,b,c));
    return 0;
}

int max(int x,int y,int z)                 //max 函数实现
{
    int t;
    t=x>y?x:y;
    return(t>z?t:z);
}
int min(int x,int y,int z)                 //min 函数实现
{
    int t;
    t=x<y?x:y;
    return(t<z?t:z);
}
int dif(int x,int y,int z)                 //dif 函数实现
{
    return max(x,y,z)-min(x,y,z);
}
```

6.4　函数的递归调用

递归调用是一种特殊的嵌套调用。在调用一个函数的过程中直接或间接调用该函数本

身的这一过程，称为函数的递归调用。递归调用的逻辑思想是将一个大工作分为逐渐减小的小工作，例如一个和尚要搬50块石头，但是一次性搬走这么多石头对他而言是无法完成的，因此他想：只要先搬走了49块，那剩下的一块就能搬完了，然后考虑那49块，只要先搬走48块，那剩下的一块就能搬完了，依次递推下去，这个搬石头的任务就能解决了。由此可见，递归是一种思想，在程序中是依靠函数嵌套调用来实现的。

递归调用就是在当前的函数中调用自己并传给相应的参数，这是一个动作，这一动作是从结果出发，归纳出后一结果与前一结果存在的关系，直到满足某个条件时才停止递归调用，然后再逐级递推得到结果并返回。

递归可以分为直接递归调用和间接递归调用，如图6－5和图6－6所示。直接递归调用是在调用函数的过程中又调用该函数本身；间接递归调用是在调用f1()函数的过程中调用f2()函数，而f2()函数中又需要调用f1()函数。

```
f1()
{
    f1();
}
```

图6－5　直接递归调用

```
f1()            f2()
{               {
    f2();           f1();
}               }
```

图6－6　间接递归调用

例如：

```
int f(int x)
{
    int y;
    z=f(y);
    return z;
}
```

f()函数是一个递归函数，但是运行该函数将无休止地调用其自身，显然这是不正确的。为了防止递归调用无终止地进行，必须在函数内有终止递归调用的手段。常用的办法是加条件判断，满足某个条件后就不再进行递归调用，然后逐层返回。下面举例说明递归调用的执行过程。

【例6.6】利用递归调用计算n的阶乘。

思路解析：

求n的阶乘的数学公式为$n!=n\times(n-1)\times(n-2)\times\cdots\times3\times2\times1=n\times(n-1)!$，因此可以得到下面的公式：

$$n!=\begin{cases}1, & n=0,1\\ n\cdot(n-1)!, & n>1\end{cases}\quad\Longrightarrow\quad \text{fact(n)}=\begin{cases}\text{n}*\text{fact(n}-1), & \text{n}>1\\ 1, & \text{n}=0,1\end{cases}$$

源程序：

```
#include<stdio.h>
long fact(long n);
int main()
{
    int n;
    long result;
    printf("请输入 n:");
    scanf("%d",&n);
    result=fact(n);
    printf("result=%ld\n",result);
    return 0;
}
long fact(long n)
{
    if(n==0||n==1)            //递归边界
        return 1;
    else
        return n * fact(n-1);    //递归公式
}
```

程序分析：这是一个典型的递归调用，函数 fact() 反复调用自己，每调用一次就进入新的一层。假设 n=5，程序执行过程如下：

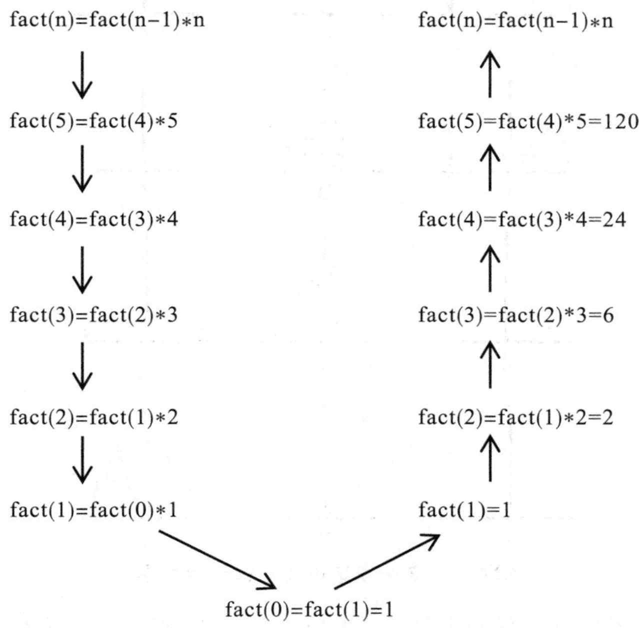

【例 6.7】 汉诺塔问题。

汉诺塔（又称河内塔）问题是源于印度一个古老传说的益智玩具。大梵天创造世界的时候做了三根金刚石柱子，在一根柱子上从下往上按照大小顺序摞着 64 片黄金圆盘。大梵天命令婆罗门把黄金圆盘从下面开始按大小顺序重新摆放在另一根柱子上，并且规定：在小圆盘上不能放大圆盘，在三根柱子之间一次只能移动一个圆盘。要求编程输出移动盘子的步骤。

思路解析：假设有 n 片，移动次数是 $f(n)$。显然 $f(1)=1$，$f(2)=3$，$f(3)=7$，且 $f(k+1)=2f(k)+1$。此后不难证明 $f(n)=2^n-1$。

如果考虑一下把 64 片圆盘由一根柱子（A 柱）上移动到另一根柱子（C 柱）上，并且始终保持上小下大的顺序，需要移动 $2^{64}-1$ 次，一般人是无法直接确定移动的过程的。为了简化问题，我们可以先假设移动 5 个圆盘，如何写出每次的步骤？

我们需要找到一个方法使得问题简化一下：先把上方的 4 个圆盘看成整体，这下就等于只有 2 个圆盘，我们只要完成 2 个圆盘的转移就行了，如图 6－7 所示。同理可推出 4 个圆盘的移动方法。

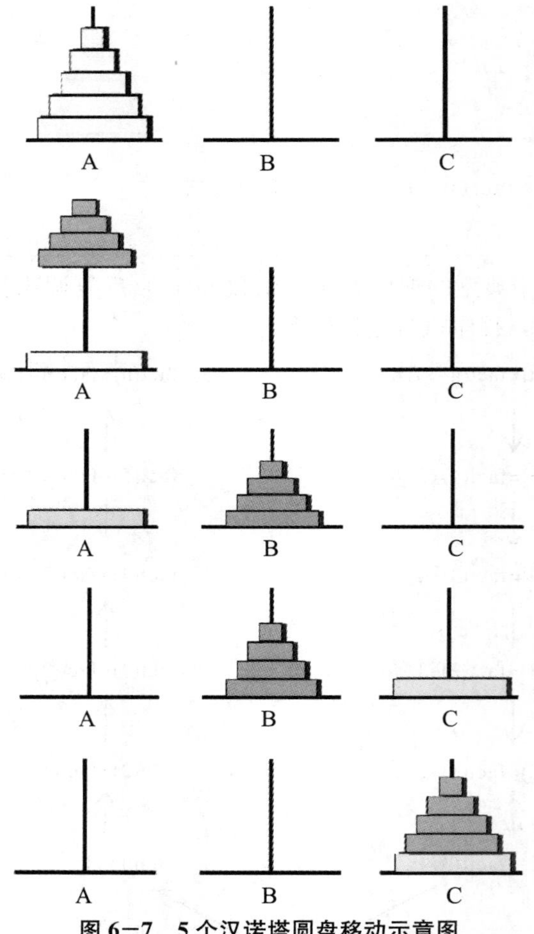

图 6－7　5 个汉诺塔圆盘移动示意图

当要移动 64 个圆盘时，我们先把上方的 63 个圆盘看成一个整体，等于只有 2 个圆盘，我们只要完成 2 个圆盘的转移就行了。现在我们先不管第 64 个圆盘，假设 A 柱只有 63 个圆盘，与之前一样的解决方式，前 62 个圆盘先完成移动目标。就这样一步步向前找到可以直接移动的圆盘，62，61，60，…，2，1，最终，最上方的圆盘是可以直接移动到 C 柱的，那就好办了，我们的 2 号盘也能完成向 C 柱的转移，这时 C 柱上是已经转移成功的 2 个盘，于是 3 号盘也可以了，一直到第 64 号盘，如图 6-8 所示。

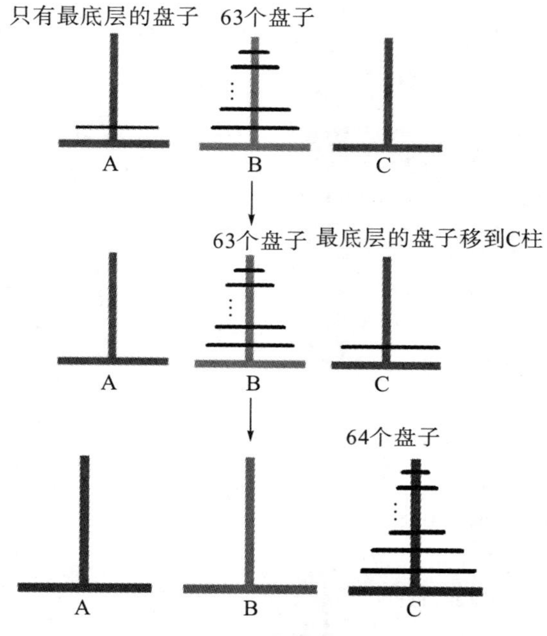

图 6-8　汉诺塔圆盘移动示意图

可以看出，这是一个典型的递归问题，递归结束的条件就是只需要移动一个圆盘的时候，否则递归就要继续执行下去。

由上面的分析可以知道，将 n 个圆盘从 A 柱移动到 C 柱可以分解为以下步骤：

（1）将 A 柱上的 $n-1$ 个圆盘借助 C 柱移动到 B 柱上。

（2）将 A 柱上剩下的一个圆盘移动到 C 柱上。

（3）将 $n-1$ 个圆盘从 B 柱借助 A 柱移动到 C 柱上。

上面的步骤中第一步和第三步所进行的操作是一样的，都是将 $n-1$ 个圆盘从一个柱移动到另一个柱上，所以上述操作可以简化如下：

（1）将 $n-1$ 个圆盘从一个柱移动到另一个柱（$n>1$），这是一个递归过程。

（2）将 1 个圆盘从一个柱移动到另一个柱。

源程序：

```
#include<stdio.h>
#include<windows.h>
void Hanoi(int n, char a, char b, char c);
void Move(int n, char a, char b);
int count;
```

```
int main()
{
    int n=8;
    printf("汉诺塔的层数:\n");
    scanf("%d",&n);
    Hanoi(n,'A','B','C');
    Sleep(20000);
    return 0;
}
void Hanoi(int n,char a,char b,char c)
{
    if(n==1)
    {
        Move(n,a,c);
    }
    else
    {
        Hanoi(n-1,a,c,b);
        Move(n,a,c);
        Hanoi(n-1,b,a,c);
    }
}
void Move(int n,char a,char b)
{
    count++;
    printf("第%d次移动 Move %d: Move from %c to %c!\n",count,n,a,b);
}
```

运行结果：

汉诺塔的层数：4
第 1 次移动 Move 1：Move from A to B!
第 2 次移动 Move 2：Move from A to C!
第 3 次移动 Move 1：Move from B to C!
第 4 次移动 Move 3：Move from A to B!
第 5 次移动 Move 1：Move from C to A!
第 6 次移动 Move 2：Move from C to B!
第 7 次移动 Move 1：Move from A to B!
第 8 次移动 Move 4：Move from A to C!
第 9 次移动 Move 1：Move from B to C!

第 10 次移动 Move 2：Move from B to A!
第 11 次移动 Move 1：Move from C to A!
第 12 次移动 Move 3：Move from B to C!
第 13 次移动 Move 1：Move from A to B!
第 14 次移动 Move 2：Move from A to C!
第 15 次移动 Move 1：Move from B to C!

6.5　变量的作用域与生存期

程序中每个变量在使用时都经过了分配内存单元、使用内存单元、释放内存单元的过程，这一过程我们称为变量的生存期。在变量生存期中变量能够被使用的范围称为变量的作用域，即变量在哪些空间能被引用。变量的作用域是从空间的角度来看，由变量定义语句的位置决定的；变量的生存期是从时间的角度来看，由变量的存储类型决定的。

6.5.1　变量的作用域

一个 C 语言的源程序可以由一个或者多个函数构成，有时候我们希望函数内部的数据能受到保护，不同函数之间互不干扰；有时候某些数据又需要函数之间能相互共享。因此，如何定义变量，满足不同的需求，是接下来要讨论的问题。

作用域就是变量的有效使用范围。根据变量作用域的不同，变量可以分为局部变量和全局变量。

1. 局部变量

在函数内部定义的变量称为局部变量，它的作用域仅限于函数内部，离开该函数后就是无效的，其他函数或者程序块不能对该变量进行读写操作，再使用就会报错。

为了理解局部变量，先来看下面的例子：

```
void fun(int a)                                                        ┐
{                                                                      │
    int b;                                          ┐                  │
    scanf("%d",b);                                  │                  │
    if(b>0)                                         │                  │
    {     int c;           ┐                        │                  ├变量 a 的作用域
          ……               ┘变量 c 的作用域         ├变量 b 的作用域    │
    }                                               │                  │
    else b=a;                                       ┘                  │
}                                                                      ┘
```

在函数 fun 的形参列表里声明了形参 a，在函数体内声明了变量 b。接下来，在 if 语句中又声明了变量 c。a，b 和 c 的有效范围都是只在 fun 函数里，是局部变量，但是它们各自又有不同的作用域范围。

说明：

（1）函数中定义的变量都是局部变量。main() 函数中定义的变量也是局部变量，只能在 main() 函数中使用，不能在其他函数中使用。

（2）形参变量是局部变量，只能在定义它的函数中使用，实参给形参传值的过程也就是给局部变量赋值的过程。

（3）复合语句中定义的变量只限于本复合语句范围内有效，即从变量定义开始到复合语句结束，该复合语句之外是不能使用这些变量的。

（4）允许在不同作用域使用相同的变量名，它们的作用域范围不同，因此分配不同的存放单元，互不相干，不会发生混淆。

（5）内层作用域的变量在使用时会屏蔽外层作用域的同名变量。

【例 6.8】分析下面程序的运行结果。

源程序：

```
#include<stdio.h>
int f1(int x)
{    float c;
     c=x;
     return c;
}
int f2(int x)
{    int c=0;
     c=x;
     return c;
}
int main()
{
    int a=1,b=2,c=4;
    {
        int a=3,b=4;
        printf("复合语句的变量 a=%d,b=%d\n",a,b);
    }
    printf("main 函数的变量 a=%d,b=%d\n",a,b);
    c=f1(a);
    printf("调用 f1 函数后 c=%d\n",c);
    b=f2(a);
    printf("调用 f2 函数后 b=%d\n",b);
    return 0;
}
```

程序分析：

（1）在主函数中，函数 f1()，f2() 都用到变量 c，函数 f1()，f2() 的形参变量名都是 x，因为各自作用域范围不同，所以相互没有影响。

（2）在主函数中，复合语句内声明了变量 a，b，且重新赋值，在该复合语句内部定义的变量 a，b 的值覆盖了外部定义的 a，b 的值。

运行结果：

```
复合语句的变量 a=3,b=4
main 函数的变量 a=1,b=2
调用 f1 函数后 c=1
调用 f2 函数后 b=1
```

2. 全局变量

定义在所有函数和程序块之外的变量是外部变量，外部变量也就是全局变量。全局变量可以为本文件中其他函数所共用，有效范围为从定义变量的位置开始到本源文件结束。

全局变量可加强函数模块之间的数据联系，但是函数又依赖这些变量，因此降低了函数的独立性。在同一源文件中，允许全局变量和局部变量同名。在局部变量作用域内，同名的全局变量不起作用。例如：

```
int m=1,n=5;                //声明全局变量 m,n
float f1(int a)
{
    float b,c;
    ……
    return(b+c);
}
char c1,c2;               //声明全局变量 c1,c2
char f2(int x,int y)
{
    char c1;
    ……
    return c1;
}
int main()
{
    int m,n=10;          //声明与全局变量同名的局部变量 m,n
    scanf("%d",&m);
    float x;
    char ch;
    x=f1(n);
    ch=f2(m,n);
```

```
    printf("n=%d",n);
    return 0;
}
```

说明：

(1) 全局变量定义须在所有的函数之外，且只能定义一次，可赋初始值。

(2) 全局变量降低了函数的独立性、通用性、可靠性和可移植性，降低了程序的清晰性，易出错，所以尽量不用、少用全局变量。

(3) 全局变量在程序全部执行中始终占用存储单元。

(4) 若全局变量与局部变量同名，则局部变量作用域内的全局变量被屏蔽。

6.5.2 变量的生存期

前面我们从变量使用的空间角度讨论了变量的作用域，现在我们从变量存在的时间角度观察变量的使用。变量存在的时间实际上就是变量占用内存的时间，变量只能在其生存期及合法作用域内被引用。

根据变量在内存中存储方式的不同，可将其分为动态存储方式和静态存储方式。动态存储方式是指动态存储类型（变量或函数）在被使用时根据需要临时分配内存单元，在函数结束后所占用的内存单元将会被释放，例如局部变量。因此，动态存储的变量每次被调用时所占的内存单元的地址可能会发生改变。

静态存储方式是指静态存储类型（变量或函数）在程序编译期间分配固定的存储空间的方式。该存储方式通常是在变量定义时就分定存储单元并一直保持不变，直到程序结束分配的内存才被释放。全局变量、静态变量等就属于此类存储方式。

内存中存储单元区如表 6−1 所示。

表 6−1 内存中供用户使用的存储空间

用户区	存储内容
程序区	CPU 指令
静态存储区	全部的全局变量，局部静态变量
动态存储区	被调用函数的形参，被调用函数中非局部静态变量，函数调用时的现场保护和返回地址

变量的作用域和存储方式直接影响变量的生存期。在 C 语言中，每一个变量实际上都有两个属性，即数据的存储类型和数据类型。对于数据类型大家已经很熟悉了，如 int，float 等。含有存储类型的变量定义语句格式如下：

存储类型符 数据类型符 变量名 1,变量名 2,……

C 语言中的四种存储类别是 auto（自动的）、static（静态的）、register（寄存器的）、extern（外部的）。例如：

```
static float score1;
register int sum;
```

下面我们将详细介绍这四种存储类型。

1. 局部变量的存储类型

（1）auto 变量。

在定义局部变量时如果没有专门添加 static 存储类型，则都是动态存储类型。动态存储方式是指在程序执行过程中，使用变量时才分配存储单元，离开作用域立即释放。典型的例子是函数的形参，在函数定义时并不给形参分配存储单元，只是在函数被调用时才予以分配，调用函数完毕就自动释放占用的存储空间。如果一个函数被多次调用，则反复地分配、释放形参变量的存储单元。

自动变量用 auto 关键字做存储类别声明，例如：auto int a;，定义的整型变量 a 的存储方式是自动存储的。我们之前编写程序的时候很少用 auto 定义变量，在定义的变量前面没有加 static，编译系统会默认为 auto 的存储方式，都会为变量动态分配内存空间。如果初始化的时候不赋初值，auto 变量的值是随机的、不确定的。

【例 6.9】分析下面程序的运行结果。

源程序：

```
#include<stdio.h>
int fun1(int a);
int main()
{
    for(int i=0;i<5;i++)
        printf("%d\n",fun1(5));
    return 0;
}

int fun1()
{
    auto int b=0;   //函数内不被 static 限制,且函数每次被调用,b 的值都会被赋 0
    b++;
    return b;
}
```

运行结果：

1

1

1

1

1

注意：大多数情况下，自动变量是可以直接省略 auto 的，系统也会默认为自动变量。

（2）static 变量。

声明为 static 存储类型的局部变量，例如：static int a;，该语句是指整形变量 a 的存储方式是静态存储的。在函数执行结束时，静态局部变量内存不被释放，函数下次被执行的时候，此变量的值并不改变。

静态局部变量跟全局变量一样长期占用内存，但是静态局部变量和全局变量的作用域是不一样的：静态局部变量只能在所定义的函数内引用，其值在函数调用结束后仍然是存在的，但不能被其他函数引用。

静态局部变量只在第一次执行时赋初值，即只赋初值一次，以后每次调用函数时不再对其赋值，而是保留上次函数调用结束时的值。在定义静态局部变量时，如不赋初值，则编译时自动赋初值为 0。

【例 6.10】 静态局部变量应用举例。

源程序：

```
#include<stdio.h>
int fun1();

int main()
{
    for(int i=0;i<5;i++)
        printf("%d\n",fun1());
}

int fun1(int a)
{
    static int b=5;   //第一次执行函数后被 b 被赋初值,以后 b 将不会再被赋初值
    b--;
    return b;
}
```

运行结果：

4
3
2
1
0

（3）register 变量。

对于一些频繁使用的变量，程序在执行的过程中，每次用到这些变量的时候都要从内存中取出来，运算完了之后还要写到内存中去，循环执行的次数越多，花费的时间就越多。为了提高效率，C 语言允许将局部变量放在 CPU 的寄存器中，需要用到时直接从寄存器上取出参加运算，不用再到内存中取。例如：

```
register int i,sum=0;
for(i=0;i<10000;i++)
    sum+=i;
```

i 和 sum 都是频繁使用的变量，所以将它们定义为寄存器变量。

注意：当今的优化编译系统能够识别使用频繁的变量，从而自动将这些变量放到寄存器中，而不需要设定为 register。所以在编程时并不用过于强调寄存器变量，用 register 声明变量已经变得不必要了。

（4）extern 变量。

extern 存储类型是用于扩大全局变量的作用域范围。

2. 全局变量的存储类型

一般来说，对于全局（外部）变量，不论是否有 static 限制，它们的存储区域都是在静态存储区，生存期是从定义开始到文件结束，作用域从定义开始到程序文件的末尾。在此作用域范围内，全局变量可以被程序中的各个函数引用。

在进行大型的程序设计时，为了调试和管理方便，有时候会有多个 .c 源文件，此时，对于全局变量就存在一个问题：这个全局变量是在一个文件中有效还是在程序的所有文件中都有效？此时就需要通过指定变量的存储类别来做限定。

（1）用 extern 在同文件内扩展外部变量的作用域。

如果全局变量没有在文件一开始就定义，那么其作用域范围是从定义开始到文件结束，在变量定义以前就不能引用该变量。如果需要在全局变量定义之前使用这个变量，就可以在引用之前用关键字 extern 对变量做“外部变量声明”，表示将外部变量的作用域扩展到此位置。例如：

```
#include<stdio.h>
extern int a;                  //外部变量 a 声明
float fun1(int c);
int main()                     //全局变量 b 不能被 main()函数引用
{
    int x=0;
    x=a;                       //全局变量 a 可以被 main()函数引用
    printf("%f",fun1(x));
    return 0;
}

int a=10;                      //声明全局变量 a
float b=3.4;                   //声明全局变量 b
float fun1(int c)              //全局变量 a,b 可以被 fun1()调用
{
    float sum;
    sum=a+b+c;
```

```
    return sum;
}
```

在 int a=10;float b=3.4;语句以下的函数都可以引用变量 a，b。对于变量 a，通过外部变量声明语句 extern int a;将其作用域扩展到这一句后面。因此，main 函数里可以引用变量 a，但是不能引用变量 b。外部变量声明语句也可以写成“extern a”这种形式，因为 a 是已经定义过的变量。

注意：extern 并不是定义变量，而是声明变量，这个关键字就是为了告诉编译器：本文件中已经定义了这个变量。

（2）用 extern 将外部变量的作用域扩展到本文件。

一个大型的程序往往是由许多源文件和头文件组成的，相同的变量只能在一个文件中定义一次，如果在其他文件中重复定义，编译器就会报错。如果一个外部变量要在多个不同的文件中使用，其方法是：在任意一个文件中定义外部变量，而在其他源文件中用 extern 对其进行“外部变量声明”，这样扩大了全局变量的作用域。在编译链接时，编译器就知道这个变量来自其他位置。例如：

```
//file1.c
int varB;
void funA()
{
    ……
}
void funB()
{
    ……
}
//file2.c
extern int varB;   //使用 file1.cpp 中定义的全局变量
void fun();
```

程序分析：当程序进行编译的时候，编译器遇到 extern 所声明的变量后，会先在本文件中寻找此变量。如果找到了，就在此处扩展有效域；如果找不到，会进入其他文件进行寻找，找到后将有效域扩展到其他文件，如果还找不到就按错误处理。

（3）静态全局变量：在全局变量前加上的 static 只是对作用域起限制作用，该变量可以在定义它的文件内的任何地方被访问，不可以被程序的其他文件所访问。

注意：全局变量前的“static”的含义不是指存储方式。static 限制的全局变量编译时不会被其他文件发现，即使不同文件之间有同名的现象也没关系。如果确定一个全局变量不被其他文件引用，就可以直接加 static，这一点很符合 C 语言模块化的思想，也提高了程序的可移植性。例如：

```
//file1.c
#include<stdio.h>
static int a;   //静态全局变量,只能在本文件中被调用;如果在其他文件中被调用将会
```

报错

```
void main()
{
}
//file2.c
int varB;
void funA()
{
    int b;
    b=a;  //非法
    ……
}
```

对于 static 来说，静态局部变量说明的是此变量的生存期，静态外部变量说明的是此变量的作用域。

说明：

（1）外部变量总是全局变量，只能定义为无存储类型或静态型。

（2）外部变量是不能重命名的，内部变量可以在不同的函数或复合语句中重命名，包括 static 存储类型的内部变量（因为它们彼此的作用域是不同的）。

6.6　内部函数和外部函数

对于由多个文件组成的 C 源程序来说，内部函数跟外部函数的区别在于：一个文件中定义的函数能否被其他文件调用。能被其他文件调用的函数在声明前面加 extern（可以省略），而不能被调用的加 static（不能省略），通常函数本质上是全局的，也就是外部可调用的。

我们通常调用的＃include 实质上就是一些外部函数的集合，由于在一个文件中的函数要调用另外一个文件中的函数，要求在开始声明一下，为了省略这些声明，我们引用 include 命令。

6.6.1　内部函数

如果一个函数只能被本文件中的其他函数所调用，称它为内部函数。内部函数又称为静态函数。在定义内部函数时，在函数名和函数类型前加 static，格式如下：

```
static 类型 函数名(形参表);
```

此时，static 不是定义函数的生存期，而是限定其作用域。使用内部函数，可以将函数的作用域局限于所在文件，使在不同文件中同名的内部函数互不干扰。通常把只能由同一文件使用的函数和外部变量放在一个文件夹中，在它们前面加上 static 使其局部化，其他文件不能调用。使用内部函数的好处是不同的人编写不同的函数时，不用担心自己定义的函数是否会与其他文件中的函数同名，提高了程序的可靠性。

6.6.2 外部函数

如果在定义函数时在函数的类型前加上 extern 关键字，则说明这个函数是个外部函数，可以被其他文件调用。在调用该函数的文件里需要对此做函数原型声明，且要加上 extern 关键字说明。定义如下：

extern 类型函数名(形参表);

C 语言规定，如果在定义函数时省略 extern，则默认为外部函数。

6.6.3 函数设计的基本原则

（1）原则上尽量少使用全局变量，因为全局变量的生命周期太长，容易出错，也会长时间占用空间。

（2）函数的功能要单一，函数体的规模要小，尽量控制在 80 行代码之内。不要设计多用途的函数，一般来说一个函数实现一个功能。

【demo1】求两个数的和。

```
void fac(void)
{
    int fir=0;
    int sec=0;
    int sum=0;
    //功能 1:输入
    printf("请输入两个数:");
    scanf("%d%d",&fir,&sec);
    //功能 2:计算
    sum=fir+sec;
    //功能 3:输出
    printf("%d\n",sum);
}
```

Demo1 的缺陷：函数里功能太多。

改进方式：删除功能 1 和功能 3。

（3）如果计算的过程需要有数值进行辅助，则需要设计形参。在设计时尽量避免函数有太多的参数，参数个数尽量控制在 4 个或 4 个以内。如果参数太多，在使用时容易将参数类型或顺序搞错。

【demo2】求两个数的和。

```
int fac(void)
{
    int fir=20;
```

```
    int sec=10;
    int sum=0;
    sum=fir+sec;   //功能 2:计算
    return sum;
}
```

Demo2 的缺陷：只能计算固定两个数的和，不灵活，不通用。

改进方式：增加形式参数传递参数。

【demo3】改进后求两个数的和的函数。

```
int fac(int fir,int sec)
{
    int sum=0;
    sum=fir+sec;   //功能 2:计算
    return sum;
}
```

（4）在函数体的“入口处”对参数的有效性进行检查，尤其是指针参数。（关于此问题的讨论，详见 8.3 节指针与数组）

【demo4】求两个正整数的和。

```
int fac(int fir,int sec)
{
    int sum=0;
    if(fir< 0||sec< 0)
    {
        return -1;
    }
    sum=fir+sec;   //功能 2:计算
    return sum;
}
```

如果函数有形参，则应该进行参数检查，检查参数是否有异常。通常用分支结构（选择结构）进行参数检查，如果有错误，则返回−1。

（5）相同的输入应当产生相同的输出。尽量避免函数带有“记忆”功能。带有“记忆”功能的函数，其行为可能是不可预测的，因为它的行为可能取决于某种“记忆状态”。这样的函数既不易理解，又不利于测试和维护。在 C 语言中，函数的 static 局部变量是函数的“记忆”存储器，建议尽量少用 static 局部变量，除非必需。

（6）如果参数是指针，且仅作输入参数用，则应在类型前加 const，以防止该指针在函数体内被意外修改。例如：void str_copy(char * strDestination,const char * strSource);。

（7）参数命名要恰当，顺序要合理。

如编写字符串拷贝函数 str_copy，它有两个参数。如果把参数名字起为 str1 和 str2，例如：void str_copy(char * str1,char * str2);，那么我们很难搞清楚究竟是把 str1 拷贝到 str2 中，还是刚好倒过来。可以把参数名字起得更有意义，如 strSourcer 和

strDestination，这样从名字上就可以看出应该把 strSource 拷贝到 strDestination。

还有一个问题，这两个参数哪一个该在前、哪一个该在后？参数的顺序要遵循程序员的习惯。一般来说，应将目的参数放在前面，源参数放在后面。如果将函数声明为：

```
void str_copy(char * strSource, char * strDestination);
```

其他人在使用时可能会不假思索地写成如下形式：

```
char str[20];
str_copy(str, "Hello World");      //参数顺序颠倒
```

（8）返回值的原则：如果计算有结果，需要加返回值。

【demo5】求两个数的和。

```
void fac(void)
{
    int fir=20;
    int sec=10;
    int sum=0;
    sum=fir+sec;  //功能 2:计算
}
```

Demo5 的缺陷：没有返回值。

（9）不要省略返回值的类型。如果函数没有返回值，那么应声明为 void 类型。如果没有返回值类型，编译器则默认为函数的返回值是 int 类型的。

有时候函数不需要返回值，但为了增加灵活性，如支持链式表达，可以附加返回值。例如，字符串拷贝函数 strcpy 的原型：

```
char * strcpy(char * strDest, const char * strSrc);
```

strcpy 函数将 strSrc 拷贝到输出参数 strDest 中，同时函数的返回值又是 strDest。这样做并非多此一举，可以获得如下灵活性：

```
char str[20];
int length=strlen(strcpy(str,“Hello World”));
```

（10）函数名与返回值类型在语义上不要冲突。违反这条规则的典型代表就是 C 语言标准库函数 getchar，其原型为：

```
int getchar(void)
char c;
c=getchar();
if(EOF==c)
{
 ……
}
```

按照 getchar 名字的意思，应该将变量 c 定义为 char 类型。但是 getchar 函数的返回值却是 int 类型，由于 c 是 char 类型的，取值范围是[－128，127]，如果宏 EOF 的值在 char 的取值范围之外，EOF 的值将无法在 c 的取值范围内，这样 if 语句有可能总是失败。这种潜在的危险是很难发现的。

（11）return 语句不可返回指向“栈内存”的“指针”，因为该内存在函数体结束时被自动销毁。例如：

```
char * Func(void)
{
    char str[30];
    ……
    return str;
}
```

str 属于局部变量，位于栈内存中，在 Func 结束的时候被释放，所以返回 str 将导致错误。

（12）尽量不要使用类型和数目不确定的参数。C 标准库函数 printf 是采用不确定参数的典型代表，其原型为：

```
int printf(const chat * format[, argument]……);
```

这种风格的函数在编译时丧失了严格的类型安全检查。

6.7　模块化程序设计举例

模块化设计是指程序的编写不是一开始就逐条录入计算机语句和指令，而是首先用主程序、子程序、函数等框架把软件的主要结构和流程描述出来，并定义和调试好各个框架之间的输入、输出关系，得到一系列以功能块为单位的算法描述，以功能块为单位进行程序设计。模块化的目的是降低程序复杂度，使程序设计、调试和维护等操作简单化。

利用函数不仅可以实现程序的模块化，使得程序设计更加简单和直观，从而提高程序的易读性和可维护性，而且可以把程序中经常用到的一些计算或操作编写成通用函数，以供随时调用。

把复杂的问题分解为单独的模块，称为模块化设计。一般来说，模块化设计应该遵循以下几个主要原则：

（1）模块独立：模块的独立性原则表现在模块能完成独立的功能，与其他模块的联系应该尽可能简单，各个模块具有相对的独立性。

（2）模块的规模要适当：模块的规模不能太大，也不能太小。如果模块的功能太强，可读性就会较差；如果模块的功能太弱，就会有很多的接口。读者需要通过较多的程序设计来进行经验的积累。

（3）分解模块时要注意层次：在进行多层次任务分解时要注意对问题进行抽象化。在分解初期可以只考虑大的模块，在中期再逐步细化，分解成较小的模块进行设计。

模块化程序设计的基本思想是自顶向下、逐步分解、分而治之，即将一个较大的程序按照功能分割成一些小模块，各模块相对独立、功能单一、结构清晰、接口简单。模块化编程可采用以下步骤：

（1）分析问题，明确需要解决的任务。

（2）对任务进行逐步分解和细化，分成若干个子任务，每个子任务只完成部分完整功能，并且可以通过函数来实现。

（3）确定模块（函数）之间的调用关系。

（4）优化模块之间的调用关系。

（5）在主函数中进行调用实现。

【例 6.11】 用模块化程序设计的思想编写一个程序，输出从 m 开始的 n 个素数，m 和 n 的值从键盘读入。

思路解析：这个程序的主要功能模块是判断一个数是否为素数，将这个功能写成函数，需要判断的数通过形参传进函数；当这个数是素数时，返回值为 1，否则为 0。

源程序：

```
#include<stdio.h>
#include<math.h>
int IsPrime(int m);                   // 自定义函数之原型声明
int main(void)
{
    int m,n,count=0;
    printf("Input the m,n:");
    scanf("%d,%d",&m,&n);
    printf("\n从 %d 开始的 %d 个素数是:",m,n);
    while(count<n)
    {
        if(IsPrime(m)==1)             //调用函数判断 m 是否为素数
        {

            printf("%2d ",m);
            count++;
        }
        m++;
    }
    putchar('\n');
    return 0;
}
int IsPrime(int m)                 //函数实现;flag==1 是素数;否则是非素数
{
    int i,flag=1;
    if(m<2)
        return -1;
    for(i=2;i<m;i++)
    {
```

```
            if(m%i==0)
            {
                flag=0;
                break;
            }
        }
        return flag;
    }
```

程序分析：程序中设置了一个计数的变量 count，用于统计找到的素数个数。如果当前的数是素数，输出该值，count 加 1；count 值小于 n 时，m 加 1，继续判断后面的数是否为素数，否则跳出循环。程序中 putchar('\n');的作用是输出一个换行符。

假设输入 m=3，n=10。

运行结果：

Input the m,n: 3,10

从 3 开始的 10 个素数是:3 5 7 11 13 17 19 23 29 31

【例 6.12】 译电码。从键盘输入一个字符，按以下规律将字符译成密码：

A→Z　　　a→z

B→Y　　　b→y

即第一个字母变成第 26 个字母，第 i 个字母变成第（$26-i+1$）个字母，非字母不变。用函数实现加密算法。

思路解析：这个程序的主要功能模块是将读入的字符进行加密变换，将这个功能写成函数，需要判断的字符通过形参传进函数；当字符是字母时，找到该字母的位置后进行变换且变换要在 26 个字母的范围内。

源程序：

```
#include<stdio.h>
#include<conio.h>        // 包含 getch()函数
char Chang(char c);
int main()
{
    char ch1,ch2;
    printf("请输入密码:");
    while((ch1=getch())!='\n') // 读入字符,但不回显,直到键入<Enter>结束
    {
        ch2=Chang(ch1);
        putchar(ch2);
    }
    return 0;
```

```
}
char Chang(char c)
{
    if(c>='a'&&c<='z')              // 如果是小写字母
        c='a'+'z'-c;
    else if(c>='A'&&c<='Z')         // 如果是大写字符
        c='A'+'Z'-c;
    return c;                       // 其他字符如实显示
}
```

【例 6.13】用模块化程序设计的思想编写一个程序，求三位学生英语课的平均成绩并显示到屏幕上。

思路解析：我们可以将这个程序分解成两个功能模块：求平均成绩和输出成绩。求平均成绩模块中需要 3 个形参，传入要计算的学生的英语成绩，返回值是计算后的平均成绩；输出成绩模块将求出的平均成绩传入函数，显示到屏幕上。

源程序：

```
#include<stdio.h>
#include<math.h>
float Aver(int s1,int s2,int s3);          //自定义函数之原型声明
void Print(float ave);
int main(void)
{
    int score1,score2,score3;
    float average;
    printf("请输入三个学生的英语成绩:");
    scanf("%d,%d,%d",&score1,&score2,&score3);
    average=Aver(score1,score2,score3);
    printf("三个学生英语平均成绩是:");
    Print(average);
    putchar('\n');                         //换行
    return 0;
}
float Aver(int s1,int s2,int s3)           //函数实现
{
    float aver;
    aver=(float)(s1+s2+s3)/3;
    return aver;
}
```

```
void Print(float ave)
{
    printf("%5.2f",ave);
}
```

习题 6

本章习题需要用函数完成。

1. 计算面积：输入 r1，r2，求出圆形垫片的面积。

2. 找到 10000 以内所有完数，其中判断完数的功能用函数实现。

3. 输入两个正整数 m 和 n，求其最大公约数和最小公倍数。

4. 一个 5 位数，判断它是不是回文数。例如，12321 是回文数，个位与万位相同，十位与千位相同。

5. 从键盘输入任意一个正整数，输出该数的逆序数。

6. 分析下面程序的运行结果。

(1)

```
#include<stdio.h>
void varfunc()
{
    int var=0;
    static int static_var=0;
    printf("\40:var equal %d\n",var);
    printf("\40:static var equal %d\n",static_var);
    printf("\n");
    var++;
    static_var++;
}
int main()
{
    int i;
    for(i=0;i<3;i++)
        varfunc();
    return 0;
}
```

(2)

```
#include<stdio.h>
int main()
```

```
{
    int i,num;
    num=2;
    for(i=0;i<3;i++)
    {
        printf("\40:the num equal %d\n",num);
        num++;
        {
            static int num=1;
            printf("\40:the internal block num equal %d\n",num);
            num++;
        }
    }
    return 0;
}
```

第 7 章　数　组

在前面章节中，数据的使用都是以单个变量为数据单位，程序中涉及的数据少且简单，复杂问题的处理主要是通过程序的复杂控制来实现的。但在实际工作中，复杂问题往往涉及大批量的数据处理，很多时候一段程序涉及的这种批量数据在存储结构上完全相同，数组就是这种批量数据最简单的组织形式。

例如，我们要对全校新生的入学成绩进行处理，实现成绩排序，求出学生的平均成绩、最高成绩和最低成绩。由于学生数目巨大，如果对每个学生都独立定义一个变量(student _ 1,student _ 2,…,student _ n)来存储学生的入学成绩，显然麻烦且工作量巨大，而且程序也缺乏通用性（各学校的学生人数不一样，需要减少或增加变量的数目）。

为了处理具有同一类结构的批量数据，所有的计算机高级语言都为开发者提供了数组这种数据结构。C 语言也定义了使用数组的语法规则，同时提供了灵活的数组元素访问方式。

7.1　一维数组

一维数组是数组中结构最为简单的数据结构，一维数组的元素在内存中以线性连续方式存储，利用下标对一维数组的元素进行访问。

7.1.1　一维数组的定义

C 语言要求所有的变量都必须先定义再使用，数组也不例外。定义数组的目的是通知编译器事先从内存中分配连续存储空间来存放数组中的各个元素，然后再进行数组元素的访问。一维数组定义的语法格式如下：

类型说明符　数组名[常量表达式]

其中，类型说明符可以是任一种基本数据类型（或自定义数据类型，见第 9 章“自定义数据类型”），用于规定数组中每个数组元素的数据类型，以便系统为数组元素开辟存储空间；数组名命名规则与普通变量名命名规则相同，数组名可以理解为用户为一批相同类型的数据定义的一个共同标识符；在数组名后面方括号中的常量表达式用来定义数组中数组元素的个数，通常称为数组长度。

例如：定义一个数组，用于存放 5 个学生的年龄，数组定义形式如下：

```
int stu[5];
```

系统在内存中会为 stu 数组分配 5 个 int 类型的连续存储空间，共 5 * sizeof(int)个字节。其中 stu[0]、stu[1]、stu[2]、stu[3]、stu[4]称为数组元素，数组中的每个元素都有唯一的序号，称为下标，需要注意这个序号从 0 开始（不是从我们熟悉的 1 开始）。

该数组在内存中的结构如图 7-1 所示（假设我们已经给这 5 个数组元素进行了赋值）。

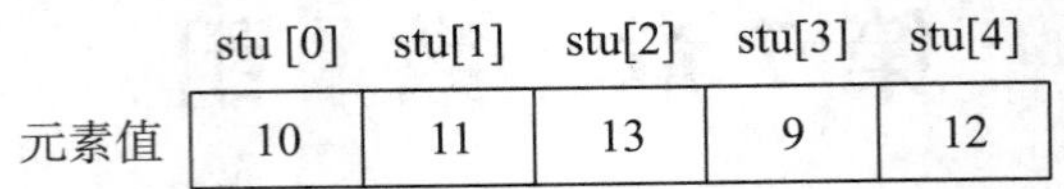

图 7-1　数组存储结构

数组名 stu 本身只是对应数组的起始地址（即数组序号为 0 的元素的存储起始地址），不能通过数组名直接读写数组里的元素，只能通过数组名加下标方式，才能访问数组中的某个元素。例如，stu [0]，stu [4] 分别对应数组里的第一个元素和最后一个元素，0 和 4 就是对应元素的下标。

说明：

(1) 数组类型代表数组中每个元素的存储空间的结构，一旦数组类型确定，数组中每个元素都具有该类型的存储结构。

(2) 数组名标识符命名格式与变量命名的规定一样。

(3) 数组元素个数由定义时数组名后面方括号内的常量表达式的值决定。

7.1.2　一维数组的初始化

一维数组中各元素的值可以在数组定义好以后，在后面的语句中单独进行赋值；也可以在定义数组的同时对数组各元素赋初值，定义数组的同时给数组元素赋初值称为数组的初始化。一维数组初始化的方式有以下三种：

(1) 在定义一维数组时，定义数组大小，同时给出数组每个元素的初始值（初始值的类型需与数组类型相容），并将全部初始值放在一对“{}”中，各初始值之间用“,”隔开。

例如：float stu[10]={60.5,89.2,99,100,88.5,94.5,56.5,89.4,99.2,77.4}

这样，我们定义了一个数组 stu，并将花括号中的 10 个浮点数赋给数组 stu 作为数组元素的初始值。数组的结构如图 7-2 所示。

	stu[0]	stu[1]	stu[2]	stu[3]	stu[4]	stu[5]	stu[6]	stu[7]	stu[8]	stu[9]
元素值	60.5	89.2	99.0	100.0	88.5	94.5	56.5	89.4	99.2	77.4

图 7-2　给出全部初始值的数组初始化

(2) 在定义数组时，定义数组大小，同时只给出部分初始值，利用这部分值对数组前面的部分元素进行初始化，系统会自动对后面未给出初始值的数组元素赋 0 值。（整数数组赋整数 0，浮点数数组赋浮点 0.0，字符数组赋 ASCII 值 0）

例如：float stu[10]={60.5,89.2,99,100}，数组的结构如图 7-3 所示。

	stu[0]	stu[1]	stu[2]	stu[3]	stu[4]	stu[5]	stu[6]	stu[7]	stu[8]	stu[9]
元素值	60.5	89.2	99.0	100.0	0.0	0.0	0.0	0.0	0.0	0.0

图 7－3　给出部分初始值的数组初始化

在实际操作中，可以通过在定义数组时只给第 1 个元素赋 0 值，利用编译系统，将数组的所有元素值初始化为 0。

例如：float stu[10]＝{0}，数组的结构如图 7－4 所示。

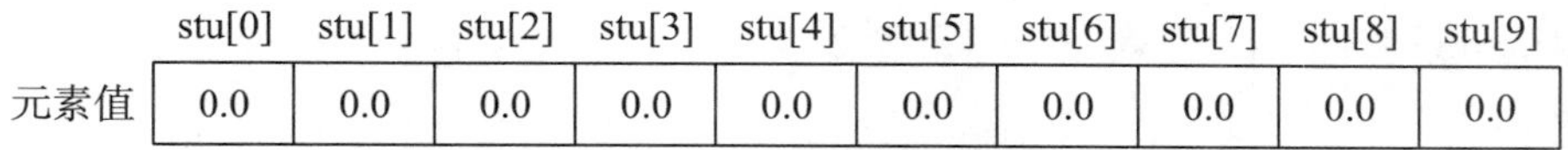

图 7－4　将数组元素全部初始化为 0

(3) 如果在定义数组时，同时给全部元素赋初值，也可以在定义数组时不给出数组长度的具体描述值，系统会根据初值的数目开辟数组的存储空间。

例如：float stu[ ]＝{60.5,89.2,99,100}

等价于：float stu[4]＝{60.5,89.2,99,100}

{60.5,89.2,99,100}内有 4 个初始化值，因此系统为 stu 数组开辟 4 个元素的存储空间，并对元素进行初始化。数组的结构如图 7－5 所示。

	stu[0]	stu[1]	stu[2]	stu[3]
元素值	60.5	89.2	99.0	100.0

图 7－5　利用初始值定义数组大小并初始化

7.1.3　一维数组元素的引用

定义好数组以后，就可以根据需要对数组的元素进行读写，数组的每一个元素在使用时等同于一个同类型的普通变量。数组元素的访问通过数组名和下标进行，语法格式如下：

数组名[下标]

例如：

```
float stu[5]={60.5,89.2,99,100,200},sum;
stu[0]=88.5;              //将实数 88.5 存储到下标为 0 的数组元素中
sum =stu[2]+stu[4]; //将下标为 2 和 4 的数组元素的和(299)存入变量 sum 中
```

下标值对应该数组元素在数组中的序号，C 语言规定下标从 0 开始计数，如果一个数组包含 10 个元素，那么该数组下标的变化范围是从 0 到 9。如上例中成绩为 100.0 的数组元素是 stu[3]。

注意：

(1) 下标必须是整数常量或整数表达式。

(2) 由于 C 语言数组中第 1 个元素的下标为 0，因此数组最后一个元素的下标值为数组长度减 1。在对数组读写时，注意不要越界。上例中，stu 共有 5 个元素，stu[0]是数组的第 1 个元素，最后一个是 stu[4]。

【例 7.1】 将 1～10 这十个整数放入数组中，然后显示到屏幕上。

思路解析： 对数组元素的访问通常会利用循环结构，并将循环变量做数组下标，通过下标的改变将数据放入数组中（也就是为数组元素逐个赋值），然后再使用循环将结果输出（也就是依次读取数组元素的值）。

源程序：

```
#include<stdio.h>
int main()
{
      int nums[10];   //定义 10 个元素的一个整型数组 num
      int i;
      for(i=0;i<10;i++)
          nums[i]=i+1;           //将 1～10 分别放入数组各元素中
      for(i=0;i<10;i++)
          printf("%5d",nums[i ]);      //依次输出数组各元素
      return 0;
}
```

运行结果：

1 2 3 4 5 6 7 8 9 10

说明： 变量 i 既是数组下标，也是循环变量；将数组下标范围作为循环条件，达到最后一个元素时就结束循环。数组 nums 的最大下标是 9，也就是不能超过 9，所以我们规定循环的条件是 i<10，一旦 i 达到 10 就结束循环。

思考： 如果需要用户从键盘读入 10 个浮点数存到数组中，上面代码怎么修改呢？

【例 7.2】 求 Fibonacci（斐波那契）数列前 20 个数并输出，输出格式为每行 4 个数。

思路解析： 斐波那契数列除第 1 个、第 2 个数为 1,1 外，其他的数都是其前两个数的和，即该数列为：1,1,2,3,5,8,…。用数组来实现该数列非常容易，只需在循环中将第 i 个元素置为其前两个元素之和即可。

源程序：

```
#include<stdio.h>
int main(void)
{
      int fib[20]={1,1};                //把数组的第 1,2 个数据初始为 1,1
      int i;
      for(i=2;i<20;i++)                 //从第 3 个数据开始计算
          fib[i]=fib[i-2]+fib[i-1];       //第 i 个为前面 2 个元素之和
      for(i=0;i<20;i++)                 //输出数列元素
      {   printf("%15d",fibo[i]);        //每个元素占 15 位宽度
```

```
        if((i+1)%4==0)          //输出 4 个以后就输出一个换行
            putchar('\n');
    }
    return 0;
}
```

运行结果：

```
    1       1       2       3
    5       8      13      21
   34      55      89     144
  233     377     610     987
 1597    2584    4181    6765
```

【例 7.3】从键盘读入某门课程 10 个学生的成绩（有小数），然后输出这门课程的平均成绩（保留 2 位小数）。

思路解析：题目涉及 10 个学生的 10 个浮点数据处理，因此使用浮点类型的数组来存放学生成绩，程序中利用循环变量作为数组元素下标来实现对数组不同元素的访问。

源程序：

```
#include<stdio.h>
int main(void)
{
    int i;
    float stu[10];          //定义数组存放 10 个学生成绩
    float sum=0,aver;
    printf("请输入 10 个学生的成绩:");
    for(i=0;i<10;i++)
        scanf("%f",&stu[i]);        //从键盘给数组元素赋值
    for(i=0;i<10;i++)
        sum=sum+stu[i];         //从各数组元素中读取值进行累加求和
    aver=sum/10;
    printf("平均成绩=%.2f\n",aver);
    return 0;
}
```

运行结果：

请输入 10 个学生的成绩：60.5　89.2　99　100　88.5　94.5　56.6　89.4　99.2　77.4

平均成绩=85.42

说明：scanf("%f",&stu[i]);的功能是从键盘读入数据赋给下标为 i 的数组元素，其中 &stu[i]表示获得数组元素 stu[i]在内存中的存储地址。

【例 7.4】 输入 10 个学生的成绩（成绩采用整数类型），然后找出最高分。

思路解析：求最值的方法通常采用“打擂法”，顾名思义，该算法与打擂台过程一致，第一个人先上擂台作为擂主，然后下一个人上去挑战。若挑战失败，则擂主不变；若挑战成功，则更换擂主。后面的人继续挑战，直至所有打擂者挑战完毕，最后留在擂台上的人就是本次比赛的冠军。在程序中，定义一个 max 变量用来存放最高分，首先将数组的第 1 个元素赋给 max 变量（成为第 1 个擂主），然后将数组中后面的元素依次与 max 变量进行比较（新来的与擂主进行比试），如果比 max 大，则用该元素值替换 max 原来的值（更换擂主）。当数组中所有的元素与 max 的值比较完后，max 里保留下来的值就是最大值（冠军）。

源程序：

```
#include<stdio.h>
#define N 10       //只需重新设定 N 的值,就可以对不同长度的数组求最大值
int main(void)
{
    int i,k,cj,max;
    int stu[N];            //定义整数数组,大小为 N
    printf("输入各学生成绩:");
    for(i=0;i<N;i++)
        scanf("%d",&stu[i]);
    max=stu[0];            //初始化 max
    for(i=1;i<N;i++)    //从第 2 个开始,每个元素与 max 比较大小
    {
        if(stu[i]>max )  //如果数组元素的值比 max 大
            max=stu[i]; //则把数组元素值赋给 max,max 始终存放最大值
    }
    printf("最高成绩=%d\n",max);//循环结束后,max 里存放的就是最大的值
    return 0;
}
```

运行结果：

输入各学生成绩：89 92 96 86 78 65 99 89 82 88

最高成绩=99

说明：max 的初值一定由第一个元素赋值，不能随意假设一个初值赋给 max。

思考：如果要输出最小值，应该如何修改程序呢？

【例 7.5】 输入 5 个学生的成绩（成绩采用整数类型），利用冒泡法进行升序排序。

思路解析：这是一个将批量数据进行排序的问题，排序算法很多，在这里我们先介绍冒泡算法。冒泡排序（Bubble Sort）的基本原理：依次比较相邻的两个数，将小数放在前面，大数放在后面。

第一趟：首先比较第1个数和第2个数，将小数放前，大数放后；然后比较第2个数和第3个数，将小数放前，大数放后；如此继续，直至比较完最后两个数，将小数放前，大数放后。在第一趟比较完成以后，最大数被交换到最后位置。

第二趟：因为在前一趟交换过程中，最大数已经排在最后了，故本次参与排序的元素个数减少1，仍从第一对数开始比较（由于前一趟的第2个数和第3个数的交换，有可能使得第1个数大于第2个数），将小数放前，大数放后，一直比较到倒数第二个数（倒数第一的位置上已经是最大的）。第二趟结束，在倒数第二的位置上得到一个新的最大数(其实在整个数列中是第二大的数)。

第三趟、第四趟如此下去，重复以上过程，直至最终完成排序。

由于在排序过程中总是小数往前放，大数往后放，相当于气泡往上升，所以称为冒泡排序。如图7－6所示，我们可以看出，趟数正好是总排序元素个数减1，在每趟内部，比较的次数是本次需要排序的数据个数减1。

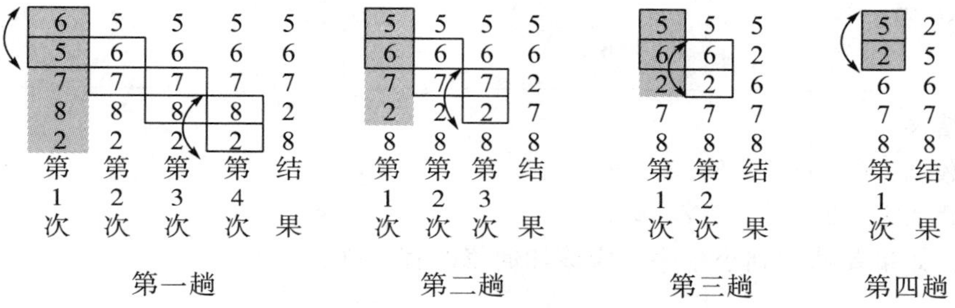

图7－6　5个数的冒泡排序过程

根据上面的算法分析，我们可以看到，总的趟数等于参与排序的元素个数减1，每一趟中比较的次数等于本趟中参与比较的元素个数减1。程序采用双重循环和冒泡法原理来实现N个数的排序，外层循环对应趟数（N－1）；内层循环对应第i趟的比较次数，就是剩下未排序的元素个数－1(即N－i－1)。

源程序：

```
#include<stdio.h>
#define N 10          //N对应预参与排序的数的个数
int main(void)
{
    int i,j,tmp;
    int data[N];
    printf("输入数据:");
    for(i=0;i<N;i++)
        scanf("%d",&data[i]);
    for(i=0;i<N-1;i++)//外层循环次数等于参与排序的元素个数-1,对应趟数
    {
        for(j=0;j<N-i-1;j++)//内层循环次数等于还需要参与排序的数据个数-1
        {
```

```
            if(data[j]>data[j+1]) //前面比后面大,则进行交换,大数放后
            {
                tmp=data[j];
                data[j]=data[j+1];
                data[j+1]=tmp;
            }
        }
    }
    printf("排序后数据:");
    for(i=0;i<N;i++)
        printf("%d",data[i]);      //输出排序后数组中的元素
    return 0;
}
```

运行结果：

输入数据：6 5 7 8 2

排序后数据：2 5 6 7 8

思考：如果要从大到小排序，应该如何修改程序呢？

7.2 二维数组

在数学运算中，我们经常需要处理类似矩阵这种二维数据。比如要处理一个 3 行 4 列的行列式数据，这就需要用到二维数组：用二维数组的第一维来描述数据所在的行，用二维数组的第二维来描述数据所在的列。

7.2.1 二维数组的定义

二维数组定义的语法格式如下：

类型说明符 数组名[常量表达式 1][常量表达式 2]

常量表达式 1 描述矩阵的行数，常量表达式 2 描述矩阵的列数，类型说明符用于描述二维数组中每一个元素的存储结构。例如：

```
int data[3][4];
```

定义了一个具有 3 行 4 列的整型 data 数组，其元素位置与行列关系结构如图 7-7 所示。

data数组：	第0列	第1列	第2列	第3列
第0行	data[0][0]	data[0][1]	data[0][2]	data[0][3]
第1行	data[1][0]	data[1][1]	data[1][2]	data[1][3]
第2行	data[2][0]	data[2][1]	data[2][2]	data[2][3]

图 7－7　二维数组 data[3][4]的行列关系结构

由于计算机内存结构是一维的，二维数组在内存中实际上是按线性结构来存放的，第i行的n列数据实际上是存放在i－1行的最后一列数据的后面。data[3][4]的内存存储结构如图7－8所示。

data[0][0]	…	data[0][3]	data[1][0]	…	data[1][3]	data[2][0]	…	data[2][3]

图 7－8　二维数组 data[3][4]的内存存储结构

说明：

与一维数组一样，C语言中二维数组的行、列的下标都是从0开始，因此data[3][4]数组的第1个元素为data[0][0]，最后一个元素是data[2][3]而不是data[3][4]。

7.2.2　二维数组的初始化

与一维数组一样，二维数组也可以在定义时进行数组元素的初始化。常用的初始化方法有以下四种：

(1) 按行进行初始化。采用1行匹配一对“{}”的方式，系统把第1对花括号里面的值分配给第0行，然后把第2对花括号里面的值分配给第1行……以此类推。如下例，初始化结果如图7－9所示。

```
int data[3][4]={{1,2,3,4},{5,6,7,8},{9,10,11,12}};
```

data数组：	第0列	第1列	第2列	第3列
第0行	1	2	3	4
第1行	5	6	7	8
第2行	9	10	11	12

图 7－9　二维数组的按行初始化

(2) 用1对花括号进行整体初始化。系统自动根据列的数目将“{}”中一行数据分成多段，每段数据的个数等同于数组每行的列数，依次匹配到各行各列中。如下例，初始化结果如图7－10所示。

```
int data[3][4]={11,12,13,14,15,16,17,18,19,20,21,22};
```

data数组：	第0列	第1列	第2列	第3列
第0行	11	12	13	14
第1行	15	16	17	18
第2行	19	20	21	22

图 7－10　二维数组的整体初始化

（3）按行进行部分初始化。在对各行初始化时，系统对各行里未给出初始值的剩余元素自动赋 0 值。如下例，初始化结果如图 7－11 所示。

int data[3][4]={{11},{15,16}};

data数组：	第0列	第1列	第2列	第3列
第0行	11	0	0	0
第1行	15	16	0	0
第2行	0	0	0	0

图 7－11　二维数组的按行部分初始化

（4）定义二维数组时省略第 1 维的长度。

例如：int data[ ][4]={11,12,13,14,15,16,17,18,19,20,21,22};

此时，系统根据总的初始化元素的数目除以第 2 维的长度，构成二维数组的行。

等价于：int data[3][4]={{11,12,13,14},{15,16,17,18},{19,20,21,22}};

说明：只能省略第 1 维的长度，不得省略第 2 维的长度。由于物理内存是一维的，二维数组在物理内存中仍然是按一维方式连续存储的，第 i+1 行紧放在第 i 行的后面，系统必须根据给定的第 2 维的长度才能将一维结构形成数学上的二维结构。缺少第 2 维的设定，则无法确定每一行的列的数目，最终无法确定二维数组中各元素的行、列下标。

7.2.3　二维数组的引用

与一维数组一样，二维数组的每个元素，其存储结构与同类型的简单变量一样。每一个数组元素的读写与同类型的简单变量读写操作一样，只是对二维数组元素的访问需要提供该数组元素对应的行下标和列下标。语法格式如下：

　　数组名[行下标][列下标]

行下标和列下标必须是整数常量或具有整数结果的表达式。二维数组的行、列下标都是从 0 开始，在使用时，行、列下标值不能超过二维数组的范围。例 int a[3][5]，最大的行下标是 2，最大的列下标是 4。例如：

```
int stu[10][5],score;   //定义一个 10 行 5 列的二维整型数组 stu 和变量 score
stu[8][4]=80;           //给第 8 行第 4 列的数组元素赋值
score =stu[8][4];       //取出第 8 行第 4 列的数组元素值
```

【例 7.6】 从键盘读入 3 个学生 2 门课的成绩放入二维数组中，然后按照每个学生一行的格式将成绩显示到屏幕上。

思路解析：对二维数组元素的引用通常使用双重循环结构，由于二维数组行、列下标都是从 0 开始，建议程序的内外循环变量的初值一般都设置为 0，与数组元素下标保持范围一致。一般外层循环变量对应行下标，内层循环变量对应列下标，利用下标的改变，实现对二维数组中每个元素访问。

源程序：

```
#include<stdio.h>
int main(void)
{
    int data[3][2]={{0}};   //将数组元素初始化为 0
    int i,j,sum;
    sum=0;
    for(i=0;i<3;i++)         //用变量 i 控制外层循环次数,并作为行下标
    {
        printf("请读入第%d 个学生 2 门课的成绩:",i+1);
        for(j=0;j<2;j++)  //用变量 j 控制内层循环次数,并作为列下标
            scanf("%d",&data[i][j]);   //读入数,赋给第 i 行第 j 列的数组元素
    }
    putchar('\n');
    for(i=0;i<3;i++)
    {
        printf("第%d 个学生 2 门课的成绩是:",i+1);
        for(j=0;j<2;j++)
            printf("%4d",data[i][j]) ;   //输出第 i 行第 j 列的数组元素的值
        putchar('\n');
    }
    return 0;
}
```

运行结果：

请读入第 1 个学生 2 门课的成绩：85　95
请读入第 2 个学生 2 门课的成绩：96　98
请读入第 3 个学生 2 门课的成绩：99　100
第 1 个学生 2 门课的成绩是：85　95
第 2 个学生 2 门课的成绩是：96　98
第 3 个学生 2 门课的成绩是：99　100

【例 7.7】 对一个 3 行 4 列的整数数组中各元素值进行累加求和。

思路解析：对于二维数组，可以用二重循环来遍历数组中的每个元素。通常外层循环次数对应于二维数组的行数，用于遍历所有行；内层循环次数对应于二维数组的列数，用于遍历所有列。

源程序：

```
#include<stdio.h>
int main(void)
{
    int data[3][4]={{12,13,14,15},{16,17,18,19},{20,21,22,23}};
    int i,j,sum;
    sum=0;
    for(i=0;i<3;i++)   //用变量 i 控制外层循环次数,并作为行下标
    {
        for(j=0;j<4;j++)   //用变量 j 控制内层循环次数,并作为列下标
            sum=sum+data[i][j];   //取 i 行 j 列的数组元素的值进行求和
    }
    printf("矩阵总和=%4d",sum);
    return 0;
}
```

运行结果：

矩阵总和=210

【例 7.8】 在一个 3 行 4 列的整数矩阵中（限定最大数只有 1 个），找出最大数，并给出其所在的行和列的下标值。

思路解析：二维数组中的元素求最值同样采用打擂法，用变量 max 存放找到的最大值，再用两个变量存放对应的行、列下标。

源程序：

```
#include<stdio.h>
int main(void)
{
    int data[3][4]={{12,13,14,15},{16,17,50,19},{20,21,22,23}};
    int i,j,max;
    int row,col;                        //用来保存最大值的行号与列号
    max=data[0][0];                     //将 0 行 0 列元素赋给 max(擂主)
    row=0;
    col=0;
    for(i=0;i<3;i++)                   //处理矩阵的所有行
    {
        for(j=0;j<4;j++)               //处理 i 行的所有列元素
        {
            if(max<data[i][j])      //max(擂主)比当前值小,更新
```

```
            {
                max=data[i][j];                 //把当前值置赋给 max(擂主)
                row=i;                          //更新新最值的行下标
                col=j;                          //更新新最值的列下标
            }
        }
    }
    printf("最大值=%d,其行列下标值(%d,%d)",max,row,col);
    return 0;
}
```

运行结果：

最大值=50,其行列下标值(1,2)

7.3　数组作函数的参数

由第 6 章我们知道，调用函数时，需要给函数传递实参。实参可以是常量、变量或者表达式。通过对数组的学习，我们知道每个数组元素相当于一个独立的变量，其作用与变量相同。因此，可以把数组元素当作简单变量作为函数实参，其用法和作用与普通变量作函数参数相同，传递的是变量的值；除此以外，数组名也可以作为函数的实参，传递的是数组的首地址，即数组第一个元素的地址。

7.3.1　数组元素作函数实参

前面讲过，单个数组元素完全可以当作同类型的普通变量来使用，因此数组元素可以作为实参进行参数传递，其过程与简单变量作为实参的传递过程完全一样：将作为实参的数组元素值赋给对应的形参变量。

【例 7.9】 利用 rand()函数产生 10 个 0～1000 之间的随机数，放在一维数组里，找出里面的素数并显示在屏幕上。

思路解析： 利用 rand()%1000 产生 0～1000 之间的随机数存放在数组里，在主函数里调用编写好的 IsPrime() 函数来判断每个数组元素是否为素数。

源程序：

```
#include<stdio.h>
#include<stdlib.h>
#include<time.h>
#define N 10
```

```
int IsPrime(int m);                    //素数判断函数
int main(void)
{
    int data[N],i;
    printf("随机生成%d个整数:",N);
    srand(time(NULL));                 //利用time函数产生随机种子
    for(i=0;i<N;i++)
    {
        data[i]=(rand()%1000);//产生0到1000之间的随机数赋给数组元素
        printf("%5d",data[i]);         //输出数组元素值
    }
    putchar('\n');                     //输出换行
    printf("数组中素数分别是:");
    for(i=0;i<N;i++)
    {
        if(IsPrime(data[i]))  //调用素数函数,如果该元素是素数,则输出
            printf("%5d ",data[i]);  //取数组元素i的值
    }
    putchar('\n');
    return 0;
}
int IsPrime(int m)                     //是素数返回1,不是返回0
{
    int i,flag=1;
    if(m<2)
        return 0;
    for(i=2;i<=m/2;i++)                //因子不会超过该数的二分之一
    {
        if(m%i==0)
        {
            flag=0;                    //不是素数,则把flag置0,利用return返回
            break;
        }
    }
    return flag;
}
```

运行结果：

随机生成10个整数：573 752 719 528 739 331 253 833 505 820

数组中素数分别是：719 739 331

说明：time()函数定义在time.h中，其功能是返回一个值，即格林尼治时间1970年1月1日00:00:00到当前时刻的时长，时长单位是秒。srand(time(NULL))用于产生随机种子（不使用srand函数，rand()函数产生的序列是固定的）。rand()函数产生一个0到RAND_MAX的伪随机数，这里的RAND_MAX可因不同的系统有所差异，但RAND_MAX不会小于32767。

执行if(IsPrime(data[i]))时，调用函数IsPrime(data[i])，将数组元素data[i]的值作为实参赋给形参变量m，函数IsPrime的功能是判断第i个数组元素是否为素数。

7.3.2　一维数组名作函数参数

单个数组元素可以作为实参传递给形参，一维数组名也可以作为实参传递给形参。由于数组名对应的是数组在内存中的起始地址，因此当数组名作为实参传递给形参时，实际传递给形参的是数组的起始地址值，此时函数形参变量也必须定义成能够接受数组名（或地址）的语法形式。例如下面的Max函数，形参dt可接受一个由一维整型数组名描述的实参值：

```
void Max(int dt[ ]);
```

说明：在普通变量或数组元素作函数参数时，形参变量和实参变量是由编译系统分配的两个不同的内存单元。在函数调用时，发生的值传送是把实参变量的值赋予形参变量。用数组名作函数调用的实参时，发生的同样是值传送，只不过传递的值是实参数组名对应的数组起始地址，而不是把实参数组的每一个元素的值都传递给形参数组的各个元素。这是因为形参变量int dt[]并不是定义一个数组，而只是定义了一个变量，该变量可以接受一个一维整型数组名代表的地址值。因此数组名作实参时，通过函数调用，形参变量获得的是实参数组的首地址，这种形参变量可以用数组名加下标方式去访问数组元素。需要说明的是，利用形参访问的数组内存空间和实参数组使用的内存空间是同一段内存空间，都是实参数组的存储空间。因此在函数中对形参数组元素进行修改后，实参数组元素的值也随之变化。

例如：

```
int Max(int dt[ ]);
int main(void)
{
    int a[10],i;
    ............;
    ............
    Max (a);    //调用 Max 函数时，实参应是数组名，不能在后面加 [ ]
    return 0;;
```

```
}
int Max(int dt[ ])
{
    int max;
    ............;
    return max;
}
```

假定数组 a 在内存中的起始地址是 2000，在执行 Max(a) 语句时，内存关系如图 7－12 所示。

	a[0]	a[1]	a[2]	a[3]	a[4]	a[5]	a[6]	a[7]	a[8]	a[9]
起始地址 2000	2	4	6	8	10	12	14	16	18	20
	dt[0]	dt[1]	dt[2]	dt[3]	dt[4]	dt[5]	dt[6]	dt[7]	dt[8]	dt[9]

图 7－12　a[10]与 dt[10]的内存关系

图中 a 为实参数组，类型为整型。dt 为形参数组名，当调用 Max 函数时，数组名 a 作为实参赋值给 dt，也就是把实参数组 a 的首地址传送给形参数组名 dt，于是 dt 也取得该地址 2000。于是 a，dt 两数组共同使用以 2000 为首地址的一段连续内存单元。从图中还可以看出 a 和 dt 下标相同的元素实际上是相同的内存单元（整型数组每个元素占 4 个字节）。例如 a[0]和 dt[0]都占用 2000～2003 内存单元，此时 dt[0]就是 a[0]。以此类推，则有a[i]就是 dt[i]。

【例 7.10】 从键盘输入 10 个整数存到一个数组中，利用函数从数组中找到最大数并返回。

思路解析： 先编写一个函数 Max，用于查找一个整型数组中的最大值并返回其值。因为要对数组进行整体处理，所以 Max 函数的形参需要能接受实参数组名。求最大数仍然采用打擂法实现。在主函数中读入数组元素值并调用 Max 函数获得最大值。

源程序：

```
#include<stdio.h>
#define N 10
/* Max 函数的形参 dt 接受一维整数实参数组名,返回值是数组中最大元素的值 */
int Max(int dt[ ]);        //函数原型声明
int main(void)
{
    int data[N],i;
    printf("请输入%d 个整数:",N);
    for(i=0;i<N;i++)
        scanf("%d",&data[i]);
```

```
        //调用 Max 函数,找出最大值
        printf("最大值=%d",Max(data));   //主调函数中实参是数组名,不能加[]
        return 0;
    }
    int Max(int dt[])
    {
        int i,max;
        max=dt[0];                  //给 max 赋初值
        for(i=1;i<N;i++)
        {
            if(max<dt[i])
                max=dt[i];          //max 中始终存放的是最大值
        }
        return max;                 //返回最大值
    }
```

运行结果：

请输入 10 个整数：12　34　78　76　56　92　87　65　27　10

最大值=92

说明：

（1）主调函数提供的实参数组类型必须与形参类型的定义完全一样。本例中，实参数组 data 是 int 类型，形参 dt 也必须是 int 类型。

（2）在函数调用中，必须提供一维数组名作为实参（如本例中函数调用 Max(data)的 data，且 data 后面不能加 [] 和下标）。

（3）在被调函数中（本例 Max(int dt[])），形参（本例 dt）得到的是实参数组（本例 data）首元素的地址，因此形参数组（本例 dt）实际访问的存储空间是主调函数（本例 data）的存储空间。在函数中访问数组元素 dt[i]，实质上是访问实参数组元素 data[i]。

问题：如何修改 Max 函数，才能满足求长度不同的数组元素的最大值？

要使 Max 函数更加通用，我们重新设计 Max 函数：增加一个形参，一个用于接受实参数组名，另一个接受实参数组的长度。

修改后的 Max 函数源程序如下：

```
int Max(int dt[],int n);          //dt[]接受实参数组名,n 接受实参数组的长度
{
    int i,max;
    max=dt[0];
    for(i=1;i<n;i++)
    {
```

```
            if(max<dt[i])
                max=dt[i];
        }
        return max;
    }
```

同时，主函数中的函数调用语句也要修改为：

printf("最大值=%d",Max(data,N));

说明：在编写函数时尽量不使用全局量，以提高函数的可移植性。

【例 7.11】 从键盘输入 10 个整数存到数组中，编写 Sort（采用选择排序法）函数对该数组中元素按降序进行排序，然后在主函数中输出排序后的结果。

思路解析：编写 Sort 函数实现对任意长度的一维整数数组的元素进行排序，通过选择排序算法实现。在主调函数 main 中完成输入，调用 Sort 函数完成排序，然后用循环输出排序结果。

选择排序法是被采用得较多的一种排序方法，其效率比冒泡法高（交换数据的次数少）。

选择排序法（从大到小）总的思路如下：

（1）找出一个最大数，交换到最前面。

（2）在剩下的数里面再找一个最大的，交换到剩下的数的最前面。

（3）重复步骤（2），直到所有数都已排好。

显然，对于含有 N 个数的数组来说，其过程也要进行 N−1 趟(0<=i<N−1)。

上面所述步骤中，“找出一个最大数，交换到最前面”的方法如下：

先将剩下数中的第一个数（序号是 i）作为最初的最大数，用变量 k 记下其下标序号，后面的数依次与下标为 k 的数（注意：k 是最大数下标，值不一定总是 i）比较，若比下标为 k 的数大，则把新的更大数下标放入 k（注意：此时不进行数的交换，只记录新的更大数的下标），当所有数都与下标为 k 的大数比较后，k 中一定是最大数的下标，此时若 k 不等于 i，表明 k 发生了更改，说明后面有最大数，需要将它交换到最前面（现在才交换）。在上面的过程中，数据只交换了一次，即每趟只交换一次数据，而不像冒泡法在内层循环中不断交换。

源程序：

```
#include<stdio.h>
#define N 10
void Sort(int dt[],int n);              //Sort 函数原型声明
int main(void)
{
    int data[N],i;
    printf("请输入%d 个整数:",N);
    for(i=0;i<N;i++)
        scanf("%d",&data[i]);
```

```
    Sort(data,N);                 //调用自定义 Sort 函数对数组元素排序
    printf("排序后的结果：");
    for(i=0;i<N;i++)
        printf("%d",data[i]);
    return 0;
}
void Sort(int dt[],int n)
{
    int i,j,k,tmp;
    for(i=0;i<n-1;i++)            //采用选择排序法,外层循环次数设定同冒泡法
    {
        k=i;
        for(j=i+1;j<n;j++)        //用内层循环找到 i 后面最大数的下标
        {
            if(dt[k]<dt[j])       //若后面有更大的数,则下标记到 k 中
            k=j;
        }
        if(k!=i)                  //如果 k 的值发生改变,说明后面有大数
        {
            tmp=dt[i];            //大数交换
            dt[i]=dt[k];
            dt[k]=tmp;
        }
    }
}
```

运行结果：

请输入 10 个整数：25　2　15　76　89　45　78　91　86　99

排序后的结果：99　91　89　86　78　76　45　25　15　2

说明：

（1）函数调用时，实参数组 data 的首地址赋值给形参 dt 后，两个数组就共用同一段内存空间。在函数中访问数组元素 dt[i]，实质上是访问实参数组元素 data[i]。若对形参数组中的元素数据进行修改，也就修改了实参数组元素。

（2）在函数调用结束后，Sort 函数排序后的结果保留在 data 数组中，因此在主函数中输出数组元素的值，能够得到排序后的结果，通过该例也证明主调函数与被调函数中使用的数组确实是同一段存储空间。

（3）如果在程序执行过程中遇到 return 语句，则给主调函数返回一个值。一个 return 语句只能返回一个值，无法同时返回多个值。通过例 7.11 可以知道，如果希望主调函数利用函数同时改变多个同类型量的值，可以将这些量作为数组元素放在一个数组

中，通过数组名传参来实现。

7.3.3 二维数组名作函数参数

与一维数组一样，二维数组名也可以作为函数的参数。二维数组名作为函数实参时，传递给形参的是二维数组的起始地址。与一维数组名作函数的参数一样，在被调函数中，利用形参进行的数组访问实际上是对实参数组的访问，在函数中通过形参对数组元素的修改，也就是对实参数组的修改，函数结束后，修改结果会保留在主调函数的数组中。

例如下面的 Max 函数，形参 dt 可以接受一个以整型二维数组名对应的实参值。

int Max(int dt[][4]);

与一维数组的形参定义不同，Max 函数中的形参 int dt[][4]的第 1 维（行的宽度）的值可以不指定，用"[]"即可，但是第 2 维（列的宽度）的值不能省略。在函数调用时，实参数组与形参数组第 2 维的值也就是列的宽度必须完全相同。

根据上面函数的形参定义形式，主调函数的实参必须是一个 n 行 4 列的二维整型数组名，实参二维数组的行数不受限制，但每行的列数必须为 4。

【例 7.12】 在一个 3 行 4 列的整数矩阵中（限定最大值只有 1 个），利用 Max()函数找出最大数。

思路解析： 用二维数组名作为函数调用的实参，将实参二维数组的首地址传递给形参，在 Max()函数里采用打擂法求最大值。

源程序：

```
#include<stdio.h>
int Max(int dt[][4]);        //声明 Max 函数,其中形参 dt 的第 2 维的值不能省
int main(void)
{
    int data[3][4]={{12,13,14,15},{16,17,50,19},{20,21,22,23}};
    int max;
    max=Max(data);           //以二维数组名 data 作为实参
    printf("二维数组的最大值=%d ",max);
    return 0;
}
int Max(int dt[][4])         //返回二维数组中的最大数
{
    int max,i,j;
    max=dt[0][0];            //将第 1 个元素的值赋给 max
    for(i=0;i<3;i++)         //处理矩阵的所有行
    {
        for(j=0;j<4;j++)     //处理 i 行的所有列元素
        {
```

```
            if(max<dt[i][j])          //max 比当前值小
                max=dt[i][j];         //把当前新的最值赋给 max
        }
    }
    return max;
}
```

运行结果：

二维数组的最大值=50

说明：语句 **max=Max(data);**是函数调用语句，程序执行这一句时将二维数组 data 的首地址赋给形参变量 dt，数组 dt 与数组 data 共用同一段内存空间；在函数里 max=dt[0][0];实际上就是 max=data[0][0];利用二重循环对数组元素遍历，循环结束以后，max 里存放的就是数组中的最大值。

【例 7.13】分别用函数完成一个 2 行 3 列二维数组的输入，然后对该数组的行和列的元素进行互换（转置），并存到另一个二维数组中。

思路解析：可以定义两个二维数组，A 为 2 行 3 列，B 为 3 行 2 列。Input 函数完成矩阵 A 的数据输入，调用 Matrix_Invers 函数完成 A 矩阵转置并存入 B 矩阵中，用 Output 函数完成两个矩阵的输出。

源程序：

```
#include<stdio.h>
#define ROW 2
#define COL 3
void Input(int a[][COL]);
void Matrix_Invers (int b[][ROW],int a[][COL]);   //转置函数
void Output(int a[][COL],int b[][ROW]);   //输出两个矩阵各元素的值
int main(void)
{
    int A[ROW][COL],B[COL][ROW];
    printf("请输入%d 行%d 列的 A 矩阵:\n", ROW, COL);
    Input(A) ;                         //对 A 矩阵进行赋值
    Matrix_Invers (B,A);               //对 A 转置,结果放入 B
    Output(A,B);                       //输出 A,B 矩阵各元素值
    return 0;
}
void Input(int a[][COL])
{
    int i,j;
    for(i=0;i<ROW;i++)                 //分别实现对数组 0 到 ROW 行的控制
```

```
    {
        printf("输入第%d行的数据：",i+1);
        for(j=0;j<COL;j++)                    //对数组第i行第0~COL列的控制
            scanf("%d",&a[i][j]);             //对数组第i行第j列的元素赋值
    }
}
void Matrix_Invers (int b[][ROW], int a[][COL])
{
    int i,j;
    for(i=0;i<ROW;i++)
        for(j=0;j<COL;j++)
            b[j][i]=a[i][j];  //将a的i行j列存储到b的j行i列实现转置
}
void Output(int a[][COL],int b[][ROW])
{
    int i,j;
    printf("原矩阵A:\n");
    for(i=0;i<ROW;i++)   //输出a矩阵
    {
        for(j=0;j<COL;j++)
            printf("%5d",a[i][j]);  //取a数组的i行j列元素内容
        putchar(10);
    }
    printf("转置后的矩阵B:\n");
    for(i=0;i<COL;i++)    //输出b矩阵
    {
        for(j=0;j<ROW;j++)
            printf("%5d",b[i][j]);  //取b数组的i行j列元素内容
        putchar(10);
    }
}
```

运行结果：

```
请输入2行3列的A矩阵：
输入第1行的数据：1  2  3
输入第2行的数据：4  5  6
原矩阵A：
    1  2  3
    4  5  6
```

转置后的矩阵 B：

1 4

2 5

3 6

7.4 字符数组

在前面章节中讲述 char 数据类型时，叙述过单个字符数据可以通过其字符对应的 ASCII 值保存在 char 类型变量中。对于批量的字符型数据，现在可以通过 char 类型数组来处理。字符数组的操作与其他类型数组的操作基本原理一样，但因为字符数组有其特殊之处，所以使用上也存在一些不同。

7.4.1 字符串常量

字符串常量是用一对双引号括起来的字符序列，例如：

"Chengdu" "中华人民共和国" "1234567890"

在 C 语言中，规定字符串常量以'\0'作为结束标志，系统库函数在处理字符串时，利用'\0'来判断字符串数据读取完没有，也就是说，一个字符串是从字符序列的第 1 个字符开始，直到'\0'为止。因此，字符串需要的真正存储空间长度会比字符串中的实际字符个数多 1。但是在描述计算字符串长度时，不包含作为字符串结束标记的'\0'的特殊字符。

例如："Chengdu"这个字符串的长度为 7，但需要为其分配 8 个字节的存储空间，结构如图 7－13 所示。

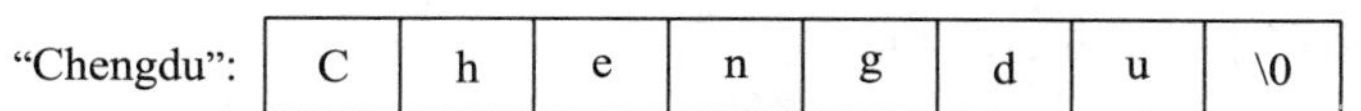

图 7－13 "Chengdu"的存储结构

说明：

(1) "a"与'a'是两种数据类型，用" "描述的是一个字符串常量，由" "包围的字符串常量会自动在最后一个有效字符后面添加一个'\0'（占一个字节的存储空间），因此"a"存储上占两个字节的存储空间；' '描述的是单个字符常量，只占一个字节的存储空间。

(2) '\0'是 ASCII 码表中的第 0 个字符，英文称为 NUL，中文称为“空字符”。该字符既不能显示，也没有控制功能，输出该字符不会有任何效果，它在 C 语言中最主要的作用就是作为字符串结束标志。

(3) C 语言中字符串相关的库函数在处理字符串时，是从前往后逐个扫描字符，一旦遇到'\0'就认为到达了字符串的末尾，结束处理。'\0'至关重要，没有遇到'\0'就意味着永远也到达不了字符串的结尾。

7.4.2 字符数组的定义

用来存放字符的数组称为字符数组，字符数组实际上是存放了若干个字符的集合。在C语言中没有提供专门的字符串变量来存储字符串这种数据，通常是利用一维字符数组来存放一个字符串数据。

一维字符数组的定义方法与其他类型一维数组的定义方法基本相同，只是数组类型需定义为char类型。一维字符数组的定义语法格式如下：

char 字符数组名[常量表达式]

在定义好字符数组以后，每一个数组元素分配1个字节的内存空间，[常量表达式]描述字符数组中可以存放的字符数目。对字符数组元素的访问方式与普通其他类型的数组一样，都是通过数组名加下标实现。

例如：

```
char cname[10];            //定义一个有10个元素的字符数组
cname[5]='y';              //给单个字符数组元素赋一个字符值
printf("%c",cname[5]);     //输出单个字符数组元素的内容
```

如果需要存放多个字符串，可以定义一个二维数组，二维字符数组的定义语法格式如下：

char 字符数组名[常量表达式1][常量表达式2]

在实际使用中，通常二维字符数组行的值代表能存放的字符串的个数，列的宽度决定可以存放的最长字符串的长度。

例如：char str[3][40];

表示str这个二维数组能存放三个字符串，每个字符串的长度不超过39（因为还需要一个元素来存放字符串结束标志'\0'）。

7.4.3 字符数组的初始化

一维字符数组的初始化可以采用前面数组初始化的方法，在定义字符数组的同时给每个数组元素赋初值。

例如：char cname[10]={'w','a','n','g',' ','q','i','a','n','g'};

定义好以后，数组的存储结构如图7－14所示。

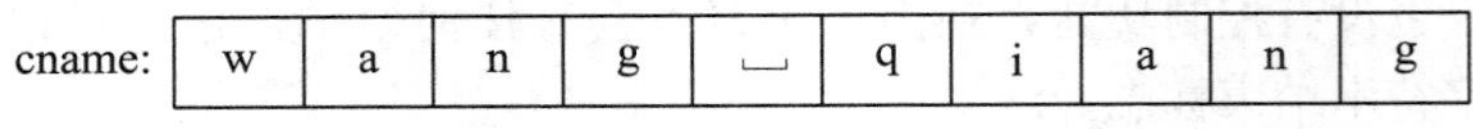

图7－14 cname数组的存储结构

如果初始数据的个数少于字符数组的长度，数组剩余的元素系统自动赋予'\0'，例如：

char str[5]={'\0'};

char cname[10]={'L','i',' ','q','i','a','n','g'};

存储结构如图7－15所示。

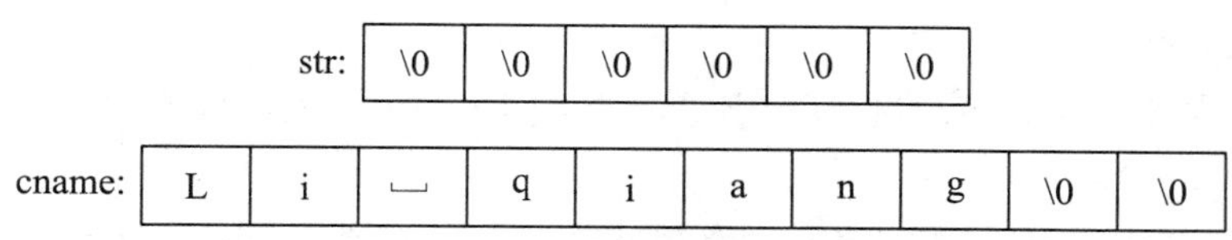

图 7－15　str 及 cname 数组的存储结构

如同前面一维数组的定义一样，也可以省略下标，由系统利用初始化数据定义数组的内容和长度。例如：

char cname[ ]={'W', 'a', 'n', 'g', ' ', 'L', 'i'}；　//定义时不给出数组长度

系统自动计算出 cname 数组的长度为 7，其存储结构如图 7－16 所示。

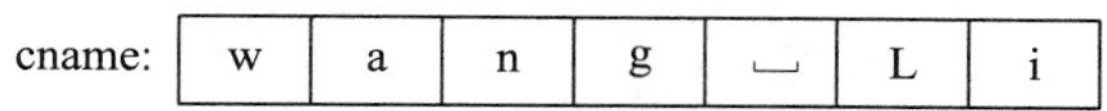

图 7－16　cname 数组的存储结构

C 语言规定，可以直接用字符串常量初始化字符数组。

例如：char cname[10]={"Li qiang"}；

用字符串常量初始化数组时，大括号可以省略，上面语句可以简化为：

char cname[10]="Li qiang"；　//这种形式更加简洁，实际开发中常用

用字符串常量初始化字符数组时，由于要提供一个字节来存储字符串的结束标志'\0'，因此数组的大小至少要比字符串的长度大 1（统计字符串的长度时不包含结束标志'\0'这 1 位）。

也可以采用定义时不指定数组大小，直接通过初始化数据由系统分配数组大小。

例如：char str[ ]="wang qiang"；

此时，系统自动为 str 数组分配 11 个字节的存储空间，其结构如图 7－17 所示。

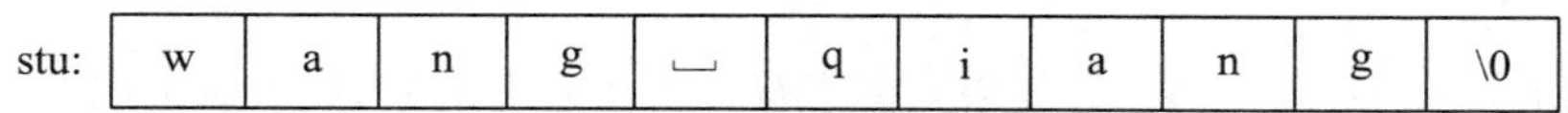

图 7－17　str 数组的存储结构

注意：

字符数组只有在定义时才能将整个字符串一次性地赋值给它，一旦定义完了，就只能一个字符一个字符地赋值。例如：

char cname[10]；

cname="abc123"；　　//错误

正确的操作为：

cname[0]='a'; cname[1]='b'; cname[2]='c'; cname[3]='1'; cname[4]='2'; cname[5]='3'; cname[6]='\0';

7.4.4　字符数组的输入与输出

字符串存储到字符数组可以采用以下三种方式实现：

(1) 先逐个将字符存入字符数组元素中，然后在最后一个有效字符后面用程序方法加上

字符串结束标志'\0'。

【例 7.14】 从键盘读入不超过 20 个字符，遇到回车结束输入，将读入的一行字符显示到屏幕上。

思路解析： 利用 scanf 函数循环从键盘缓冲区读取字符到一个字符数组中，如果不是回车（'\n'）或读取的字符个数小于等于 20，则继续读取；否则结束读入字符操作。

源程序：

```
#include<stdio.h>
#define N 21                 //字符串最大长度为 20 个字符,另用一个字节存放'\0'
int main(void)
{
    char str[N],ch;         //定义字符数组 str 存放字符串
    int i=0;
    printf("请输入字符串:") ;
    scanf("%c", &ch);
    while((ch!='\n')&&(i<N-1))
    {
        str[i]=ch;       //将有效字符从变量 ch 赋值给字符数组元素
        i++;
        scanf("%c", &ch);
    }
    str[i]='\0';             //在读入的字符串末尾中加上字符串结束标志'\0'
    printf("输出字符串:");
    i=0;
    while(str[i]!='\0')    //如果当前字符数组元素不是'\0',则继续输出
    {
        printf("%c",str[i]);
        i++;
    }
    printf("\n");
    return 0;
}
```

运行结果：

请输入字符串：chengdu↙

输出字符串：chengdu

说明：

①回车在键盘缓冲区里产生的字符（换行符 0X0A）是'\n';while((ch!='\n') &&(i<N-1));这一句表示当前读入的字符不是换行符，或者已读入到数组里的字符个数不到 21 个（数组元素下标从 0 开始），i 变到 19 时，数组只能再存放最后一个字符（即第 20 个字符），

str[20]不能存放任何有效字符，最多存放'\0'。

②while 循环语句里的 str[i]=ch;当 i=0 时，把当前读入的字符存入数组 str[0]中，然后 i 的值增加 1；此处 i 的值有两个作用：一是改变数组的下标指向下一个元素，另一个是统计实际读入的字符个数，当所有字符读入完毕，执行 str[i]='\0'; 即在字符数组中加入字符串结束标志'\0'。如果读入了 10 个字符，那么读入的字符存放在数组 str[0]～str[9]中，str[10]='\0'。最后用 while 循环将读入的字符一个一个输出到屏幕上。

（2）利用 scanf 函数和 printf 函数实现字符串的整体输入、输出。

除了上面介绍的通过循环单个字符对字符串进行输入输出操作，C 语言还提供了将字符串作为一个整体进行输入输出操作的方法。

scanf 函数利用格式控制串的"%s"实现输入字符串，printf 利用格式控制串的"%s"实现字符串输出。

格式如下：

scanf("%s",字符数组名)；

printf("%s",字符数组名或字符串常量)；

【例 7.15】 从键盘读入长度不超过 20 且不含空格的字符串，然后将字符串显示到屏幕上。

思路解析：利用 scanf 函数和 printf 函数输入和输出字符串，格式控制符用 %s。

源程序：

```
#include<stdio.h>
#define N 21
int main(void)
{
    char str[N],ch;
    printf("请输入字符串:") ;
    scanf("%s",str);                    //一维字符数组名作实参
    printf("输出字符串:");
    printf("%s",str);                   //存有字符串的一维字符数组名
    putchar ('\n');
    return 0;
}
```

运行结果：

请输入字符串：Beijing↙

输出字符串：Beijing

说明：

①scanf 函数通过格式控制符%s 将读入的字符串存到指定的数组中，并在最后的有效字符后面加上'\0'。如果在读入字符的过程中遇到空格或者回车，则结束读入。scanf 函数使用一维字符数组名作实参，在一维数组名（本例：str）前面不需要加 &（取地址运算符），因为一维数组名本身就是一个地址值。

②printf 函数通过格式控制符%s 整体输出字符串，从字符数组的第 1 个字符开始，直

到遇到标志'\0' 结束。

③利用 scanf 函数输入字符串时，输入的字符个数应比已定义的字符数组的长度少 1；scanf 函数默认空格作为字符串之间的分隔符，一个%s 对应一个一维字符数组，因此输入过程中遇到空格或回车时就结束当前字符数组的输入，但是空格和换行符不会读入到字符数组中。用 scanf 函数可以读入多个字符串，但无法产生带空格的字符串；scanf 函数会自动在每个字符数组中添加字符串结束标志'\0' 。

例如：

```
char s1[20],s2[20],s3[20];
scanf("%s%s%s",s1,s2,s3);
```

输入数据：I love China↙ ，结果 s1 存放的字符串是"I"，s2 存放的字符串是"love"，s3 存放的字符串是"China"。

在输出时，printf 函数会根据实参提供的一维字符数组名，从字符数组的第 1 个元素开始连续输出，直至遇到当前元素的值为'\0'才停下来。使用"%s"输出字符串时，后面的实参只能是字符数组名或字符串常量，不能是单个的数组元素。

例如：

```
char s1[30]="I love C Programming";
s1[6]='\0';   //将数组下标为 6 的元素改为字符结束标志'\0'
printf("%s",s1);
```

结果输出：I love。不会输出 I love C Programming，原因是 s1[6]的值是'\0'，printf 利用%s 输出时遇到'\0'后就停止，不会再读取后面的内容。

【例 7.16】 定义一个 3 行 10 列的二维字符数组并在初始化时赋予 3 个字符串，然后输出这 3 个字符串。

思路解析： 利用二维字符数组每一行可存储一个字符串，以及通过提供行下标的方式访问二维数组中的字符串。

源程序：

```
#include<stdio.h>
int main(void)
{
    //直接将 3 个字符串利用初始化方式赋给一个 3 行 10 列的二维字符数组
    char stuName[3][10]={"Liyang","Xuhong","Weiqing"};
    int i;
    for(i=0;i<3;i++)
        printf("%s\n",stuName[i]);   //利用行下标访问 i 行中的字符串
    return 0;
}
```

运行结果：

```
Liyang
Xuhong
Weiqing
```

说明：

①例 7.16 中 3 个字符串在二维数组的字符串存储情况如图 7－18 所示。

stuName[0]	L	i	y	a	n	g	\0	\0	\0	\0
stuName[1]	X	u	h	o	n	g	\0	\0	\0	\0
stuName[2]	W	e	i	q	i	n	g	\0	\0	\0

图 7－18　例 7.16 二维数组 stuName 中每一行的存储结构

②语句 char stuName[3][10]={"Liyang","Xuhong","Weiqing"};实际上是分别用 3 个字符串去初始化 stuName 的第 0 行、第 1 行和第 2 行。

③语句 printf("%s\n",stuName[i]);是输出 stuName 第 i 行的字符串。每个 stuName[i]（二维数组名［第 1 维下标］）对应着一个一维数组，等同于一个一维字符数组名，可以按照使用一维数组名的方式来使用它们。

（3）使用 gets 函数和 puts 函数实现字符串的整体输入、输出。

gets 函数的功能是从输入缓冲区中读取一个字符串（包括字符串中的空格）存储到“字符数组名”开始的内存空间，遇到回车换行结束。gets 与 scanf 在读入字符串时的最大不同在于 gets 函数可以读入具有空格的字符串。其语法格式如下：

gets(字符数组名/字符指针);

例如：char s1[20];

gets(s1);

输入数据：I love China↙，s1 存放的字符串是"I love China"。

puts 函数的功能是根据实参里的字符数组名，从第 1 个元素开始输出字符串，直到遇到'\0'结束。其语法格式如下：

puts(实参);

实参可以是字符数组名、字符指针、字符串常量三者之一。

例如：char s1[30]="I love C Programming";

puts(s1);

puts("I love China")

结果输出：I love C Programming

I loveChina

【例 7.17】输入一行包含多个单词的字符串（长度不超过 127），单词之间用空格进行分隔，且单词之间空格数目不限于只有 1 个，输出其中单词的数目。

思路解析：由于字符串中允许出现空格，所以输入时不能使用 scanf 函数，只可使用 gets 函数。在循环中，检测数组当前元素的值是否是'\0'，如果是，则结束循环；从第 1 个字符开始，对字符串中的字符逐个进行检查，如果是空格，则意味前一个单词结束，新单词还未形成；如果在空格的后面出现非空格的字符，则意味着新单词形成，单词数目加 1，继续往后检查，只要没有出现空格，就意味着单词还没有结束。我们可以用一个标志量 flag=0 来描述当前在处理空格，flag=1 描述当前在处理非空格字符，flag 的值从 0 到 1 意味着新单词产生。

源程序：

```
#include<stdio.h>
int main(void)
{
    char str[128];
    int flag=0,num=0,i,pos;          //开始时没有单词出现,flag 与 num 都置 0
    gets(str);                       //读入一个多单词的字符串
    for(i=0;str[i]!='\0';i++)
    {
        if(str[i]==' ')              //当前字符为空格,新单词未形成
            flag=0;
        else                         //非空格,新单词开始或新单词继续
        {
            if(flag==0)   //flag 为 0 表示之前为空格,新单词开始
            {
                flag=1;              //新单词标志置 1
                num++;
            }
        }
    }
    printf("单词数目=%d\n",num);      //输出单词数目
    return 0;
}
```

运行结果：

aa bbb c dd e ↙

单词数目=5

说明：

gets 函数读入字符串时，不会因遇到空格而停止字符串的读取，会把空格作为字符串有效数据放到数组元素中，直到遇到回车换行符。另外 gets 函数一次只能输入一个字符串。

【例 7.18】 输入一个长度不超过 127 的字符串（允许有空格），并将其复制到另一个数组中，要求在复制过程中不复制其中的数字字符，复制操作由自定义的 My_Strcpy 函数实现。

思路解析： 在复制时对字符串的每个字符进行检查，如果不是数字字符，才将其复制到新数组中。My_Strcpy 函数用 2 个字符数组名作函数的参数。

源程序：

```
#include<stdio.h>
#define N 128
void My_Strcpy(char des[],char src[]);          //自定义函数原型声明
```

```
int main(void)
{
    char src[N],des[N];                    //src 放原始数据,des 放复制后的数据
    printf("输入字符串(允许里面有空格): ");
    gets(src);
    My_Strcpy(des, src);                   //调用函数
    printf("复制后的字符串为:");
    puts(des);
    return 0;
}
void My_Strcpy (char des[],char src[])
{
    int i,j;
    for(i=0,j=0;src[i]!='\0';i++)          //没有遇到字符串结束标志则循环
    {
        if(src[i]>='0'&& src[i]<='9')      //若是数字字符,则不复制
            continue;                      //利用 continue 开始下一次循环
        else
        {
            des[j]=src[i];                 //将非数字字符复制到目的数组
            j++;                           //j 指向目的数组的下一个元素
        }
    }
    des[j]='\0';                           //目的数组末尾加上'\0'
}
```

运行结果：

输入字符串（允许里面有空格）：abcde　12345fgh678i↙

复制后的字符串为：abcde　fghi

说明：对源字符串中'\0'以外的字符进行处理，i 用来标记源数组元素下标，j 用来标记目的数组元素下标；因为源数组字符串的结束标志'0'没有被复制到为目的数组，所以需要在目的数组末尾添加'0'，方便直接使用 puts 函数将字符串整体输出。

7.4.5　常用字符串处理库函数

C 库函数中，除了前面使用的 scanf()，printf()，puts()，gets()函数外，string. h 是一个专门用来处理字符串的头文件，在库 string. h 中，系统还提供了很多与字符串处理有关的字符串处理函数，主要有 strlen，strcmp，strcpy，strncpy，strcat，strlwr，strupr 等。使用这些函数，应当在程序文件的开头加上：

```
#include<string.h>
```

由于篇幅限制，本节只介绍部分常用的字符串处理函数。

1. strlen()

格式：int strlen(参数 1)
参数 1：可以是存储字符串的一维字符数组名或字符串常量。
功能：返回参数 1 中字符串的字符实际个数（不包括'\0'）。
例如：

```
char s1[]="I love C"
printf("%d",strlen(s1));   //输出的结果为 8，为字符数组的'\0'之前的字符数目
```

2. strcmp()

格式：int strcmp(参数 1,参数 2)
参数 1：可以是存储字符串的一维字符数组名或字符串常量。
参数 2：可以是存储字符串的一维字符数组名或字符串常量。

功能：把参数 1 中的字符串 1 与参数 2 中的字符串 2 逐个按字符的 ASCII 进行比较，直到出现不同的字符或同时遇到'\0'为止。函数返回值取决于第 1 次出现不同字符的比较情况。如果字符串 1 中的大，则返回一个正整数；如果字符串 1 中的小，则返回一个负整数；如果两字符串完全相同，则返回 0。

例如：

```
strcmp("English","english")   返回小于 0 的负数
strcmp("English","English")   返回 0
strcmp("English","Eng")       返回大于 0 的正数
strcmp("English","Engm")      返回小于 0 的负数
```

注意：两个字符串不能直接用关系运算符进行大小比较。

```
if("English"<"Math")              //直接用关系运行符进行字符串比较是错误的
if(strcmp("English","Math")<0)    //这才是正确的字符串比较方式
```

3. strcpy()

格式：strcpy(字符数组 1,参数 2)
参数 2：可以是存储字符串的一维字符数组名或字符串常量。
功能：把参数 2 中的字符串或字符串常量复制到字符数组 1 中。
例如：

```
char s1[40]="I love English";
char s2[]="I love C";
strcpy(s1,s2);   //须保证 s1 的长度能存储字符串 2
printf("%s",s1);   //输出字符串"I love C"
strcpy(s1,"I love Math.");   //复制字符串常量
printf("%s",s1);   //输出字符串"I love Math."
```

4. strncpy()

格式：strncpy(字符数组 1,参数 2,n)
参数 2：可以是存储字符串的一维字符数组名或字符串常量。
功能：把第 2 个参数对应字符串中的前 n 个字符复制到字符数组 1 中，取代字符数组 1 中原来的前 n 个字符，但要注意复制的字符数不应多于字符数组 1 中原有字符串的长度。
例如：

```
char s1[40]="I love English";
char s2[]="I hate C";
strncpy(s1,s2,6);
printf("%s",s1);  //输出字符串"I hate English"
```

5. strcat()

格式：strcat(字符数组 1,参数 2)
参数 2：可以是存储字符串的一维字符数组名或字符串常量。
功能：把参数 2 中的字符串连接到字符数组 1 中的字符串后面，形成新的字符串并存储在字符数组 1 中。
例如：

```
char s1[40]="I love C";
char s2[]="and English";
strcat(s1,s2);        //须保证 s1 的长度能存储连接后的新字符串
printf("%s",s1);      //输出字符串"I love C and English"
```

6. strlwr

格式：strlwr(字符数组名)
功能：把字符数组中字符串里面的大写字母转为小写字母。
例如：

```
char dm[100]="ABcDe";
strlwr(dm);
printf("%s",dm);  //输出结果为 abcde
```

7. strupr

格式：strupr(字符数组名)
功能：把字符数组中字符串里面的小写字母转为大写字母。
例如：

```
char dm[100]="ABcDe";
strupr(dm);
printf("%s",dm);  //输出结果为 ABCDE
```

【例 7.19】 输入 5 个不含空格的字符串（长度不超过 10），输出其中最大的字符串。
思路解析： 利用二维数组的一行可存储一个字符串的原理，通过循环利用 scanf 函数给

二维数组赋字符串，利用 string. h 提供的 strcmp 函数对二维数组中的字符串按打擂法找出最大的字符串的行下标。

源程序：

```
#include<stdio.h>
#include<string.h>
#define N 5
int main(void)
{
    char stuName[N][11];
    int i,max;
    printf("请输入%d 个字符串:\n",N);
    for(i=0;i<N;i++)
        scanf("%s",stuName[i]);
    max=0;          //max用来存储最大字符串对应的二维数组的行下标
    for(i=1;i<N;i++)
    {
        /*将 max 下标对应行与当前第 i 行的字符串进行比较*/
        if(strcmp(stuName[max],stuName[i])<0 )   //如果 max 行里的字符串小
            max=i;  //则把 max 换成当前更大的字符串所在行的下标 i
    }
    /*循环结束后,max 里保留下来的就是最大字符串所在的行下标*/
    printf("最大字符串:%s",stuName[max]);   //利用 max 下标输出最大字符串
    return 0;
}
```

运行结果：

请输入 5 个字符串：

China↙

Japan↙

Russia↙

France↙

America↙

最大字符串:Russia

说明：stuName 是二维字符数组，stuName[i]等同于一个一维字符数组，可以用在任何处理字符串的函数中需要一维数组名的地方。

7.5 数组程序设计举例

【例 7.20】 读入多个学生（学生人数最多不超过 50）成绩并存放到数组中（当输入成绩

为负值时结束成绩录入)，然后输出实际总人数，并统计其中 60 分以下、60 到 89 分，90 到 100 分各分段的学生人数。

思路解析：将数组中每个元素的值进行区间判断，将其所属分段的学生人数计数加 1。

源程序：

```
#include<stdio.h>
#include<string.h>
#define N 50
int main(void)
{
    int studata[N];
    int high_90=0,high_60=0,lower_60=0;   //用于计数各分段的人数
    int i,stu_num,score;
    memset(studata,0,sizeof(int)*N);   //将 studata 的前 N 个整数置 0
    printf("输入各学生成绩:");
    for(i=0;i<N;i++)
    {
        scanf("%d",&score);
        if (score<0)             //成绩小于 0 时,利用 break 结束成绩输入循环
        {
            stu_num =i;          //此时 i 正好是前面已录入成绩的人数
            break;               //利用 break 跳出 for 循环
        }
        studata[i]=score;        //将有效成绩放到数组元素中
    }
    for(i=0;i<stu_num;i++)   //对录入的成绩进行区间统计
    {
        if(studata[i]<60)
            lower_60++;          //统计不及格的人数
        else if(studata[i]>=60 && studata[i]<90)
            high_60++;           //统计 60 分到 89 分的人数
        else
            high_90++;           //统计 90 分到 100 分的人数
    }
    printf("统计结果:实际共有%d 个学生,其中:",stu_num);
    printf("%d 人不及格; \n%d 人在 60~90 之间; \n%d 人在 90~100 之间\n",
lower_60,high_60,high_90);
    return 0;
}
```

说明：memset(void * s, int c, unsigned long n)函数有三个参数，第 1 个参数表示某个起始地址（本例中数组名 studata 指向数组存储空间的起始地址），第 2 个参数表示用于初始的值，第 3 个参数表示初始化的空间长度。函数执行后将从指定地址开始的前 n 个字节的内存单元用一个“整数”c 替换，即从起始地址开始的每个字节都是“整数”c。在平常使用中，c 的值通常采用 0。memset()在头文件<string.h>或<memory.h>中。

【例 7.21】 读入一行有空格的字符（最多 127 个字符），统计并分别显示 26 个英文字母（不区分大小写）出现的次数。

思路解析：利用某个大写字母的 ASCII 与'A'的差值，正好对应这个大写字母在大写字母表中的相对位置，利用这个差值作下标去修改计数数组中的数组元素，从而实现各个大写字母计数统计，小写字母依次类推。'A'+i 正好是'A'后面第 i 个大写字母的 ASCII，小写字母依次类推。

源程序：

```
#include<stdio.h>
void Letter(char str[],int num[]);//对字符数组 str 进行字母计数,并存入到 num 数组
int main(void)
{
    int i,lnum[26]={0};
    char ch1,ch2,stra[128]={'\0'};
    printf("请输入一行字符:");
    gets(stra);
    Letter(stra,lnum);
    printf("统计结果为:\n");
    for(i=0;i<26;i++)
    {
        if(lnum[i]!=0)
        {
            ch1='A'+i;   //'A'+i:对应 i 位置上的大写字母的 ASCII
            ch2='a'+i;   //'a'+i:对应 i 位置上的小写字母的 ASCII
            printf("%c%c-%d\n",ch1,ch2,lnum[i]);
        }
    }
    return 0;
}
void Letter(char str[],int num[])
{
    int i,j;
    for(i=0;str[i]!='\0';i++)   //没有遇到字符串结尾则继续
```

```
        {
            if(str[i]>='A'&&str[i]<='Z')   //统计大写字母
            {
                j=str[i]-'A';  //差值j正好对应str[i]在大写字母表中的相对位置
                num[j]++;  //把对应位置的计数值加1
            }
            else if(str[i]>='a'&&str[i]<='z')  //统计小写字母
            {
                j=str[i]-'a';  //差值j正好对应str[i]在小写字母表中的相对位置
                num[j]++;  //把对应位置的计数值加1
            }
        }
    }
```

请输入一行字符：China is great!
统计结果为：
Aa-2
Cc-1
Ee-1
Gg-1
Hh-1
Ii-2
Nn-1
Rr-1
Ss-1
Tt-1

【例7.22】输入5个不含空格的字符串（长度不超过10字符），按从大到小的顺序输出字符串。

思路解析：在main函数中完成字符串输入到二维字符数组中，然后利用二维数组传参，调用Sort函数对二维字符数组中的字符串采用冒泡法进行排序，再在main函数中对排序后的字符串进行输出。

源程序：

```
#include<stdio.h>
#include<string.h>
#define N 5
void Sort(char st[][11],int row);                // Sort 函数定义
int main(void)
{
```

```
    char stuName[N][11];
    int i;
    printf("输入%d 个字符串\n",N);
    for(i=0;i<N;i++)        //读入 N 个字符串
        scanf("%s",stuName[i]);     //stuName[i]
    Sort(stuName,N);      //调用自定义 Sort 函数对 N 个字符串进行排序
    printf("从大到小排序后的%d 个字符串\n",N);
    for(i=0;i<N;i++)        //输出 N 个字符串
        printf("%s\n",stuName[i]);
    return 0;
}
void Sort(char st[ ][11],int row)
{
    int i,j;
    char tmp[11];      //声明临时数组 tmp,用于暂存字符串
    for(i=0;i<row-1;i++)       //使用冒泡法排序
    {
        for(j=0;j<row-(i+1);j++)
        {
            if(strcmp(st[j],st[j+1])<0)   //如果前面的字符串比后面的小,则交换
            {
                strcpy(tmp,st[j]);   //调用 strcpy 将字符串从 st[j]复制到 tmp
                strcpy(st[j],st[j+1]);   //把字符串从 st[j+1]复制到 st[j]
                strcpy(st[j+1],tmp);   //把字符串从 tmp 复制到 st[j+1]
            }
        }
    }
}
```

运行结果：

输入 5 个字符串：

China↙

Japan↙

Russia↙

France↙

America↙

从大到小排序后的 5 个字符串：

Russia

Japan
France
China
America

说明：C没有定义两个字符串之间进行运算的运算符，因此字符串的大小比较和复制都需要通过调用库函数或自己编写的函数/程序来实现，本例是调用库函数 strcmp 与 strcpy 对存放在数组中的字符串进行比较和复制操作。

【例 7.23】输入一个班（人数不超过 50）的学生的姓名（不超过 10 个字符）和成绩（整数），统计全班的平均成绩，并将学生按成绩从高到低排序并输出（同时输出姓名和成绩），最后输出成绩最高的学生的姓名和成绩。

要求：输入数据时，姓名与成绩之间用空格分隔，当学生的姓名为“#”时，结束学生数据录入。

思路解析：定义二维字符数组 stuName 和一维整数数组 stuScore 用于存放每个学生的姓名与成绩。分别编写 5 个函数来实现程序的相关功能：dataInput()函数实现对 stuName 数组和 stuScore 数组的数据输入，并返回有效学生的人数；aveScore()函数对学生的成绩求平均；sort()函数采用选择排序法实现按成绩从高到低排序，在排序的过程中需要同时调整 stuName 和 stuScore 在数组中的位置，这样才能保证变动成绩在数组中的位置时，姓名与成绩的对应关系不变；output()输出 stuName 和 stuScore 数组内容；highStu()利用排序后的数据输出最高分数的学生与成绩，只是要考虑最高分不止一个的情况。在 main()函数中调用上述函数实现相关功能。排序算法采用选择排序法。

源程序：

```
#include<stdio.h>
#include<string.h>
int DataInput(char stuName[][11],int stuScore[]);
float AveScore(int stuScore[],int stuNumber);
void Sort(char stuName[][11],int stuScore[],int stuNumber);
void Output(char stuName[][11],int stuScore[],int stuNumber);
void HighStu(char stuName[][11],int stuScore[],int stuNumber);
int main(void)
{
    char stuName[50][11];             //存放每个学生的姓名
    int stuScore[50];                 //存放每个学生的成绩
    int stuNumber;                    //存放总的学生人数
    int i,j;
    float aveS;
    stuNumber=DataInput(stuName,stuScore);     //输入姓名和成绩
    aveS=AveScore(stuScore,stuNumber);      //对已有学生求平均成绩
    printf("\n 班平均成绩为：%5.2f\n",aveS);
```

```
        Sort(stuName, stuScore, stuNumber);     //对已有学生按成绩排序
        printf("\n 按成绩从高到底进行排序:\n");
        Output(stuName, stuScore, stuNumber);      //输出排序后的数据
        printf("\n 成绩最高的学生:\n");
        HighStu(stuName, stuScore, stuNumber);      //输出最高学生的姓名与成绩
        return 0;
    }
    int DataInput(char stuName[][11], int stuScore[])
    {
        int stuNum=0;
        char sName[11];
        int sScore;
        int i;
        printf("请输入第%d 个同学的姓名和成绩:", stuNum+1);
        scanf("%s %d", sName, &sScore);
        while(strcmp(sName, "#")!=0)      //姓名不等于"#"则为有效数据
        {
            strcpy(stuName[stuNum], sName);      //复制姓名到 stuName 数组
            stuScore[stuNum]=sScore;   //复制成绩到 stuScore 数组
            stuNum++;   //修改已录入数据的人数
            printf("请输入第%d 个同学的姓名和成绩:", stuNum+1);
            scanf("%s %d", sName, &sScore);
        }
        return stuNum;
    }
    float AveScore(int stuScore[], int stuNumber)
    {
        float aveS=0;
        int i;
        for(i=0;i<stuNumber;i++) //对成绩进行求和
            aveS=aveS+stuScore[i];
        if(stuNumber!=0)            //没有学生不求平均
            return aveS/stuNumber;
        else
            return 0;
    }
    void Sort(char stuName[][11], int stuScore[], int stuNumber)
    {
```

```
    int scoreTmp;
    char nameTmp[11];
    int i,j,k;
    for(i=0;i<stuNumber-1;i++)      //外层循环的次数为元素的个数减 1
    {
        k=i;
        for(j=i+1;j< stuNumber;j++)     //内层循环次数为 i 后面元素的个数
        {
            if(stuScore[k]<stuScore[j])
                k=j;
        }
        if(k!=i)
        {
            /* 交换 i 和 k 的学生成绩 */
            scoreTmp=stuScore[k];
            stuScore[k]=stuScore[i];
            stuScore[i]=scoreTmp;
            /* 交换 i 和 k 的学生姓名,因为姓名是字符串,需要使用字符串函数 */
            strcpy(nameTmp,stuName[k]);
            strcpy(stuName[k],stuName[i]);
            strcpy(stuName[i],nameTmp);
        }
    }
}
void Output(char stuName[][11],int stuScore[],int stuNumber)
{
    int i;
    printf("姓名成绩:\n");
    for(i=0;i<stuNumber;i++)      //输出下标 0 到 stuNumber-1 的学生信息
        printf("%-8s%d\n",stuName[i],stuScore[i]);
}
void HighStu(char stuName[][11],int stuScore[],int stuNumber)
{
    int max=stuScore[0];      //因为已经从高到低排序,0 下标的成绩最高
    int i=1;
    while(max==stuScore[i])      //统计最高分数的学生人数
        i++;
    Output(stuName,stuScore,i);   //输出前 i 个学生的信息
}
```

运行结果：

请输入第 1 个同学的姓名和成绩:ye1　89
请输入第 2 个同学的姓名和成绩:ye2　98
请输入第 3 个同学的姓名和成绩:ye3　78
请输入第 4 个同学的姓名和成绩:ye4　89
请输入第 5 个同学的姓名和成绩:ye5　98
请输入第 6 个同学的姓名和成绩:ye6　93
请输入第 7 个同学的姓名和成绩:＃　0
班平均成绩为:　90.83
按成绩从高到低进行排序:
姓名　　成绩
ye2　　98
ye5　　98
ye6　　93
ye4　　89
ye1　　89
ye3　　78
成绩最高的学生:
ye2　　98
ye5　　98

习题 7

1. 输入 m 个浮点数，然后按升序进行排序并输出。
2. 输入 10 个整数，找出与平均值最接近的数并输出。
3. 找出二维数组中的最大值和最小值，并给出对应下标值。
4. 输入一个 m 行 n 列的矩阵，输出各行与各列的元素之和。
5. 输入 3 个字符串，找出其中最大的字符串。
6. 自编写字符串复制函数（功能与 strcpy 完全一样）。
7. 编程将一个输入的 ASCII 数字串转换成对应的整数（数字串对应的数的范围不超过 32 位整数的值的范围）。

第 8 章　指　针

在第 2 章中已经简单地介绍了指针类型的数据，第 6 章简要讲解了指针变量作函数的参数。指针是 C 语言中的一个重要概念，也是 C 语言的特色，掌握指针的用法，可使程序更高效、更灵活、更简洁，本章将系统讲解指针的使用。

8.1　指针的基本概念

1. 内存地址

计算机中，所有的数据都存放在存储器的内存单元中。一个内存单元为一个字节，即 8 个比特位。为了正确地访问这些内存单元，需要为每个内存单元编号，根据一个内存单元的编号即可准确地找到该内存单元。内存单元的编号称为该内存单元的“地址”。例如，4G 内存中每个字节的编号（以十六进制表示），最小地址为 0，地址从 0 开始依次增加，最大地址为 0xFFFFFFFF，如图 8−1 所示。

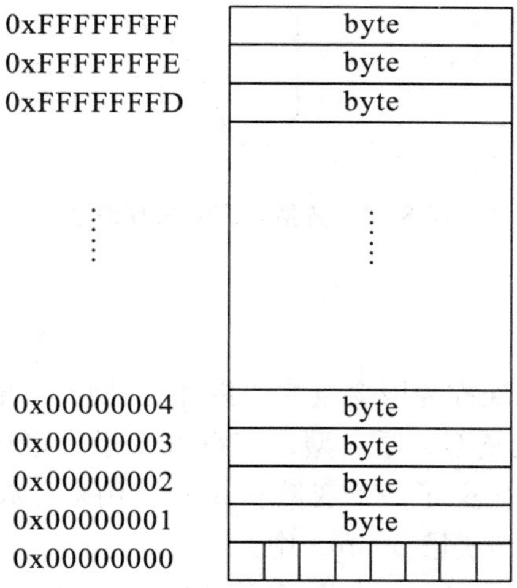

0xFFFFFFFF	byte
0xFFFFFFFE	byte
0xFFFFFFFD	byte
……	……
0x00000004	byte
0x00000003	byte
0x00000002	byte
0x00000001	byte
0x00000000	

图 8−1　内存单元地址

所有对内存单元的访问都是通过内存单元地址进行的。

注意：内存单元的地址和内存单元的内容是两个不同的概念。假设程序中定义了整型变量 i，并赋值为 3，编译时系统分配 0x00000001、0x00000002、0x00000003、0x00000004 四个连续字节空间给变量 i，此时四个内存单元的编号为内存单元的地址，其中存放的数据 3 即是该内存单元的内容。可以将内存比作一栋有多个房间可以存放各种物品的建筑楼，每个房间都有对应的编号，编号即为房间地址，而房间里存放的物品为房间内容。

2. 变量与变量地址

在程序中定义了一个变量，在对程序进行编译时，系统给该变量分配内存单元，编译系统根据程序中定义的变量类型分配一定长度的空间。例如，Visual C++为整型变量分配 4 个字节的内存空间，为字符型变量分配 1 个字节的内存空间。

例如，定义了三个整型变量 i，j，k，在程序编译时，系统可能将 2000-2004 的四个字节给变量 i，2004-2008 的四个字节给变量 j，2008-2012 的四个字节给变量 k，如图 8-2 所示。2000 是变量 i 在内存中分配空间的首地址，也称为变量 i 的地址，以此类推，2004 是变量 j 的地址，2008 是变量 k 的地址。

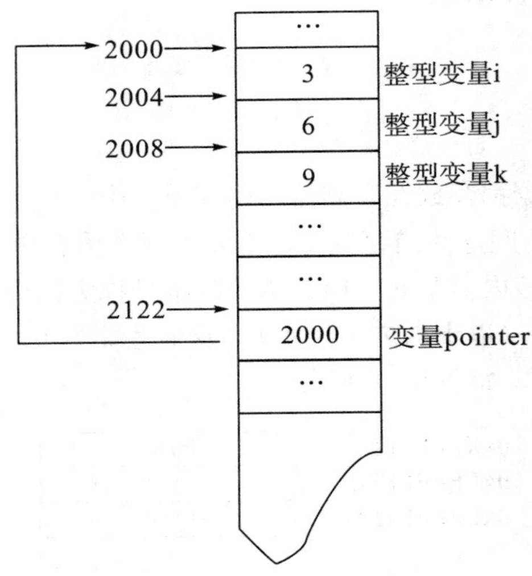

图 8-2　变量对应的内存地址

3. 变量的指针

一个变量在内存中的地址称为该变量的“指针”。例如，地址 2000 是变量 i 的指针。

在 C 语言中，可以定义整型、浮点型、字符型变量，也可以定义一种专门用于存放内存单元地址的变量。假设定义了一个变量 pointer，用来存放变量 i 的地址，可以通过下面语句将变量 i 的地址存放到变量 pointer 中。

pointer=&i;　　//将 i 的地址(2000)存放到 pointer 中

这时，pointer 的值是 2000，即变量 i 所占用单元的起始地址。如图 8-2 所示，也称为变量 i 的指针。

如果有一个变量专门用来存放另一个变量的地址，称为“指针变量”。上述的 pointer 就是一个指针变量。指针变量的值不仅可以是变量的地址，也可以是其他数据结构的地址。例如，一个指针变量可存放一个数组或一个函数的首地址。

4. 直接访问与间接访问

在程序中，对内存单元的访问有两种方式，即直接访问和间接访问。

直接访问是指通过变量名访问该变量在所分配的内存单元里的内容。在程序中，通过变量名对内存单元进行存取操作。事实上，程序在编译后已经将变量名转换成变量的地址，对变量值的存取也是通过地址进行的。

例如，通过下面的语句对变量 i，j，k 进行赋值。

```
i=3;            //将 3 送到 i 所在的地址为 2000-2004 的内存单元
j=6;            //将 6 送到 j 所在的地址为 2004-2008 的内存单元
k=9;            //将 9 送到 k 所在的地址为 2008-2012 的内存单元
```

这种直接按变量名进行的访问，称为“直接访问”。

也可以“间接访问”，即先找到存放变量 i 的地址变量 pointer，从其中得到变量 i 的地址 2000，然后找到地址从 2000 开始的存储单元进行读写，如图 8－2 所示。

```
*pointer=3;    //将 3 赋给指针变量 pointer 所指向的地址为 2000-2004 的内存单元
```

8.2　指针变量

由 8.1 节我们知道指针即是地址，而变量的指针即是变量的地址，存放变量地址的变量就是指针变量。指针变量可以指向另一个变量，在程序中使用“＊”来表示这种指向关系。

8.2.1　指针变量的定义

如同整型、浮点型、字符型变量一样，指针变量的定义依然遵循先定义后使用的原则，在使用前必须先定义。定义指针变量的一般格式为：

　　基本数据类型＊指针变量名；

其中，基本数据类型简称“基类型”，可以是 int、float、double、char 等基本数据类型中的任何一种。＊表示定义的变量是一个指针变量，类型表示该指针变量所指向变量的数据类型。

例如：

```
int *p;
float *q;
```

这里 p 是指向整型变量的指针变量，q 是指向浮点型变量的指针变量。

指针变量也可以连续定义，例如：

```
int *a, *b, *c;   //a,b,c 三个变量的类型都是 int*，是三个整型指针
```

注意每个变量前面均需带＊。如果写成“int＊a, b, c;”的形式，则表示只有 a 是指针变量，b，c 均为 int 类型的普通变量。

说明：

（1）在32位计算机系统下，定义一个指针变量后，系统将为该指针变量在内存中分配4个连续字节的空间。编译器给指针变量分配的空间大小是系统及编译器决定的，32位计算机下面内存单元的地址为32位，因此会为指针变量分配4个连续字节的空间，不管定义什么类型的指针变量，其空间只用来存地址，均只占4个字节，而该指针变量指向的内存单元里可存放的数据类型才和所定义的指针基本数据类型相关。

（2）定义指针变量之后，应当进行初始化，确定指向某个内存单元，否则指针指向不明，是一件很危险的事情。

（3）定义指针变量时，类型标识符一旦确定就不能改变，如果定义了一个指向整型变量的指针变量，那么它就不能再指向其他类型的变量了。也就是说，一个指针变量只能指向同一种类型的变量。

（4）在定义指针变量时必须指定其基类型。指针变量的“基类型”用来指定该指针变量可以指向的变量的类型。比如，“int * i;”表示指针变量 i 只可以指向 int 型变量，“float * j;”表示指针变量 j 只可以指向 float 型变量。换句话说，“基类型”表示指针变量里面所存放的“变量的地址”所指向的变量的类型。简单来说，以“int * i;”为例，“ * ”表示这个变量是一个指针变量，而“int”表示这个指针变量 i 只能存放 int 型变量的地址。为什么叫基类型，而不直接叫类型呢？因为比如“int * i;”，其中 i 是变量名，i 变量的数据类型是“int * ”型，“int”和“ * ”加起来才是变量 i 的类型，所以 int 称为基类型。“int * i;”表示定义了一个指针变量 i，它可以指向 int 型变量的地址。但此时并没有对它进行初始化，即此时这个指针变量并未指向任何一个变量。此时的“ * ”只表示该变量是一个指针变量，至于具体指向哪一个变量需在程序中指定。如同“int j;”只定义了变量 j，但未给它赋初值一样。因为不同类型的数据在内存中所占的字节数是不同的，比如 int 型数据占4个字节，char 型数据占1个字节。而每个字节空间均有一个地址，比如一个 int 型数据占4个字节，即有4个地址，指针变量所指向的是这四个地址中的是第1个地址，即指针变量里面保存的是它所指向的变量的第1个字节的地址，即首地址。通过所指向变量的首地址和该变量的类型就能知道该变量的所有信息。

8.2.2 指针变量的引用

为了使用指针，C语言提供了两个运算符。

1．取地址运算符 &

在定义了一个指针变量后，只为该指针变量分配了相应的内存单元，而此时这个指针变量的值是不明确的，因此，在使用时，需要首先将指针变量进行初始化，因为指针变量存放的是变量的地址，对指针变量进行初始化即是将某个变量的地址赋给它。

例如：

```
int x=5, * p;
p=&x;    //将 x 的地址赋给了指针变量 p，那么指针变量 p 就指向了 x
```

和其他普通变量一样，指针变量的值也可以变化，例如以下代码：

```
char c='@',d='#';
float a=99.5,b=10.6;
float * p1=&a;          //p1 指向浮点型变量 a
char * p2=&c;           //p2 指向字符型变量 c
p1=&b;                  //p1 指向浮点型变量 b
p2=&d;                  //p2 指向字符型变量 d
```

假设变量 a，b，c，d 的地址分别为 0X1000，0X1004，0X2000，0X2004，p1，p2 指向的变化如图 8－3 所示。

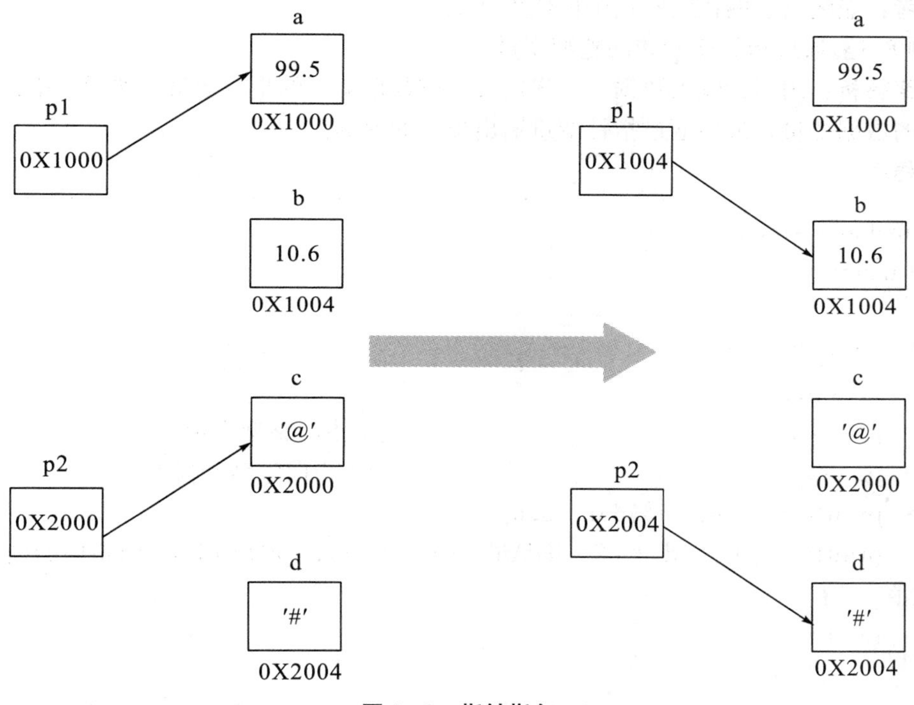

图 8－3　指针指向

2. 指针运算符 *

指针变量存储了数据的地址，因此通过指针变量能够获得该地址对应内存单元里的数据，格式为：

　　* 指针变量名；

这里的 * 称为指针运算符，用来获取指针变量所指向内存单元中的数据，例如：

```
#include<stdio.h>
int main()
{
    int a=3;
    int * p=&a;
```

```
    printf("%d,%d\n",a, * p);
    return 0;
}
```

运行结果：

3,3

* p 代表的是变量 a。也可以将数值赋给它，例如 * p=5;也可以将它赋给另外一个变量 int b= * p;。

思考：能输出 p 的值吗？这个值代表什么？

【例 8.1】通过指针变量访问整型变量。

思路解析：用指针输出数据，首先定义相应数据类型的指针变量，然后让指针变量指向输出的数据变量，最后通过指针变量输出指向的数据。

源程序：

```
#include<stdio.h>
int main()
{
    int a=3,b=4;
    int * p1, * p2;
    p1=&a;                          //p1 指向整型变量 a
    p2=&b;                          // p1 指向整型变量 b
    printf("a=%d,b=%d\n",a,b);
    printf(" * p1=%d, * p2=%d\n", * p1, * p2);//输出 p1,p2 所指向的内存单元
里的数值
    return 0;
}
```

运行结果：

a=3,b=4

p1=3,p2=4

说明：由以上源程序及运行结果来看，用指向变量的指针访问数据和用变量名访问数据效果完全一样。

注意：指针变量在使用前必须进行初始化，如同普通变量在使用前进行初始化一样。指针变量的初始化实际上是给指针变量一个合法的地址，让程序能够清楚地知道指针变量指向哪里。如果一个指针变量没有被初始化，那么它可能指向一个非法地址。实际上，这种情况更严重，程序或许能正常运行，但是这个没有被初始化的指针变量所指向的那个位置的值将会被修改，而用户并无意去修改它。例如：

```
#include<stdio.h>
int main()
{
    int *p;
    *p=1;                    //错误
    printf("%d\n", *p);
    return 0;
}
```

像 p 这样指向不明就使用的指针，称为野指针。在程序中，一定要注意指针变量的初始化。

8.2.3　指针变量作函数参数

同其他类型变量一样，指针变量既可以作为函数形参，也可以用作函数的实参。由于指针变量存放的是变量的地址，因此指针变量作参数时，形参与实参访问的是同一个变量的地址空间，子函数中对形参值的改变同样影响主调函数的实参变量的值。这是普通类型变量（int、float、double、char）作参数不能做到的。

在第 6 章，我们已经学习了使用指针变量作函数的参数将交换算法功能写成函数，这里我们先回顾一下交换算法。

回顾：调用下面的函数为什么不能实现两个数交换？

```
void Swap_bad(float x, float y)
{
    float tmp;
    tmp=x;
    x=y;
    y=tmp;
}
```

【例 8.2】从键盘读入 2 个实数，按从小到大的顺序输出，要求：将两个实数交换的算法写成函数。

源程序：

```
#include<stdio.h>
void Swap(float *px, float *py);
int main()
{
    float a ,b;
    scanf("%f%f", &a, &b);
```

```
    if(a>b)
        Swap(&a, &b);
    printf("a=%.1f,b=%.1f",a,b);
    return 0;
}
void Swap(float * px,float * py)
{
    float tmp;
    tmp= * px;
    * px= * py;
    * py=tmp;
}
```

运行结果：

5.0　3.0

a=3．0，b=5．0

说明：程序中实参必须是 a,b 的地址，Swap()函数中数据的交换过程如图 8-4 所示。

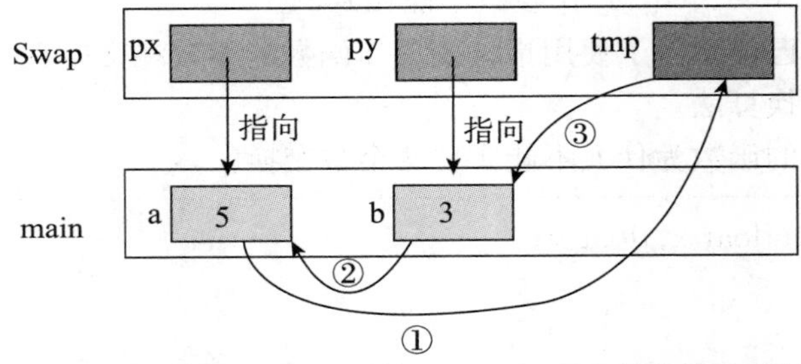

图 8-4　指针变量作函数参数

注意：分析下面程序能否完成两个数的交换，为什么？

```
#include<stdio.h>
void Swap(float * px,float * py);
int main()
{
    float a,b;
    scanf("%f%f",&a,&b);
    if(a>b)
        Swap(&a,&b);
    printf("a=%.1f,b=%.1f",a,b);
    return 0;
```

```
    }
    void Swap _ bad(float * px,float * py)
    {
        float * p;
        p=px;
        px=py;
        py=p;
    }
```

运行结果：

5.0　3.0

a=5.0,b=3.0

说明：以上程序中，参数是指针变量，在 Swap _ bad 函数里，指针变量 p 存放的是指针变量 px 的值，px 的值与 py 的值进行了交换，但是不会改变两个指针变量指向的 a,b 的值，如图 8−5 所示。执行完函数后，a,b 的值按原样输出，而不能达到题目要求的 a,b 的值由小到大的顺序输出。

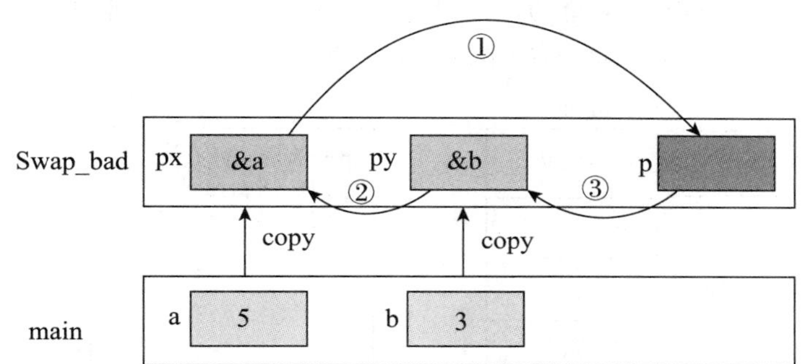

图 8−5　交换指针变量值

8.3　指针与数组

8.3.1　指针与一维数组

在 C 语言中，对数组元素的访问也可以使用指针。一般来说，用指针访问数组元素的程序执行速度较快，但理解起来稍微困难一些。

一个数组包含有多个元素，每个元素在内存中都占有一定的存储空间，因此可以让同类型的指针指向某个数组元素。例如，一个整型数组 int array[10]包含 10 个元素 array[0], array[1], array[2],…，每一个元素都是 int 类型的数据，因此我们也可以定义一个整型的指针变量 p 来指向 array 数组中的任何一个元素。

```
int array[10];
int * p;
p=&array[0];   //p 指向 array 数组中的第一个元素
```

注意：指向数组元素的指针的基类型与数组类型保持一致。

1. 数组元素的引用

对于数组中的元素，以前我们通过数组名加下标的方式进行访问。例如整型数组 int array[10]，访问数组元素 array[i]。需要说明的是，[ ]本身是一个双目运算符，左操作数必须是一个指针类型表达式（数组名就是一个指针常量），同时，[ ]里面必须是整数，源程序在编译时，会将表达式 array[i]转换成 *(array+i)，array+i 等价于 array+i * sizeof（数组基类型），数组名 array 是数组第一个元素的地址，因此 array+i 就是数组第 i 个元素的地址。

除了通过下标运算符访问数组元素外，还可以通过指针变量进行访问。例如，有指针 p 指向 array[i]，访问数组第 i 个元素也可以用 * p；假定指针 p 一开始指向数组第一个元素，即 p=array 或者 p=&array[0]，那么 p+1，也就是 p+1 * sizeof（指针 p 基类型），由于数组元素在内存中是相邻存储的，因此 p+1 是 array[1]的地址；同理，p+2 是 array[2]的地址，…，p+i 是 array[i]的地址，如图 8−6 所示。

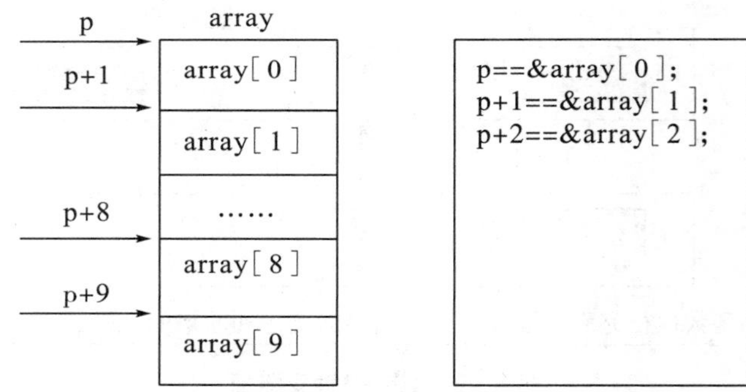

图 8−6　指向一维数组的指针

注意：p+i 与 &array[i]是完全等价的。

说明："指针加 1"中的 1 的大小取决于指针的基类型，它决定了指针跨内存单元的步长。如果基类型是 char，指针加 1 则往后移动 1 个字节，步长为 1；如果基类型是 float，指针加 1 则往后移动 4 个字节，步长为 4；如果基类型是 double，指针加 1 则往后移动 8 个字节，步长为 8。

综上所述，引入指针后，访问数组元素有两种方式：

（1）使用数组名+下标的方式：array[i];。

（2）使用指针：*(array+i)或者 *(p+i)，其中 p 是指向数组第 1 个元素的指针变量，p=array;。

【例 8.3】输出一个包含有 5 个元素的数组中的所有元素。

思路解析：可以采用 array[i]的形式访问数组元素。如果 p 是指向数组 array 的指针，那么也可以使用 p[i]来访问数组元素，它等价于 array[i]。

(1) 下标法。

源程序：

```
#include<stdio.h>
int main()
{
    int array[5]={2,4,6,1,3};
    for(i=0;i<5;i++)
        printf("%d ",array[i]);  //数组元素用数组名+下标的方式表示
    return 0;
}
```

运行结果：

2 4 6 1 3

(2) 计算数组元素地址，访问数组元素。

源程序：

```
#include<stdio.h>
int main()
{
    int array[5]={2,4,6,1,3};
    int *p=array;
    for(i=0;i<5;i++)
        printf("%d ",*(p+i))      //*(p+i)等价于*(array+i),也等价于
array[i]
    return 0;
}
```

运行结果：

2 4 6 1 3

说明：以上程序是使用*(p+i)的形式访问数组元素。另外，数组名本身也是指针，也可以使用*(array+i)来访问数组元素，它等价于*(p+i)。

注意：*(p+i)不能写成*p+i。因为*p+i中运算符“*”的优先级比运算符“+”更高，因此先执行“*”运算，即先执行*p，也就是先取出p所指向的内存单元的数据，然后将该内存单元里的数据加上i，显然这是不对的。

(3) 指针变量指向数组元素。

更改上面代码，借助自增运算符来遍历数组元素。

```
#include<stdio.h>
int main()
{
    int array[5]={2,4,6,1,3};
    int *p;
    for(p=array;p<array+5;p++)
        printf("%d ", *p);
    return 0;
}
```

运行结果：

2 4 6 1 3

说明：上述三种方式都可以访问数组元素，其中第1、2种方式效率相同，第3种方式效率最高，因为自加运算比计算元素地址更快。需要注意的是，p++也可以，因为p是指针变量；而array++则不可以，因为array是指针常量，代表数组的首地址，是固定的。

下标访问方法能更直观地知道目前访问的是第几个元素，而指针访问需要关注指针指向的变化，稍有不慎会导致错误。

【例8.4】使用指针变量输入输出整形数组array的5个元素。

```
#include<stdio.h>
int main()
{
    int a[5], *p,i;
    p=a;
    printf("please input 5 numbers:");
    for(i=0;i<5;i++)
        scanf("%d",p++);
    p=a;
    for(i=0;i<5;i++)
        printf("%d ", *(p++))
    return 0;
}
```

运行结果：

please input 5 numbers：2 4 6 1 3

2 4 6 1 3

2. 一维数组名作函数参数

前面介绍过可以使用数组元素或数组名作函数参数。

【例 8.5】输出一个包含有 5 个元素的数组中的所有元素。

思路解析：子函数实现对数组元素的输出，也就是子函数需要访问主函数数组中每一个元素，因此在函数调用时，需要将数组名作为实参。

源程序：

```
#include<stdio.h>
void output(int array[5],int n);        //或:void output(int array[],int n);
int main()
{
    int array[5]={2,4,6,1,3};
    output(array,5);
    return 0;
}
void output(int array[5],int n)        //或:void output(int array[],int n)
{
    int i;
    for(i=0;i<n;i++)
        printf("%d ",array[i]);
}
```

运行结果：

2 4 6 1 3

说明：实际上无论是 int array[5]还是 int array[ ]，这两种形式的数组定义都是假象，在调用子函数 output 时并不会创建一个数组。我们知道函数调用时，实参和形参的个数及对应的类型必须一致，在调用子函数 output 时的第一个实参为一个一维的整型数组数组名，一维数组数组名代表数组的首地址，本质上是一个指针，因此对应的形参也应该是一个能接收地址的指针变量。

总之，实参为指针时，对应形参本质上是指针变量，形参写成数组的样式只是方便理解成可以访问实参中对应的数组而已，这也是为什么形参“int array[ ]”中“[ ]”的可以不用写数组大小的缘故，因为该形参并不是一个真正的数组，所以有无数组大小说明都可以。

按照函数调用时实参对形参“单向值传递”的原理，实参的值赋给形参，由于这时参数为指针，因此实际上是将主函数中数组的首地址赋给形参，子函数中形参也指向该数组，因此子函数通过形参指针也可以对主函数中数组里的元素进行读写访问。

```
#include<stdio.h>
void output(int *array,int n);
int main()
{
    int array[5]={2,4,6,1,3};
```

```
    output(array,5);
    return 0;
    }
void output(int * array,int n)
{
    int i;
    for(i=0;i<n;i++)
        printf("%d ", * (array+i));
}
```

运行结果：

2 4 6 1 3

说明：在 output 子函数中，输出每个数组元素，可以直接用指针“ * (array+i)”访问数组元素，也可以用指针加下标 array[i]的方式访问，根据[ ]运算符的规则展开，两者是完全等价的。

当然，实参不仅可以是数组名，也可以是指针变量。

```
#include<stdio.h>
void output(int * array,int n);
int main()
{
    int array[5]={2,4,6,1,3};
    int * p=array;
    output(p,5);
    return 0;
}
void output(int * array,int n)
{
    int i;
    for(i=0;i<n;i++)
        printf("%d ", * (array+i));
}
```

运行结果：

2 4 6 1 3

总之，引入指向数组的指针变量后，数组名及指向数组的指针变量作函数参数时，参数有以下四种形式：

(1) 实参、形参均用数组名。

(2) 实参、形参均用指针变量。

(3) 实参用数组名，形参用指针变量。

（4）实参用指针变量，形参用数组名。

实际上，C 语言编译程序均是将形参作为指针变量处理的，因此，这几种形式本质上是一种，即指针变量作函数参数。

8.3.2　指针与二维数组

前面介绍了指针可以访问一维数组里面的元素，同样，通过指针也可以访问二维数组里的元素。

1. 二维数组元素地址

要用指针处理二维数组，首先从存储的角度对二维数组要有正确的认识。二维数组在概念上是二维的，其下标在两个方向上变化。但是，实际的硬件存储器却是连续编址的，也就是说，存储器单元是按一维线性排列的。二维数组在一维存储器里的存储可有两种方式：一种是按行排列，即存放完一行之后顺次存放第二行；另一种是按列排列，即存放完一列之后再顺次存放第二列。在 C 语言中，二维数组是按行排列的。

以二维数组 int a[3][4]为例：

int a[3][4]={{1,2,3,4},{5,6,7,8},{9,10,11,12}};

从逻辑上看，a 是一个 3 行 4 列的矩阵，具体如下：

1　2　3　4

5　6　7　8

9　10　11　12

但在内存中，a 的分布是一维线性的，整个数组占用一块连续的内存：

1	2	3	4	5	6	7	8	9	10	11	12

从内存的角度看，二维数组 a[m][n]其实是由 m 个一维数组组成的，每个一维数组包含 n 个元素。仍以 int a[3][4]为例，假设数组 a 中第一个元素的地址为 1000，数组每个元素分布如图 8−7 所示。

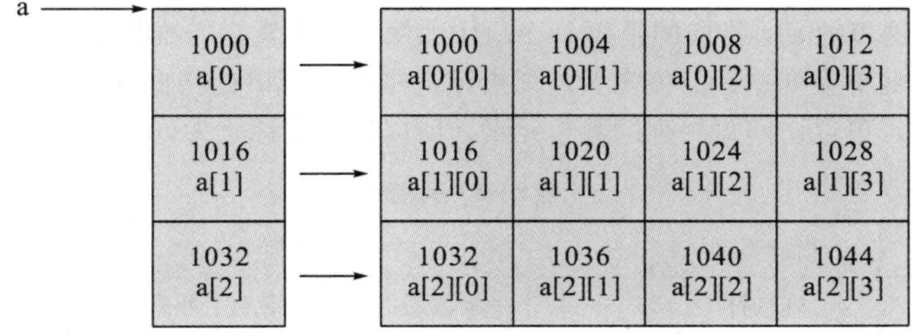

图 8−7　指向二维数组的指针

二维数组 a[3][4]可理解为包含 3 个一维数组，分别为 a[0]，a[1]，a[2]；而每一个一维数组又含有四个元素，例如 a[0]数组，含有 a[0][0]，a[0][1]，a[0][2]，a[0][3]

四个元素，以此类推。

因此，按之前指针访问一维数组的视角看，a 是数组名，a[0]，a[1]，a[2]是数组元素，所以 a 等价于 &a[0]，a+1 等价于 &a[1]，a+2 等价于 &a[2]；a[0]等价于 * a，a[1]等价于*(a+1)，a[2]等价于*(a+2)。即 a+i 等价于 &a[i]，a[i]等价于 * (a+i)。

需要注意的是，这里的每个元素 a[0]，a[1]，a[2]并不是一个简单类型（int、float、double、char）的元素，而是一个包含有 4 个元素的一维数组。也就是说，指针 a+i 指向的不是一个简单类型的变量，指向的是一个包含有 4 个整型元素的一维数组。指向一维数组的指针称为行指针，如表 8−1 所示。

表 8−1　行指针

表示形式	指针类型	含　　义
a 或者 a+0	行指针	指向第 0 行
a+1	行指针	指向第 1 行
a+2	行指针	指向第 2 行

行指针定义的基本格式为：

类型标识符（ * 指针变量名)[长度]；

例如：

```
int a[3][4];
int  (*p)[4];
p=a;          //行指针 p 指向二维数组 a 的第一行
```

p 是一个指向包含有 4 个元素的一维整型数组。需要注意的是，* p 必须加括号，否则 p 就变成了指针数组（因为[ ]运算符的优先级比 * 运算符的优先级更高）。另外，在赋值时需要注意类型的匹配，p 是行指针，所以 p=a;是对的，p=&a[0];也可以；但 p=a[0];是错误的，p=a[0][0];也是错误的。

同理，对 a[0]数组，含有 a[0][0]，a[0][1]，a[0][2]，a[0][3]四个元素，因此，可以将 a[0]看作数组名，a[0][0]，a[0][1]，a[0][2]，a[0][3]是数组名加下标，是数组元素，因此，a[0]等价于 &a[0][0]，a[0]+1 等价于 &a[0][1]，……；a[0][0]等价于 * a[0]，a[0][1]等价于 * (a[0]+1)，……。即 a[i]+j 等价于 &a[i][j]，a[i][j]等价于 * (a[i]+j)。这里的 a[i]指向的是第 i+1 行中的第一个元素。二维数组中，指向某个具体数组元素的指针称为列指针。事实上，列指针就是前面所讲的指向简单类型变量的指针，在二维数组中，可以访问每一列的数组元素，所以形象地称之为列指针，如表 8−2 所示。

表 8−2　列指针

表示形式	指针类型	含　　义
a[0]	列指针	一维数组的名称，第 1 个元素 a[0][0]的地址
a[0]+1	列指针	第 1 行第 2 个元素的地址
a[0]+2	列指针	第 1 行第 3 个元素的地址
a[0]+3	列指针	第 1 行第 4 个元素的地址

由上面描述可知，行指针可以和列指针互相转换：a+i为行指针，a[i]为列指针；行指针a+i在其前面加上*便为列指针，即*(a+i)是列指针，等价于a[i]；同理，列指针也可以转换为行指针，在列指针前面加&运算符，即&a[i]等价于a+i，如表8-3所示。

表8-3 列指针转换为行指针

列指针	转换成行指针	含 义
a[0]	&a[0]	指向第1行的第1个元素a[0][0]
a[1]	&a[1]	指向第2行的第1个元素a[1][0]
a[2]	&a[2]	指向第3行的第1个元素a[2][0]
a[3]	&a[3]	指向第4行的第1个元素a[3][0]

注意：行指针是不能直接访问具体的二维数组元素的，如果要访问数组元素，必须将行指针转换为列指针，如表8-4所示。

表8-4 行指针转换为列指针

行指针	转换成列指针	含 义
a或a+0	*a	指向第一行
a+1	*(a+1)	指向第二行
a+2	*(a+2)	指向第三行

注意：a虽然从数值上讲是1000，是二维数组中第一个元素的地址，也就是说，a的数值等于a[0]的数值，等于&a[0][0]的数值；但a+1的数值不等于a[0]+1的数值，也不等于&a[0][0]+1的数值 。因为指针加1为多少，取决于步长，而指针步长取决于指针的类型。a是指向包含有4个元素的一维整型数组的行指针，步长为16个字节，因此a+1的值是1016，也就是指向二维数组a中的第二行了。正因如此，所以形象地称之为行指针。a[0]是列指针，指向a[0][0]，因此其步长为4，加1为1004，指向a[0][1]。&a[0][0]步长为4，加1为1004，也指向a[0][1]。

2. 二维数组元素引用

访问二维数组元素a[i][j]，有以下三种方式：

(1) 数组名下标法访问：a[i][j]。

(2) 列指针访问：*(a[i]+j)。

a[i]+j为元素a[i][j]的地址，注意a[i]+j必须加括号，否则“*”的优先级比“+”更高。

(3) 行指针访问：*(*(a+i)+j)。

a+i为第i行的首地址，但仍然是行指针，要访问具体的数组元素a[i][j]，必须将行指针转换为列指针，即*(a+i)，*(a+i)等价于a[i]。

【例8.6】使用列指针访问二维数组元素。

源程序：

```
#include<stdio.h>
int main()
{
    int a[3][4]={1,2,3,4,5,6,7,8,9,10,11,12};
    int *p;     // p为列指针
    for(p=a[0];p<a[0]+12;p++)
        printf("%d ", *p);
    return 0;
}
```

运行结果：

1　2　3　4　5　6　7　8　9　10　11　12

说明：程序中p的定义是一个整型指针，可以指向二维数组中任何一个元素，因此可以通过二维数组中元素的地址访问每一个元素。

【例8.7】使用行指针访问二维数组元素。

```
#include<stdio.h>
int main()
{
    int a[3][4]={1,2,3,4,5,6,7,8,9,10,11,12};
    int(*p)[4]; //p为一个行指针,可以指向包含有4个整型元素的一维数组
    p=a;
    int i,j;
    for(i=0;i<3;i++)
        for(j=0;j<4;j++)
            printf("%d", *(*(p+i)+j));
    return 0;
}
```

运行结果：

1　2　3　4　5　6　7　8　9　10　11　12

说明：程序中定义p为一个行指针，指向包含有4个整型元素的一维数组，但行指针如果访问二维数组中的具体元素，必须先将其转换为列指针，即*(p+i)。

【例8.8】一个班有3位学生，每位学生各有4门课成绩保存在一个二维数组中，计算所有同学所有课程的总平均分，查找输出某位学生的全部成绩，查找输出有一门以上课程不及格的学生的全部成绩。

思路解析：计算所有同学所有课程的总平均分需要访问二维数组中的每一个元素，因此可以传一个列指针；查找输出某位同学的成绩，需要访问二维数组中某一行数据，因此传二维数组的行指针更为方便；查找并输出一门以上课程不及格的同学的成绩也是以每行

数据为操作单位，因为也适合以二维数组的行指针作为参数。

源程序：

```
#include<stdio.h>
int main()
{
    void average(float *p,int n);
    void search(float(*p)[4],int n);
    void sear(float(*p)[4],int n);
    float score[3][4]={{70,91,80,97},{89,77,55,94},{65,45,25,89}};
    average(*score,12);
    search(score,2);
    sear(score,3);
    return 0;
}
void average(float *p,int n)
{
    float *a;
    double aver,sum=0;
    for(a=p;a<p+12;a++)
        sum=sum+*a;
    aver=sum/n;
    printf("average=%5.1f\n",aver);
}
void search(float(*p)[4],int n)
{
    printf("The score of no.%d are:",n+1);
    for(int i=0;i<4;i++)
        printf("%5.1f",*(*(p+n)+i));
    printf("\n");
}
void sear(float(*p)[4],int n)
{
    int i,j,flag;
    for(i=0;i<n;i++)
    {
        flag=0;
        for(j=0;j<4;j++)
            if(*(*(p+i)+j)<60)
```

```
            {
                flag=1;
                break;
            }
        if(flag==1)
        {
            printf("NO. %d fails,his scores are:\n",i+1);
            for(j=0;j<4;j++)
                printf("%5.1f", *(*(p+i)+j));
        printf("\n");
        }
    }
}
```

运行结果：

average=73.1
The score of no.3 are:65.0　45.0　25.0　89.0
NO.2 fails,his scores are:89.0　77.0　55.0　94.0
NO.3 fails,his scores are:65.0　45.0　25.0　89.0

3. 指向二维数组的指针作函数参数

前面介绍过二维数组名可以作为函数参数。

【例 8.9】 输出二维数组中的所有元素。

思路解析：子函数实现对数组元素的输出，即子函数需要访问主函数数组中的每一个元素，因此在函数调用时需要将数组名作为实参。

源程序：

```
#include<stdio.h>
void OutputArray(int a[3][4],int m,int n);
int main()
{
    int a[3][4]={1,2,3,4,5,6,7,8,9,10,11,12};
    OutputArray(a,3,4);
    return 0;
}
void OutputArray(int a[3][4],int m,int n)
{
    int i,j;
    for(i=0;i<m;i++)
```

```
            for(j=0;j<n;j++)
                printf("%d ",a[i][j]);
        return 0;
    }
```

运行结果：

1 2 3 4 5 6 7 8 9 10 11 12

形参 int a[3][4]也可以简写为 int a[ ][4]。

```
#include<stdio.h>
void OutputArray(int a[ ][4],int m,int n);
int main()
{
    int a[3][4]={1,2,3,4,5,6,7,8,9,10,11,12};
    OutputArray(a,3,4);
    return 0;
}
void OutputArray(inta[ ][4],int m,int n)
{
    int i,j;
    for(i=0;i<m;i++)
        for(j=0;j<n;j++)
            printf("%d ",a[i][j]);
    return 0;
}
```

运行结果：

1 2 3 4 5 6 7 8 9 10 11 12

说明：实际上无论是 int a[3][4]还是 int a[ ][4]，这两种形式的数组定义都是假象，在调用子函数 OutputArray 时并不会创建一个二维数组。我们知道函数调用时，实参和形参的个数及对应的类型必须一致，在调用子函数 OutputArray 时的第一个实参为一个二维的整形数组数组名，二维数组数组名代表二维数组的首地址，本质上是一个指向包含有 4 个整型数的一维数组的行指针，因此对应的形参也应该是一个指向包含有 4 个整数的一维数组的行指针变量 int(* a)[4]。由于是行指针，所以必须说明行指针指向一维数组元素的个数，因此，如果形参是数组形式，可以写成 int a[3][4]或 int a[ ][4]，但不可以写成 int a[ ][ ]。

```
#include<stdio.h>
void OutputArray(int( * a)[4],int m,int n);
int main()
```

```
{
    int a[3][4]={1,2,3,4,5,6,7,8,9,10,11,12};
    OutputArray(a,3,4);
    return 0;
}
void OutputArray(int( * a)[4],int m,int n)
{
    int i,j;
    for(i=0;i<m;i++)
        for(j=0;j<n;j++)
            printf("%d ",a[i][j]);
    return 0;
}
```

运行结果：

1 2 3 4 5 6 7 8 9 10 11 12

总之，当实参为二维数组名时，形参可以是以下三种中的任意一种：

（1）int a[3][4]　//直接用相同的数组作形参

（2）int a[ ][4]　//可以省略第一维,但第二维不能省略

（3）int （＊a）［4］　//行指针

当然,要访问二维数组中的元素，实参也可以是列指针，如以下代码所示。

```
#include<stdio.h>
void OutputArray(int( * a)[4],int m,int n);
int main()
{
    int a[3][4]={1,2,3,4,5,6,7,8,9,10,11,12};
    OutputArray(a[0],3,4);
    return 0;
}
void OutputArray(int * a,int m,int n)
{
    int i,j;
    for(i=0;i<m;i++)
        for(j=0;j<n;j++)
            printf("%d ",a[i][j]);
    return 0;
}
```

运行结果：

1 2 3 4 5 6 7 8 9 10 11 12

注意：当实参为列指针时，形参数据类型也应该是列指针。

8.4　指针与字符串

8.4.1　字符串的引用

C 语言有两种表示字符串的方法：一种是字符数组，另一种是字符串常量。字符数组可以读取和修改，而字符串常量只能读取，不能修改。

1. 字符数组存放字符串

C 语言中没有字符串的数据类型，通常是用字符数组来存放字符串，比如：

```
char string[]="hello world";
```

【例 8.10】 定义一个字符数组，将字符串“hello world”存放其中，输出该字符串和字符串中的第 4 个字符。

源程序：

```
#include<stdio.h>
int main()
{
    char string[]="hello world!";
    printf("%s\n",string);
    printf("%c\n",string[3]);
    return 0;
}
```

运行结果：

hello world!

l

说明：

“printf("%s\n",string);”中%s 是输出字符串时所用的格式符，在输出项中给出字符指针变量名 string，则系统先输出它所指向的一个字符数据，然后自动使 string 加 1，使之指向下一个字符，然后再输出一个字符……如此直到遇到字符串结束标志'\0'为止。

注意：在内存中，字符串的最后被自动加'\0'，因此在输出时能确定字符串的终止位置。

可以看出，字符数组归根结底仍是一个数组，因此前面讲到的关于指针和数组的规则同样也适用于字符数组。

【例 8.11】 定义一个字符数组，将字符串“hello world”存放其中，通过指针变量输出该字符串和字符串中的第4个字符。

源程序：

```
#include<stdio.h>
int main()
{
    char string[]="hello world!";
    char * str=string;
    printf("%s\n",str);
    printf("%c\n", * (str+3));
    return 0;
}
```

运行结果：

hello world!

l

2. 字符指针指向字符串常量

除了字符数组外，C语言还支持另外一种表示字符串的方法，就是直接使用一个指针指向字符串，例如：

char * str="hello world";

或　char * str;

str="hello world";

【例8.12】通过指针变量输出字符串和字符串中的第4个字符。

源程序：

```
#include<stdio.h>
int main()
{
    char * str="hello world!";
    printf("%s \n",str);
    printf("%c \n", * (str+3));
    return 0;
}
```

运行结果：

hello world!

l

说明：需要注意的是，这里并没有定义一个字符数组存放字符串，“hello world”是一个字符串常量，系统会在内存中为其分配连续的存储空间，因此字符串中的每个字符也有一个内存存储单元地址。计算机将字符串的第一个字符‘h’的地址赋给字符指针变量

str，这样通过指针 str 就可以访问这个字符串常量了，所以一般来说 str 指向该字符串，但事实上是 str 指向字符串的第 1 个字符。由于字符串在内存中的存储是连续的，因此要访问第 4 个字符，在第 1 个字符的地址基础上加上偏移量即可。如第 1 个字符的地址是 str，则第 4 个字符的地址是 str+3。

注意：数组形式与字符指针形式都是字符串的表示形式，但它们的原理不一样，因此在使用时需要注意。比如以下代码段：

```
char string[ ]="abc";  //定义了一个字符数组 string 存放字符串"abc"
char * str="abc";  // 字符指针变量 str 指向字符串常量"abc"的第一个字符
string[0]='A';  //将字符'A'赋给字符数组 string 中的第一个字符,正确
str[0]='A';  //企图修改 str 指向的字符串常量的第一个字符,错误
str="China";  //让 str 指向字符串常量"China"的第一个字符
```

字符数组 string 里的字符是可以修改的，但字符指针 str 指向的是字符串常量，而字符串常量里的字符是不可以修改的，当然，指针变量 str 的指向是可以修改的。

总之，在程序中如果只涉及对字符串的读取，那么字符数组和字符串常量均可以使用。但如果有写入操作，则只能使用字符数组，不能使用字符串常量。

此外，字符指针也需要避免出现指向不明的野指针，例如：

```
char * str;  // 定义了字符指针变量 str
scanf("%s",str);  //从键盘输入一个字符串,放在 str 指向的内存单元中,错误
```

应当在明确 str 指向哪个内存单元后再输入字符串，正确的语句如下所示：

```
char * str,string[10];  // 定义了字符指针变量 str 和字符数组 string
str=string;  //str 指向数组 string 的第一个内存单元
scanf("%s",str);  //从键盘输入一个字符串,放在 str 所指向的内存单元中
```

8.4.2　使用指针变量访问字符串

在实际运用中，使用指针变量访问字符串会更加灵活方便。

【例 8.13】输出一个字符串，前 6 个字符不输出。

源程序：

```
#include<stdio.h>
int main()
{
    char * str="hello world!";        //str 指向字符串"hello world"的第一个字符'h'
    str=str+6;                        //str 指向字符串中的字符'w'
    printf("%s\n",str);
    return 0;
}
```

运行结果：

world!

【例 8.14】 删除一个字符数组中所有数字字符。

思路解析： 可以通过指针访问字符数组中的每一个字符，判断字符是否是数字字符，如果是非数字字符，则将非数字字符依次迁移到字符数组中。

源程序：

```
#include<stdio.h>
int main()
{
    char string[100];
    char *str1, *str2;
    gets(string);
    for(str1=string,str2=str1; *str1!='\0';)
        if( *str1>='0'&& *str1<='9')
            str1++;
        else
        {
            *str2= *str1;
            str1++;
            str2++;
        }
    *str2='\0';
    printf("%s\n", string);
    return 0;
}
```

运行结果：

Hello 12worl74d!

Hello world!

8.5 指针与函数

8.5.1 返回指针的函数

一个函数通过返回值可以带回一个整数、浮点数、字符，也可以带回一个内存单元地址，即指针。这种带回指针值的函数一般定义形式为：

基类型 * 函数名(参数表);

例如：int *a(int x,int y),表明函数 a 返回的是一个指向整数的指针。

【例 8.15】 将一个字符数组中的字符串复制到另一个字符数组中。

源程序：

```
#include<stdio.h>
#include<string.h>
char * strcopy_(char * str1,char * str2)
{
    int i;
    for(i=0;str1[i]!='\0';i++)
    str2[i]=str1[i];
    str2[i]='\0';
    return str2;              //返回 str2 的地址
}
int main()
{
    char str1[30],str2[30], * str;
    gets(str1);
    gets(str2);
    str=strcopy(str1,str2);
    printf("string is:%s \n",str);
    return 0;
}
```

用指针作为子函数返回值时需要注意，由于子函数运行结束后，其内部所有局部变量会被系统回收，不能保证这些临时数据一直有效，因此，函数返回的指针不要指向子函数的局部变量，否则在后续使用过程中可能会导致错误。

8.5.2　指向函数的指针变量

我们知道，C 程序在编译时会为每个函数分配一段连续的内存空间，这段内存空间有一个起始地址，也就是函数的入口地址。事实上，函数名即代表该函数在内存中的入口地址，就如同普通变量名、数组名一样。因此，也可以让指针指向这个函数的入口地址，如同用指针指向整数、浮点数、字符、一维数组一样，只不过这里指向的是一个函数。这种指向函数入口地址的指针，称为函数指针。

函数指针声明方法为：

返回值类型(* 指针变量名)(参数列表)；

注意："返回值类型"说明函数的返回类型，"(* 指针变量名)"中的括号不能省略，括号改变了运算符的优先级。若省略整体则成为一个函数说明，说明一个返回的数据类型是指针的函数。后面的"参数列表"表示指针变量指向的函数所带的参数列表。

例如：int(* p)(int i,int j)；

由于有括号，因此 p 先是与 * 结合，表明 p 是一个指针。这个指针 p 指向的是一个函数，这个函数有两个整型数作参数，函数返回值为整数。如果没有括号就变成了int * p(int i, int j)，那么p就是函数名（该函数有两个整型数作参数，返回一个指向整数的指针），而不是一个指向函数的指针了。

函数指针有两个用途：调用函数和作函数的参数。

（1）调用函数。

有了指向函数的指针变量后，可用该指针变量调用函数，就如同用指针可访问其所指向的变量一样。函数的调用可以通过函数名，也可以通过指向函数的指针。

【例 8.16】 求两个数之和。

源程序：

```
#include<stdio.h>
int sum(int a, int b);
int main()
{
    int result;
    int(*p)(int a, int b)=sum;
    result=(*p)(1,3);        // 等价于 result=sum(1,3);
    printf("%d", result);
    return 0;
}
int sum(int a, int b)
{
    return a+b;
}
```

运行结果：

4

【例 8.17】 有两个整数a，b，由用户输入1，2，3。如果输入1，则求a，b之和；如果输入2，则求a，b之差；如果输入3，则求a，b之积。

思路解析： 由于求两个数的和、差、积都需要两个数作为参数，并且也都有相同类型的返回值，所以这三个操作的函数类型是一样的，因此可以让一个指向该类型的函数指针分别指向这三个函数。

源程序：

```
#include<stdio.h>
int sum(int a, int b);
int minus(int a, int b);
int mul(int a, int b);
int main()
{
```

```
    int(*p)(int i,int j);
    int a=3,b=4,result,n;
    printf("please choose 1,2 or 3:");
    scanf("%d",&n);
    if(n==1)
        p=sum;
    else if(n==2)
        p=minus;
    if(n==3)
        p=mul;
    result =(*p)(a,b);
    printf("计算结果为:%d\n",result);
    return 0;
}
int minus(int a,int b)  //做减法
{
    return a-b;
}
int sum(int a,int b)  //做加法
{
    return a+b;
}
int mul(int a,int b)  //做乘法
{
    return a*b;
}
```

(2) 函数名作为参数。

【例 8.18】 有两个整数 a，b，分别求和、差、积。

源程序：

```
#include<stdio.h>
int sum(int a,int b);
int minus(int a,int b);
int mul(int a,int b);
void counting(int(*p)(int,int),int a,int b);
int main()
{
    int a=3,b=4;
```

```
    counting(sum,a,b);   // 进行加法运算
    counting(minus,a,b);   // 进行减法运算
    counting(mul,a,b);   //进行乘法运算
    return 0;
}
int minus(int a,int b)   // 做减法
{
    return a-b;
}
int sum(int a,int b)   // 做加法
{
    return a+b;
}
int mul(int a,int b)   //做乘法
{
    return a * b;
}
void counting(int( * p)(int,int),int a,int b)
{
    int result=p(a,b);
    printf("计算结果为:%d\n",result);
}
```

运行结果：

计算结果为:7

计算结果为:-1

计算结果为:12

8.6 指针数组与多重指针

8.6.1 指针数组

如果一个数组中的所有元素都是指针，那么我们就称其为指针数组。指针数组首先是一个数组，数组的元素是指针。也就是说，如果数组元素都是相同类型的指针，则称这个数组为指针数组。所谓相同类型的指针，是指指针所指向的对象类型是相同的。

指针数组的定义形式为：

类型名 * 数组名[数组长度]；

例如：int * p[4]；

上述表达式中，由于[ ]的优先级高于 *，因此 p 先与[ ]结合，即 p[4]，这是数组的定义形式，说明 p 是一个包含有 4 个元素的数组。每个元素的类型是前面的 int *，即 p 数组里面的每一个元素都是指向整型变量的指针变量。所以除了数组元素的数据类型是指针，显得比较特别外，指针数组和普通数组在其他方面是一样的。

需要注意的是，指针数组不要与行指针 int(* p)[4]混淆，这里 p 就不是数组名，而是一个指向包含有 4 个整数的一维数组的指针变量。

【例 8.19】 有一个指针数组分别指向三个整型变量，使用指针数组输出这三个整型变量的值。

源程序：

```
#include<stdio.h>
int main()
{
    int a=1,b=2,c=3,i;
    int * arr[3]={&a,&b,&c};
    for(i=0;i<3;i++)
    printf("%3d", * arr[i]);
    return 0;
}
```

运行结果：

1　2　3

说明： arr 是一个指针数组，每个元素可以指向一个整型变量，arr[0]里存的是变量 a 的地址，arr[1]里存的是变量 b 的地址，arr[2]里存的是变量 c 的地址。输出 a 的数值，即通过指针访问 * arr[0]。

【例 8.20】 有一个指针数组分别指向三个字符串，输出这三个字符串。

源程序：

```
#include<stdio.h>
int main()
{
    int i;
    char * pstr[3]={"gain","much","strong"};
    printf("%s\n%s\n%s\n",pstr[0],pstr[1],pstr[2]);
    return 0;
}
```

运行结果：

gain

much

strong

注意：pstr[0]的值是“gain”这个字符串的首地址，即‘g’这个字符的地址。

由此可见，指针数组适合用来指向字符串，使字符串的处理更加灵活高效。

【例 8.21】从键盘输入 5 个字符串，对输入的字符串进行排序。

源程序：

```
#include<stdio.h>
#include<string.h>
#define N 5              //字符串个数
#define LEN 20           //字符串长度
void SortString(char * pStr[],int n);
void PrintString(char * pStr[],int n);
int main()
{
    int i;
    char name[N][LEN];
    char * pStr[N];  //定义一个指针数组
    printf("Input countries names:\n");
    for(i=0;i<N;i++)
    {
        gets(name[i]);
        pStr[i]=name[i];   // pStr[i]指向第 i 个字符串
    }
    SortString(pStr,N);
    printf("Sorted result:\n");
    PrintString(pStr,N);
    return 0;
}
void SortString(char * pStr[],int n)   //形参也是指针数组,也必须是指针数组
{
    char * temp;
    int i,j;
    for(i=0;i<n-1;i++)
        for(j=i+1;j<n;j++)
            if(strcmp(pStr[i],pStr[j])>0)   //交换指向字符串的指针
            {
                temp=pStr[j];
                pStr[j]=pStr[i];
                pStr[i]=temp;
```

```
            }
}
void PrintString(char * pStr[], int n)
{
    int i;
    for(i=0;i<n;i++)
        puts(pStr[i]);
}
```

运行结果:

Input countries names:
China
America
UK
France
Russia
Sorted result:
America
China
France
Russia
UK

说明:一开始指针数组 pStr 中每个指针的指向如图 8-8 所示，在排序过程中，发现两个字符串需要交换时，不挪动字符串，而是交换指向该字符串的指针数值，如图 8-9 所示。最后指针数组 pStr 中每个指针指向的字符串就是由小到大的。

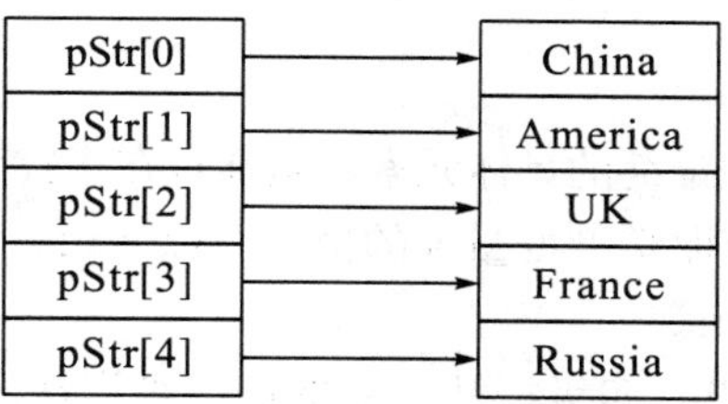

图 8-8　指针数组初始指向

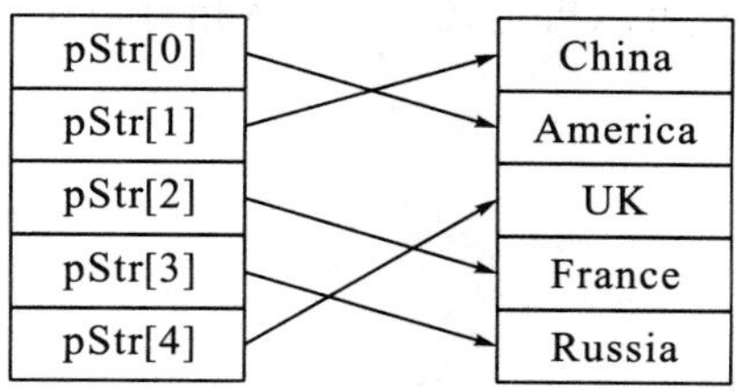

图 8-9　排序后指针数组指向

8.6.2 多重指针

前面介绍了指针数组，如 int * p[5]中 p 是一个包含有 5 个指向整型数指针的一维数组。也就是说，p 数组中每一个元素均为指针，p 作为数组名指向的是第一个元素 p[0]，即 p 所指向的元素也是一个指针。我们把这种指向指针的指针称为二级指针。前面介绍的指向简单类型数据（整型、浮点型、字符型等）的指针称为一级指针。理论上，以此类推，还可以有三级指针、四级指针等，但在实际程序使用中很少有超过二级指针的，因此先以二级指针为例进行说明。

二级指针的定义如下：

基类型 * * 指针变量名；

几级指针，指针变量名前面就有几个“ * ”。以 int ** p 为例，指针变量名前面有两个 * ， * 运算符的结合方向是自右向左，因此等价于 int *（ * p），说明 p 是一个指针变量，并且 p 这个指针变量指向的内存单元里面存放的又是一个指向整型变量的指针。

事实上，这种关系也很简单。比如：有一个 int 类型的变量 a，p1 是指向 a 的指针变量，p1 这个指针变量里存放的是变量 a 的地址，但 p1 这个变量本身系统也为其分配了内存空间，也是有地址的（p1 在内存中的地址为 &p1），因此可以将 p1 的地址存放在另外一个指针变量 p2 中，即 p2 又是指向 p1 的指针变量，如图 8−10 所示。

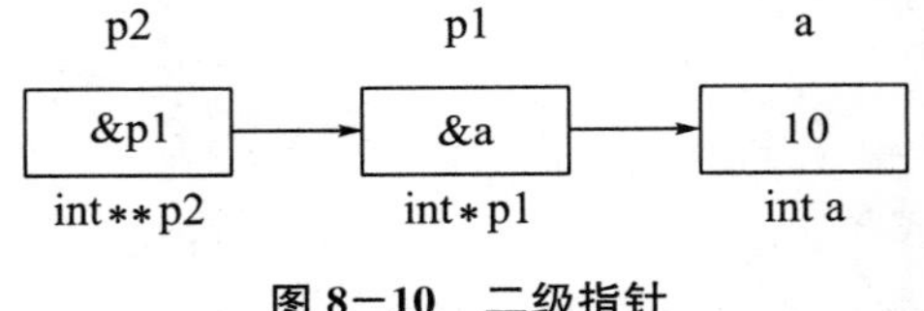

图 8−10　二级指针

这种关系对应的代码如下：

```
int a=10;
int * p1=&a;
int * * p2=&p1;
```

要通过多级指针变量访问最终的具体元素，是通过在指针变量前面加“ * ”运算符实现的。比如，上述例子中，要获取整型变量 a 的值，可以 * p1，也可以 ** p2，因为 ** p2 就是 *(* p2)，而 (* p2) 就是 p1。

同理，可以定义使用三级、四级指针。每增加一级指针，在定义指针变量时就增加一个 * 。p1 是一级指针，指向普通类型的数据，定义时有一个 * ；p2 是二级指针，指向一级指针 p1，定义时有两个 * ；可以再定义一个三级指针 p3，指向 p2；以此类推，如以下代码所示：

```
int a=10;
int * p1=&a;
int * * p2=&p1;
int * * * p3=&p2;
```

同样，获取指针指向的数据时，一级指针加一个 * ，二级指针加两个 * ，三级指针加

三个 *，以此类推。

【例 8.22】通过指向指针的指针输出整型数据。

源程序：

```
#include<stdio.h>
int main()
{
    int a=10;
    int * p1=&a;
    int ** p2=&p1;
    printf("a=%d", ** p2);   //等价于 printf("a=%d", * p1);
    return 0;
}
```

运行结果：

a=10

【例 8.23】通过指向指针的指针输出字符串。

源程序：

```
#include<stdio.h>
int main()
{
    char * pstr[3]={"gain","much","strong"};   //pstr 是一个字符型的指针数组
    char ** ppstr=pstr;   //ppstr 是一个指向字符指针的指针
    printf("%s\n%s\n%s\n",ppstr[0],ppstr[1],ppstr[2]);
    return 0;
}
```

运行结果：

gain

much

strong

说明：从这个例子可以看出，指针数组名本身是一个二级指针常量。

通过前面的学习我们知道，通过一级指针可以修改一级指针所指向内存单元里的内容，那么二级指针则可以修改一级指针的值。

【例 8.24】改变一级指针的指向。

源程序：

```
#include<stdio.h>
int main()
{
```

```
    int a=10,b=6;
    int * p1=&a;                    //p1 指向变量 a
    int ** p2=&p1;
    printf("p2 指向:%d\n", ** p2);
    p1=&b;
    printf("p2 指向:%d\n", ** p2);
    return 0;
}
```

运行结果：

p2 指向:10

p2 指向:6

8.6.3 带参数的 main 函数

C 程序最大的特点就是所有的程序都是用函数来装配的。main()被称为主函数，是所有程序运行的入口。其余函数分为有参或无参两种，均由 main()函数或其他一般函数调用。若调用的是有参函数，则参数在调用时传递。main()函数始终作为主调函数处理。也就是说，允许 main()调用其他函数并传递参数。

事实上，main()函数既可以是无参函数，也可以是有参函数。main()函数带参的形式为：

```
int main(int argc, char * argv[])
{
……
}
```

C 语言规定 main 函数的参数只能有两个，从函数参数的形式上看，包含一个整型和一个字符型的指针数组。argc 和 argv 是 main 函数的形式参数，argc 必须是整型变量，argv 必须是字符型的指针数组。这两个形式参数的类型是系统规定的。如果 main 函数要带参数，只能是这两个类型的参数，否则 main 函数就没有参数。变量名称 argc 和 argv 是常规的命名，当然也可以换成其他名字。

对于有参的形式来说，需要向其传递参数。由于 main 函数是程序执行的入口，不能被其他任何函数调用，所以不可能在程序内部取得实际值。那么，实际参数是如何传递给 main 函数的 argc 和 argv 的呢?

我们知道，C 程序在编译和链接后会生成一个 exe 文件，执行该 exe 文件时，可以直接执行，也可以在命令行下带参数执行。命令行执行的形式为：

可执行文件名称 参数 1 参数 2……参数 n

可执行文件名称和参数、参数之间均使用空格隔开。此格式也称为命令行。命令行中的命令就是可执行文件的文件名，其后所跟参数需用空格分隔，是对命令的进一步补充，也即是传递给 main() 函数的参数。

用如下的例子说明命令行与 main() 函数的参数的关系：

设命令行为：program str1 str2 str3 str4 str5

其中，program 为文件名，也就是一个由 program. c 经编译、链接后生成的可执行文件 program. exe，其后各跟 5 个参数。对带参 main() 函数来说，它的参数 argc 记录了命令行中命令与参数的个数，此例中为 6；指针数组的大小由参数 argc 的值决定，即为 char * argv[6]。

如果按照这种方法执行，命令行字符串将作为实际参数传递给 main 函数。具体为：

(1) 可执行文件名称和所有参数的个数之和传递给 argc，所以上面的 argc=6。

(2) 可执行文件名称（包括路径名称）作为一个字符串，首地址被赋给 argv[0]，参数 1 也作为一个字符串，首地址被赋给 argv[1]，……依此类推。

再比如编译一个程序为 test. exe，则在执行时可以输入：

test. exe China America UK France Russia

这时，在 main 函数里定义的 int main(int argc, char * args[ ])里的 argc=6，就是表示有 6 个参数，分别如下：

args[0]="test. exe";

args[1]="China";

args[2]="America";

args[3]="UK";

args[4]="France";

args[5]="Russia";

如果有下面的程序 test. c：

```
#include<stdio.h>
void main(int argc, char * argv[ ])
{
    printf("You've input %d parameters. \n", argc-1);
    for(int i=1; i<argc; i++)
        printf("%s\n", argv[i]);
}
```

在 Visual C++环境下对程序编译和连接后，选择"工程"→"设置"→"调试"→"程序变量"，输入"China America UK France Russia"，再运行程序，则上面的输入会产生如下运行结果：

China

America

UK

France

Russia

8.7 动态内存分配

8.7.1 什么是动态内存分配

之前我们学习的各种类型数据变量的定义，编译器在编译时都可以根据该变量的类型知道所需内存空间的大小，从而系统在适当的时候为它们分配确定的存储空间。这种内存分配称为静态存储分配。这种内存分配方式有一定的局限性，例如我们定义一个 int 型数组“int score[100];”，在使用数组时总有一个问题困扰着我们：数组应该有多大？在大多数情况下，我们可能并不知道将要定义的这个数组到底有多大，那么就要把数组定义得足够大。这样，程序在运行时就申请了固定大小的我们认为足够大的内存空间。即使我们知道想利用的空间的大小，但是如果因为某种特殊原因使用空间的大小有变化，那么必须重新修改程序以扩大数组的存储范围。这种分配固定大小内存的分配方法称为静态内存分配。但是这种内存分配的方法存在比较严重的缺陷，特别是在处理某些问题时：在大多数情况下，会浪费大量的内存空间；在少数情况下，当我们定义的数组不够大时，可能引起下标越界错误，甚至导致严重后果。

用动态内存分配可以解决如上问题。所谓动态内存分配，是指在程序执行的过程中动态地分配或者回收存储空间的分配方法。这种分配方法不像数组等静态内存分配方法那样需要预先分配存储空间，而是由系统根据程序的需要进行分配，且分配的大小就是程序要求的大小。

从以上比较中可以知道，动态内存分配相对于静态内存分配具有以下优点：

（1）不需要预先分配存储空间。

（2）分配的空间可以根据程序的需要扩大或缩小。

8.7.2 动态内存分配函数

C语言中内存的动态分配是通过系统提供的库函数来实现的，主要包括 malloc、calloc、realloc、free 这四个函数。其中，malloc 单纯地从系统中申请固定字节大小的内存，calloc 能以类型大小为单位申请内存并且初始化，realloc 用于重置内存大小，free 释放申请的内存空间。四个函数声明在 stdlib. h 头文件中，使用时需要＃include＜stdlib. h＞。下面分别介绍每个函数的使用。

1. malloc 函数

其函数原型为：

```
void * malloc(unsigned int size);
```

其作用是在内存的动态存储区中分配一个长度为 size 的连续空间。其参数是一个无符号整型数，返回值是一个指向所分配的连续存储域的起始地址的指针，该指针不指向任何类型的数据，只是一个地址。因为 malloc 函数只是负责申请一定大小的连续内存空间，但不关心在申请到的内存空间里存放什么类型的数据，所以只是返回申请空间的起始地址指针，但该指针所指向的数据类型不确定，即 void 类型的指针。当然成功申请到的内存空间中可以存放任何类型的数据，此时需要对 void 类型的指针进行强制类型转换。

必须注意的是，当函数未能成功分配存储空间（如内存不足）时，就会返回一个 NULL 指针。所以在调用该函数时，应该检测返回值是否为 NULL。

2. calloc 函数

其函数原型为：

void * calloc(unsigned int n, unsigned int size);

其作用是在内存的动态存储区中分配 n 个长度为 size 的连续空间。函数返回一个指向分配区域的起始位置的指针，如果分配不成功，则返回 NULL。

采用 calloc 函数可以为一维数组开辟动态存储空间，n 为数组元素个数，每个元素的长度为 size，这就是动态数组。例如：

p=calloc(30,4); //开辟 30 * 4 个字节的临时分配域，把起始地址赋给指针变量 p

需要注意的是，malloc 和 calloc 函数均可以申请指定大小的连续空间，但 calloc 函数在申请后会对所申请的空间逐一进行初始化，效率较 malloc 要低一些。

3. realloc 函数

其函数原型为：

void realloc(void * p, unsigned int new_size);

其功能为修改一个原先已经分配的内存块的大小，可以使一块内存扩大或缩小。也就是通过 malloc 或者 calloc 函数申请好的内存空间，若想改变空间大小，可调用 realloc 重新分配。p 为指向原来申请空间的指针，new_size 为最新需要的容量大小。

当 p 非空时，若 new_size 小于原空间大小，即缩小 p 所指向的内存空间，该内存块尾部的部分内存被拿掉，剩余部分内存的原先内容依然保留。若 new_size 大于原空间大小，需要扩大 p 所指向的内存空间：如果原先的内存尾部有足够的扩大空间，则直接在原先的内存块尾部新增内存；如果原先的内存尾部空间不足，或原先的内存块无法改变大小，realloc 将重新分配另一块 new_size 大小的内存，并把原先那块内存的内容复制到新的内存块上。因此，realloc 后就应该使用 realloc 返回的新指针。

4. free 函数

其函数原型为：

void free(void * p);

其作用是释放指针 p 所指向的动态空间，使这部分空间能被其他变量使用。由于内存区域总是有限的，不能无限制地分配下去，一个程序应尽量节省资源，所以当所分配的内存区域不用时应该要释放，由系统回收以便其他的变量或者程序使用。free 的参数必须是最近一次调用 calloc 或 malloc 或 realloc 函数时的返回值，作用是释放之前动态申请的内存空间。free 函数无返回值。例如：

free(p)； //释放指针变量 p 指向的已分配的动态空间

【例 8.25】 编程输入某班学生某门课的成绩，计算并输出不及格人数并输出不及格成绩。学生人数由键盘输入。

源程序：

```
#include<stdio.h>
#include<stdlib.h>
int main()
{
    void check(int *,int);
    int *p,n,i;
    printf("Students number:");
    scanf("%d",&n);   //输入学生人数
    p=(int *)malloc(n*sizeof(int));   //申请相应人数的内存空间
    if(p==NULL)   //判断申请空间是否成功
    {
        printf("No enough memory!");
        exit(1);
    }
    printf("Input %d score:",n);
    for(i=0;i<n;i++)
    scanf("%d",p+i);
    check(p,n);
    free(p);   //释放申请的内存空间
    return 0;
}
void check(int *p,int n)
{
    int num,i;
    num=0;
    printf("Failed number:");
    for(i=0;i<n;i++)
    if(*(p+i)<60)
        num++;
    printf("%d\n",num);
    printf("They are failed:");
    for(i=0;i<n;i++)
    if(*(p+i)<60)
        printf("%d ",*(p+i));
}
```

运行结果：

Students number：5

Input 5 score：70 80 50 90 45

Failed number：2

They are failed：50 45

8.8　指针小结

8.8.1　指针类型总结

由于本章内容较多，介绍了各种类型的指针，不易掌握，本节对有关指针的知识进行简单的归纳小结及补充。各种类型指针的比较归纳如表 8−5 所示。

表 8−5　各种类型指针的比较归纳

变量定义	类型表示	含　　义
int * p;	int *	p 为指向整型数据的指针变量
int (* p)[4];	int (*)[4]	p 为指向包含有 4 个整型元素的一维数组的指针变量
int * p[4];	int * [4]	p 为指针数组的数组名，该指针数组由 4 个指向整型数据的指针元素组成
int * p( );	int * ( )	p 为返回一个指针的函数，该指针指向整型数据
int (* p)( );	int (*)( )	p 为指向函数的指针，该函数返回一个整型值
int * * p;	int * *	p 是一个二级指针变量，它指向一个指向整型数据的指针变量
void * p;	void *	P 是一个指针变量，基类型为 void，不指向具体的对象

8.8.2　空指针

在 C 语言中，如果一个指针不指向任何数据，我们就称之为空指针，用 NULL 表示。例如：

```
int  * p;
p=NULL;
```

其中 NULL 是一个宏定义，在 stdio. h 被定义为：

```
# define NULL 0
```

NULL 表示地址为 0 的内存单元，在该内存单元中，一般不存放数据。此外，返回指针为 NULL 一般代表错误。

注意：

int ＊p1=NULL;

int ＊p2;

其中，p1 和 p2 是两个不同的概念。p1 是有值的，指向地址为 0 的内存单元；而 p2 的值是不确定的，是一个不安全的野指针。因此，在引用指针变量之前应对其赋值。

8.8.3 void 指针

C 语言还有一种 void 指针类型。可以定义一个指针变量，但该指针变量所指向内存单元里存放的数据类型不确定，即基类型不确定。

例如：

void ＊p=malloc(4);

上述语句通过 malloc 函数申请内存中连续 4 个字节的内存空间，函数返回值为连续 4 个字节内存空间的首地址，但得到的内存空间中目前不确定存放什么类型的数据，只是得到一个地址；如果需要在这 4 个连续内存空间中存放一个整数 5，则可以对指针 p 的类型进行强制转换＊((int＊)p)=5。

注意：void 指针与空指针 NULL 不同，NULL 说明指针不指向任何数据，是“空的”；而 void 指针则实实在在地指向一块内存，只是这块内存中存放什么类型的数据目前不确定。

8.9 指针程序设计举例

【例 8.26】 使用指针读入多个学生（学生人数最多不超过 50）成绩并存放到数组中（当输入成绩为负值时结束成绩录入），然后输出实际总人数，并统计其中 60 分以下、60 分到 89 分、90 分到 100 分各分段的学生人数。

源程序：

```
#include<stdio.h>
#include<string.h>
#define N 50
int main(void)
{
    int studata[N], *p;
    int high_90=0, high_60=0, lower_60=0;   //用于计数各分段的人数
    int i, stu_num, score;
    printf("输入各学生成绩:");
    p=studata;
    for(i=0; i<N; i++)
    {
```

```
            scanf("%d",&score);
            if(score<0)   //成绩小于 0 时,利用 break 结束成绩输入循环
            {
                stu_num=i;   //此时 i 正好是前面已录入成绩的人数
                break;   //利用 break 跳出 for 循环
            }
            *(p+i)=score;   //将有效成绩放到数组元素中
        }
        p=studata;
        for(i=0;i<stu_num;i++)   //对录入的成绩进行区间统计
        {
            if(*(p+i)<60)
                lower_60++;   //统计不及格的人数
            else if(*(p+i)>=60 && *(p+i)<90)
                high_60++;   //统计 60 分到 89 分的人数
            else
                high_90++;   //统计 90 分到 100 分的人数
        }
        printf("统计结果:实际共有%d 个学生,其中:",stu_num);
        printf("%d 人不及格;\n%d 人在 60~90 之间;\n%d 人在 90~100 之间\n",
lower_60, high_60, high_90);
        return 0;
    }
```

【例 8.27】 使用指针输入一个班（人数不超过 50）的学生的姓名（不超过 10 个字符）和成绩（整数），统计全班的平均成绩，并将学生按成绩从高到低排序并输出（同时输出姓名和成绩），最后输出成绩最高学生的姓名和成绩。

要求：输入数据时，姓名与成绩之间用空格分隔，当学生的姓名为“#”时，结束学生数据录入。

源程序：

```
    #include<stdio.h>
    #include<string.h>

    int dataInput(char(*pname)[11],int *pscore);
    float aveScore(int *pscore,int stuNumber);
    void sort(char (*pname)[11],int *pscore,int stuNumber);
    void output(char (*pname)[11],int *pscore,int stuNumber);
    void highStu(char (*pname)[11],int *pscore,int stuNumber);
```

```
int main(void)
{
    char stuName[50][11]; //存放每个学生的姓名
    int stuScore[50]; //存放每个学生的成绩
    int stuNumber; //存放总的学生人数
    float aveS;
    stuNumber=dataInput(stuName, stuScore); //输入姓名和成绩
    aveS=aveScore(stuScore, stuNumber); //对已有学生求平均成绩
    printf("\n 班平均成绩为: %5.2f\n", aveS);
    sort(stuName, stuScore, stuNumber); //对已有学生按成绩排序
    printf("\n 按成绩从高到底进行排序:\n");
    output(stuName, stuScore, stuNumber); //输出排序后的数据
    printf("\n 成绩最高的学生:\n");
    highStu(stuName, stuScore, stuNumber); //输出成绩最高的学生的姓名与成绩
    return 0;
}

int dataInput(char( * pname)[11], int * pscore)
{
    int stuNum=0;
    char sName[11];
    int sScore;
    printf("请输入第%d 个同学的姓名和成绩:", stuNum+1);
    scanf("%s %d", sName, &sScore);
    while(strcmp(sName, "#")!=0)  //姓名不等于"#"则为有效数据
    {
        strcpy( * (pname+stuNum), sName);  //复制姓名到 stuName 数组
        * (pscore+stuNum)=sScore;  //复制成绩到 stuScore 数组
        stuNum++; //修改已录入数据的人数
        printf("请输入第%d 个同学的姓名和成绩:", stuNum+1);
        scanf("%s %d", sName, &sScore);
    }
    return stuNum;
}

float aveScore(int * pscore, int stuNumber)
{
    float aveS=0;
```

```
    int i;
    for(i=0; i<stuNumber; i++) //对成绩进行求和
    {
        aveS=aveS+ *(pscore+i);
    }
    if(stuNumber !=0) //至少有 1 个以上的学生才能作除法求平均
        return aveS/stuNumber;
    else
        return 0;
}

void sort(char (*pname)[11],int *pscore,int stuNumber)
{
    int scoreTmp;
    char nameTmp[11];
    int i,j,k;
    for(i=0; i<stuNumber-1;i++)      //外层循环的次数为元素的个数减 1
    {
        k=i;     //暂且认为 i 下标元素比后面的元素都大
        for(j=i+1; j<stuNumber; j++) //内层循环次数为 i 后面元素的个数
        {
            if( *(pscore+k)< *(pscore+j))
            {
                k=j;
            }
        }
        if(k!= i)
        {
            //交换 i 和 k 的学生成绩
            scoreTmp= *(pscore+k);
            *(pscore+k)= *(pscore+i);
            *(pscore+i)=scoreTmp;
            //交换 i 和 k 的学生姓名,因为姓名是字符串,需要使用字符串函数/
            strcpy(nameTmp, *(pname+k));
            strcpy( *(pname+k), *(pname+i));
            strcpy( *(pname+i),nameTmp);
        }
    }
```

```
}
void output(char (*pname)[11],int *pscore,int stuNumber)
{
    int i;
    printf("姓名    成绩:\n");
    for(i=0; i<stuNumber; i++)
    {
        printf("%-8s%d\n", *(pname+i), *(pscore+i));
    }
}
void highStu(char(*pname)[11],int *pscore,int stuNumber)
{
    int max= *(pscore);        //因为已经从高到低排序,0 下标的成绩最高
    int i=1;
    while(max== *(pscore+i))       //统计最高分数的学生人数
    {
        i++;
    }
    output(pname,pscore,i);   //输出前 i 个学生的信息
}
```

运行结果：

```
请输入第 1 个同学的姓名和成绩：ye1   89
请输入第 2 个同学的姓名和成绩：ye2   98
请输入第 3 个同学的姓名和成绩：ye3   78
请输入第 4 个同学的姓名和成绩：ye4   89
请输入第 5 个同学的姓名和成绩：ye5   98
请输入第 6 个同学的姓名和成绩：ye6   93
请输入第 7 个同学的姓名和成绩：#1    0
班平均成绩为：   90.83
按成绩从高到低进行排序：
姓名            成绩
ye2             98
ye5             98
ye6             93
ye4             89
ye1             89
ye3             78
成绩最高的学生：
```

ye2　　　　98
ye5　　　　98

习题8

本章习题要求用指针进行处理。

1. 从键盘输入两个整型数a，b，交换并输出a，b数值。

2. 有一个包含有10个整型数的数组，分别通过两个子函数找出其中最大数及最小数并输出。

3. 有一个5*5的矩阵，通过子函数找出每行的最大数并输出，以及整个矩阵中的最大数并输出。

4. 有一个包含任意字符的字符数组，将数组中非字母字符删除。

5. 实现将一个字符串拷贝到另一个字符串，函数原型为char * strcopy(char * s1,char * s2)。

6. 从键盘输入五个字符串，利用指针数组对字符串进行升序排列。

第 9 章　自定义数据类型

本章主要介绍 C 语言常用的构造自定义类型。重点介绍其中的结构体类型，具体包括结构体类型与结构体变量的定义，结构体变量的引用与初始化；结构体数组的定义、引用与初始化；指向结构体变量与数组的指针，及用此类指针作函数的参数；链表的思想与主要操作，包括建立、遍历、插入和删除等，在此基础上给出了综合应用举例。此外，本章介绍了其他构造类型，如共用体、枚举类型。最后介绍了用 typedef 定义类型的方法。

9.1　结构体类型

对于处理批量数据，前面已经介绍了数组。但数组只能处理相同类型的数据，这显然不能满足现实需要。比如，要解决的问题是对学校的学生成绩进行管理。学生数据是批量的，其中信息至少包括学号、姓名、性别、各科成绩、总分等。学号可以用整型或字符串表示，根据表示的范围和后续处理的便捷性决定；姓名用字符串表示；性别可以用一个字母，也可以用一个汉字，对应的用一个字符或一个字符串表示；成绩如果全部为正整数，则用无符号整型表示，如果包含小数，则用浮点型表示。

可以看出，这些信息类型多样，如果用前面学的知识，只能每类数据定义一个数组来表示，在进行各种操作时数据难以协同一致，导致低效。比如对学生进行总分排名并显示，单独只对成绩数组进行排序比较容易，但排序后各个学生的次序发生了变化，但表示学生的其他信息的数组次序仍旧保持不变，如何关联保持一致性呢？为了协同一致，当然可以再增加一系列操作进行处理，但实际上系统要进行的操作还有很多，有没有一种方式可以直接让每个学生的信息成为一个整体，操作是直接完成相关信息的整体操作呢？本章要讲的结构体即能很好地解决该问题。

结构体类型是将不同类型数据构成一个整体，其中各个成员的类型由用户自己定义。这样的结构体类型可以继续用来作为数组的基类型，从而有效地解决刚才提出的问题。下面详细介绍结构体变量及结构体数组的定义、引用与初始化等方法。

9.1.1　结构体类型的定义

1. 结构体类型的一般定义

以学生成绩管理为背景，来说明结构体的定义与使用。可以定义结构体类型如下：

struct STU

```
{
    char num[11];        //学号
    char name[20];       //姓名
    char sex[3];         //性别,一个汉字
    float score[5];      //五科成绩
    float totalscore;    //该生的总分
    float avgscore;      //该生的平均分
};
```

由此可见，定义结构体类型的形式为：

```
struct 结构体类型名
{
    成员 1 类型名 成员 1;
    成员 2 类型名 成员 2;
    ……
};
```

说明：

(1)“struct”是关键字，定义结构体类型时必须有，表明在定义结构体类型。

(2)“结构体类型名”由用户自己命名，需符合标识符的命名规则。

(3) 在“{}”中间列出结构体所包含的成员，每个成员除了给出名字，同时给出对应的类型描述，形式完全等同于定义变量，但这里并非定义变量，而是描述该结构体包含的成员名和类型特点。

(4)“}”后的“;”必须有，不能少。

可以看出，这里与前面章节的类型很不同。前面章节使用的类型，如 int，char，float 等均由系统提供，每种类型可表示的数据范围和操作已确定，编程时直接使用，称为系统定义类型。而这里的结构体类型名、成员个数、各成员类型由用户自己确定，称为用户自定义类型。

进行学生成绩管理背景下的结构体是否只能如此定义？比如系统功能包括存储家庭住址，但并没有计算平均成绩功能；再比如性别只用“F”或“M”一个字母表示，而不用汉字；在管理功能中用到的学号多次当作数值进行处理的功能；成绩不止五科，而是十科。此背景的变化，使如上定义的学生信息结构体类型并不合理，可以调整如下：

```
struct STU
{
    int num;             //学号
    char name[20];       //姓名
    char addr[30];       //家庭地址
    char sex[1];         //性别,一个字母
    float score[10];     //十科成绩
    float totalscore;    //该学生的总分
};
```

显然，每个结构类型的定义是根据自己解决问题的实际情况而定的。

2. 定义的结构体类型中成员是其他结构体变量

结构体成员变量可以是另一个结构体变量。例如，学生成绩管理中的学生信息涉及出生日期，则可采用如下定义：

```
struct Date
{
    int year;
    int month;
    int day;
};
struct STU
{
    char num[11];              //学号
    char name[20];             //姓名
    struct Date birthday;      //出生日期
    char sex[3];               //性别,一个汉字
    float score[5];            //五科成绩
    float totalscore;         //该生的总分
    float avgscore;           //该生的平均分
};
```

9.1.2 结构体变量的定义与初始化

前面只是定义了一个结构体类型，系统并不会为类型分配实际的内存空间，但能为属于该类型的变量分配空间。因此，想要使用属于该类型的数据，需要定义属于该类型的变量。具体定义方法有下面四种。

1. 先定义结构体类型，再定义结构体变量

例如：

```
struct STU
{
    char num[11];        //学号
    char name[20];       //姓名
    char sex[3];         //性别,一个汉字
    float score[5];      //五科成绩
};
struct STU student1,student2;
```

说明：

（1）“struct STU”整体为类型名，而不是只有“STU”。

（2）“student1，student2”是属于该类型的两个变量名。

经此定义，系统为 student1 和 student2 两个变量分配内存空间，可以用来存放数据。因为这两个变量属于同一类型，因而分配空间大小相同，如图 9-1 所示。

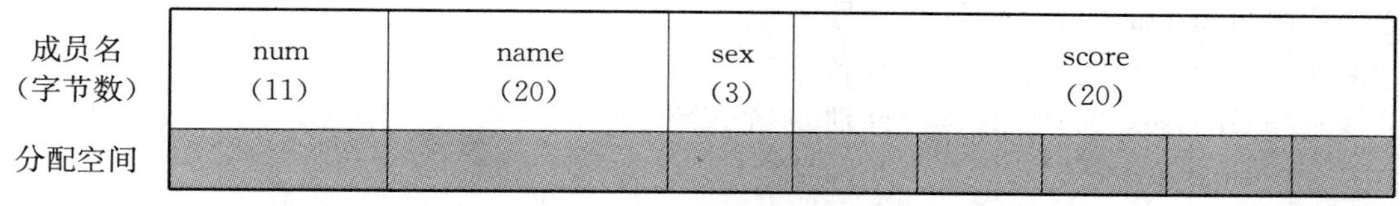

图 9-1　“struct STU”型结构体变量分配的内存空间示意图

系统会为 student1 和 student2 变量各自分配相同字节数的一大段连续的内存空间，每个变量所分配的空间数为 11+20+3+4 * 5=54 个字节。其中前 11 个字节分配给其 num 成员，第二个 20 字节分配给其 name 成员，以此类推。

2. 定义结构体类型的同时定义结构体变量

例如：

```
struct STU
{
    char num[11];       //学号
    char name[20];      //姓名
    char sex[3];        //性别,一个汉字
    float score[5];     //五科成绩
}student1,student2;
```

此种形式较为紧凑。

3. 直接定义结构体变量

例如：

```
struct
{
    char num[11];       //学号
    char name[20];      //姓名
    char sex[3];        //性别,一个汉字
    float score[5];     //五科成绩
}student1,student2;
```

此种方式进一步省略了结构体类型名。其他场合还需要使用该类型时，需要重新定义，因为没有类型名可直接使用。所以，较常用的是第 1、2 种形式，这里列出第 3 种形式仅是想让读者了解 C 语言的结构体可以这样用。

4. 定义结构体变量的同时进行初始化

结构体变量与其他类型的变量一样，在定义时可以进行初始化，例如：

```
struct STU
{
    char num[11];        //学号
    char name[20];       //姓名
    char sex[3];         //性别,一个汉字
    float score[5];      //五科成绩
    float totalscore;    //该生的总分
    float avgscore;      //该生的平均分
}student={"2018190631","李四","女",76,78,83,66,57,0,0};
```

形式为在“{}”中依次按结构体类型定义中的成员类型列出对应数据的常量，中间用逗号间隔。对于结构体中包含有其他结构类型变量的，也可以进行初始化，再嵌套一层“{}”。例如：

```
struct Date
{
    int year;
    int month;
    int day;
};
struct STU
{
    char num[11];   //学号
    char name[20];   //姓名
    struct Date birthday;   //出生日期
    char sex[3];   //性别,一个汉字
    float score[5];   //五科成绩
    float totalscore;   //该生的总分
    float avgscore;   //该生的平均分
};
struct STU student1={"2018190631","李四",{1998,11,18},"女",76,78,83,66,57,
0,0};
```

9.1.3 结构体变量的引用

对结构体变量的引用分为对各成员的引用和整体引用两类。

1. 引用结构体变量的一个成员

数组中各成员（分量）可由数组名加下标进行区分，而结构体类型的各成员有不同的名字，通过名字即能区分。同一类型的结构体变量内部的成员名相同，所以需区分操作的是哪个结构体变量成员。具体方式为：

结构体变量名.成员名

对结构体变量各成员的操作，只要符合该成员类型要求即可。比如，将学号赋值给 struct STU 类型的 student1 变量中的 num 成员，如果 struct STU 的 num 成员定义的是整型，则赋值形式为：

```
student1.num=190631;
```

如果是从键盘读入该数据，对应的程序语句为：

```
scanf("%d",&student1.num);
```

如果 struct STU 的 num 成员定义形式为“char num[11];”，则对该成员的赋值形式应为：

```
strcpy(student1.num,"2018190631");
```

如果是从键盘读入该数据，对应的程序语句应为：

```
scanf("%s",student1.num);
```

或

```
gets(student1.num);
```

2. 引用含结构体变量的结构变量的成员

例如，如下定义的结构体“STU”包括结构体变量“birthday”。

```
struct Date
{
    int year;
    int month;
    int day;
};
struct STU
{
    char num[11];  //学号
    char name[20];  //姓名
    struct Date birthday;  //出生日期
    char sex[3];  //性别,一个汉字
    float score[5];  //五科成绩
    float totalscore;  //该生的总分
    float avgscore;  //该生的平均分
}student1;
```

显然结构体的成员变量“student1.birthday”本质上还是一个结构体变量，对其成员

进行引用，只需进一步加“.”运算即可，具体来讲采用如下形式：

```
student1.birthday.year=1998;
student1.birthday.month=11;
student1.birthday.day=18;
```

3. 引用一个结构变量整体

相同类型的结构体变量可以整体直接赋值。如有 student1 与 student2 变量为相同结构体类型，其中 student1 变量已存放数值，将其值赋给 student2，可以为：

```
student2=student1;
```

该操作是将 student1 各成员的值依次赋给 student2 的各个成员。以此扩展，如果成员是结构体变量，也可整体引用，例如：

```
student2.birthday=student1.birthday;
```

是合法的。

需要特别说明的是，结构体变量的输入与输出只能一个个成员分开进行，不能整体操作。例如，定义结构类型与变量如下：

```
struct STU
{
    char num[11];        //学号
    char name[20];       //姓名
    char sex[3];         //性别,一个汉字
    float score[2];      //两科成绩
}student;
```

从键盘向 student 变量的各成员输入数据时语句可为：

```
scanf("%s%s%s%f%f",student.num,student.name,student.sex,&student.score[0],&student.score[1]);
```

但不能采用整体引用方式，例如：

```
scanf("%s%s%s%f%f",student);
```

或

```
scanf("%s",student);
```

这样整体使用结构变量进行输入的方式均是错误的。

同样，结构变量的输出也必须是各成员分开进行。正确的方式是：

```
printf("%s%s%s%f%f",student.num,student.name,student.sex,student.score[0],student.score[1]);
```

而形式

```
printf("%s%s%s%f%f",student);
```

或

```
printf("%s",student);
```

等整体使用结构变量进行输出的方式均是错误的。

9.2　结构体数组

一个结构体变量 student 存放一个学生的数据。如果针对的应用背景是一个班级或更大范围的学生成绩管理时，需要用到结构体数组，其定义与引用是结构体与数组的结合。

9.2.1　结构体数组的定义与初始化

一个班级有 10 位同学，要做的学生成绩管理系统是对一个班级的学生成绩进行管理。显然，每个学生涉及的信息类型一致，定义一个长度为 10 的结构体数组用来分别存放这 10 个学生的各项数据。定义如下：

```
struct STU
{
    char num[11];        //学号
    char name[20];       //姓名
    char sex[3];         //性别,一个汉字
    float score[5];      //五科成绩
};
struct STU stu[10];
```

这里 stu 是结构体数组名。其中，数组中的每个结构体分量占用 54 个字节，系统为该数组分配连续 54＊10 个字节的空间，用于表示这 10 个学生的所有信息。其空间分配如图9－2所示。

成员名（字节数）	num (11)	name (20)	sex (3)	score (20)				
stu[0]								
stu[1]								
…	…	…	…	…	…	…	…	…
stu[9]								

图 9－2　结构体数组的空间分配示意图

与其他类型一样，在定义变量时可以对其进行初始化。与结构体变量的初始化相比，结构体数组的初始化需要再嵌套一层花括号，这与前面章节所讲的数组的初始化方式一致。例如：

```
struct STU stu[10]={{…},{…},…,{…}};
```

9.2.2 结构体数组的引用与应用举例

结构体数组的引用是将每个数组分量 stu[i]当作一个结构体变量使用。

【例 9.1】 要求对学生成绩进行管理。具体要求：从键盘中输入 10 个学生的学号、姓名、性别、五科成绩，计算该生的总分与平均分，显示所有学生的全部信息。

源程序：

```
#include<stdio.h>
#include<string.h>
#define N 10
struct STU
{
    char num[11];  //学号
    char name[20];  //姓名
    char sex[3];  //性别,一个汉字
    float score[5];  //五科成绩
    float totalscore;  //该生的总分
    float avgscore;  //该生的平均分
};
int main()
{
    struct STU stu[N];
    int j,i;
    for(j=0;j<N;j++)
    {
        printf("\t 请输入第 %d 个学生的信息\n",j+1);
        stu[j].totalscore=0;
        printf("\n 请输入学号、姓名和性别及五科成绩(用空格隔开):\n");
        scanf("%s%s%s",stu[j].num,stu[j].name,stu[j].sex);
        for(i=0;i<5;i++)
        {
            scanf("%f",&stu[j].score[i]);
            stu[j].totalscore =stu[j].totalscore+stu[j].score[i];
        }
        stu[j].avgscore=stu[j].totalscore/5;
    }
    printf("\n \n%8s %8s %8s %8s %8s %8s %8s %8s %8s %8s\n","学号","姓
名","性别","C 语言","英语","高数","物理","体育","总分","平均分");
```

```
    for(j=0;j<N;j++)
    {
        printf("\n%8s%8s%8s",stu[j].num,stu[j].name,stu[j].sex);
        for(i=0;i<5;i++)
            printf("%10.1f",stu[j].score[i]);
        printf("%10.1f%10.1f",stu[j].totalscore,stu[j].avgscore);
        }
    return 0;
}
```

9.3　指向结构体类型数据的指针

结构体变量占用内存中的一段空间，有首地址。可以用结构体指针变量指向该结构体，从而通过地址而非变量名的方式使用该变量。

9.3.1　指向结构体变量的指针

结构体指针变量定义的一般形式为：

```
    struct 结构体名 * 结构体指针变量名;
```

例如：

```
struct STU
{
    int num;  //学号
    char name[20];  //姓名
    char sex[3];  //性别,一个汉字
    float score[5];  //五科成绩
    float totalscore;  //该生的总分
    float avgscore;  //该生的平均分
}student={190631,"李四","女",76,78,83,66,57,0,0};
struct STU * p=&student;
```

这里 p 指向结构体变量 student，对 student 的引用还可以采用其指针变量 p 间接引用。一般方式与第 8 章提供的方式一致。比如，采用指针方式对结构体变量 student 中的学号进行修改，代码如下：

```
(* p).num=190600;
```

除此之外，还可以采用如下形式：

```
p->num=190600;
```

两者均表示将“指针变量 p 所指向的结构体变量的 num 成员的值修改（赋值）为

190600”。这里“－>”为指向运算符。

综上所述，对结构体变量的成员访问有以下三种等价形式：

（1）结构体变量名.成员名。

（2）（＊结构体指针变量名）.成员名。

（3）结构体指针变量名－>成员名。

根据自己的习惯、编程场景下的方便程度进行选择。

9.3.2 指向结构体数组的指针

前面介绍过指针与数组的关系，指针可以指向数组元素与数组。同样的，对结构体数组及其元素也可以用指针指向。

【例 9.2】对例 9.1 改用指向数组的指针进行操作。

源程序：

```
#include<stdio.h>
#include<string.h>
#define N 10
struct STU
{
    char num[11];  //学号
    char name[20];  //姓名
    char sex[3];  //性别,一个汉字
    float score[5];  //五科成绩
    float totalscore;  //该生的总分
    float avgscore;  //该生的平均分
};
int main(void)
{
    struct STU stu[N], *p;
    int j,i;
    p=stu;
    for(j=0;j<N;j++,p++)
    {
        printf("\t 请输入第%d 个学生的信息\n",j+1);
        stu[j].totalscore=0;
        printf("\n 请输入学号、姓名和性别及五科成绩(用空格隔开):\n");
        scanf("%s%s%s",(*(stu+j)).num,(*(stu+j)).name,(*(stu+j)).sex);
        for(i=0;i<5;i++)
```

```
        {
            scanf("%f",&p.score[i]);
            (*p).totalscore =(*p).totalscore+(*p).score[i];
        }
        p->avgscore=p->totalscore/10;
    }
    p=stu;
    printf("\n\n%8s %8s %8s %8s %8s %8s %8s %8s %8s %8s\n","学号","姓
名","性别","C语言","英语","高数","物理","体育","总分","平均分");
    for(j=0;j<N;j++)
    {
        printf("\n%8s%8s%8s",p[j].num,p[j].name,p[j].sex);
        for(i=0;i<5;i++)
        {
            printf("%10.1f",(*(p+j)).score[i]);
        }
        printf("%10.1f%10.1f",(p+j)->totalscore,(p+j)->avgscore);
    }
}
```

说明：

上述代码中为了对比，对结构体数组的分量 stu[i]采用了多种等价方式。除了采用“stu[j].成员”和“(*(stu+j)).成员”形式外，还采用通过指针指向数组成员的“p[j].成员”、“(*(p+j)).成员”和“(p+j)->成员”等形式，它们的功能完全等价。

特别需要注意以下两点：

(1)“.”运算与“*”的优先级关系。

结构体成员运算符“.”的优先级别高于指针运算符“*”，因此采用“(*(stu+j)).成员”和“(*(p+j)).成员”方式需要多加一层括号，表示先进行指针运算再取成员。

(2) 数组分量的使用方式。

对于数组各分量的使用，可以采用“p+j”形式，也可以用 p 取起始地址后采用“p++”方式取到下一个分量的地址。

9.3.3　结构体变量与指向结构体的指针作函数参数

与前面所讲的其他类型一样，结构体类型的变量可以作函数参数，结构体的指针变量也可以作函数参数。它们都是“值传递”，不同点在于，前者传递的是结构体变量的值，后者传递的是结构体变量的指针即地址。

1. 结构体变量作函数参数

【例 9.3】 有结构体变量已存放某学生的学号、姓名、性别、五科成绩等各项数据。用函数的方式显示其中各项数据的值。

源程序：

```
#include<stdio.h>
#include<string.h>
struct STU
{
    char num[11];          //学号
    char name[20];         //姓名
    char sex[3];           //性别,一个汉字
    float score[5];        //五科成绩
};
void Print_Stu_Info(struct STU stu);
int main(void)
{
    struct STU stu={"190631","李四","女",76,78,83,66,57};
    printf("\n\n%8s %8s %8s %8s %8s %8s %8s %8s\n","学号","姓名","性别","C 语言","英语","高数","物理","体育");
    Print_Stu_Info(stu);
}
void Print_Stu_Info(struct STU stu)
{
    int i;
    printf("\n%8s%8s%8s",stu.num,stu.name,stu.sex);
    for(i=0;i<5;i++)
        printf("%10.1f",stu.score[i]);
}
```

2. 结构体类型的指针作函数参数

除了结构体变量作函数参数外，结构体类型的指针也可以作函数参数。采用指向结构变量的指针为参数时一般有以下三个因素：传结构体变量地址以节省空间，通过被调函数修改主调函数中结构体变量各成员的值，结构体数组名作函数参数。下面通过举例说明。

（1）传结构体变量地址以节省空间。

例 9.3 的函数“Print_Stu_Info(struct STU stu)”的参数是结构体变量，在调用该函数时需分配该结构体类型占用的 sizeof(struct STU) 字节数的一大段连续空间，并将主函数的实参结构体变量的各成员赋值给对应形参结构体变量的各成员。当结构体类型变量占

用空间较大时，这种方式占内存空间较多。一种节省空间的方式是将实参结构体变量的首地址传递给形参，这样子函数直接使用主函数结构体变量的各成员。

【例 9.4】 编程将例 9.3 改由结构体类型的指针作函数参数。

源程序：

```
……                //其他部分与上同
void Print_Stu_Info(struct STU * p);
int main(void)
{
    struct STU stu={"190631","李四","女",76,78,83,66,57};
    printf("\n\n%8s %8s %8s %8s %8s %8s %8s %8s\n","学号","姓名","性别","C 语言","英语","高数","物理","体育");
    Print_Stu_Info(&stu);
    return 0;
}
void Print_Stu_Info(struct STU * p)
{
    int i;
    printf("\n%8s%8s%8s",p->num,p->name,p->sex);
    for(i=0;i<5;i++)
        printf("%10.1f",p->score[i]);
}
```

说明：

例 9.4 与例 9.3 形式虽然很接近，但是内部运行时使用的空间情况完全不同。例 9.3 中的代码是将主函数结构变量的各成员全部赋值给子函数 Print_Stu_Info() 对应形参，显示的是该子函数结构体变量各成员的值。而例 9.4 中代码的子函数 Print_Stu_Info() 显示各成员仍然是主函数中结构体变量 stu 中的值。

(2) 通过被调函数修改主调函数中结构体变量各成员的值。

将主调函数的结构体变量的地址传递给被调函数时，被调函数可以控制主调函数中结构体变量的各成员，从而实现在被调函数修改主调函数结构体变量的值。

【例 9.5】 用函数的方式实现从键盘上输入某学生的学号、姓名、性别、五科成绩，并计算其五科成绩的总分与平均分，用函数的方式显示其中各项数据的值。

源程序：

```
#include<stdio.h>
#include<string.h>
struct STU
{
```

```
        char num[11];        //学号
        char name[20];       //姓名
        char sex[3];         //性别,一个汉字
        float score[5];      //五科成绩
        float totalscore;    //该生的总分
        float avgscore;      //该生的平均分
    };
    void Input_Stu_Info(struct STU * p);
    void Print_Stu_Info(struct STU * p);
    int main(void)
    {
        struct STU stu;
        Input_Stu_Info(&stu);
        printf("\t 请输出学生的信息\n");
        Print_Stu_Info(&stu);
    }
    void Input_Stu_Info(struct STU * p)
    {
        int i, n=0;
        p->totalscore=0;
        printf("\n 请输入学号、姓名和性别及五科成绩(用空格隔开):\n");
        scanf("%s%s%s", p->num, p->name, p->sex);
        for(i=0;i<5;i++)
        {
            scanf("%f", &p->score[i]);
            p->totalscore =p->totalscore+p->score[i];
        }
        p->avgscore=p->totalscore/5;
    }
    void Print_Stu_Info(struct STU * p)
    {......      //同例 9.4
    }
```

说明：

这里主函数中结构变量 stu 没有赋初值。在调用 Input_Stu_Info(&stu) 时将 stu 的首地址传递给该函数的 p 指针变量，此函数内部对“p->成员”的赋值实际上是对主函数中 stu 各成员赋值。调用 Print_Stu_Info(&stu) 虽然实参仍传递的是 stu 的地址，但该子函数内部并没有修改 stu 各成员的值，而仅是完成显示功能。

(3) 结构体数组名作函数参数。

如果只是一个结构体，可以直接将各成员定义成独立的变量完成功能要求，不一定要用结构体类型。结构体数组比单独的结构体变量更为常用。当结构体数组名作参数时，传递的是结构体数组的首地址，参数为指向结构体变量的指针变量。

【例 9.6】 一个班上有 10 位同学，编程实现从键盘上输入这些学生的学号、姓名、性别、五科成绩，并计算其五科成绩的总分与平均分。按平均成绩由高到低排序，显示排序后的结果。每项功能用函数实现。

源程序：

```
#include<stdio.h>
#include<string.h>
#define N 10
struct STU
{
……    //同例 9.5
};

void Input_Stu_Info(struct STU *p);
void Sort_Array(struct STU *arr,int size);
void Print_Stu_Info(struct STU *p);

int main(void)
{
    struct STU stu[N];
    int i,j;
    for(j=0;j<N;j++)
    {
        printf("\t 请输入第%d 个学生的信息\n",j+1);
        Input_Stu_Info(&stu[j]);
    }
    printf("\n\n%8s %8s %8s %8s %8s %8s %8s %8s %8s %8s\n","学号","姓名","性别","C 语言","英语","高数","物理","体育","总分","平均分");
    for(i=0;i<N;i++)
        Print_Stu_Info(&stu[i]);
    return 0;
}

void Input_Stu_Info(struct STU *p)
```

```
{
……//同例 9.5
}
void Print_Stu_Info(struct STU * p)
{
……//同例 9.5
}

void Sort_Array(struct STU * arr, int size)
{
    int i,j;
    struct STU temp;
    for(j=0;j<size-1;j++)
    {
        for(i=0;i<size-1-j;i++)
        {
            if(arr[i].avgscore<arr[i+1].avgscore)
            {
                temp=arr[i];
                arr[i]=arr[i+1];
                arr[i+1]=temp;
            }
        }
    }
}
```

说明：

这里向排序函数 Sort_Array(struct STU * arr, int size)第一个参数 arr 传递的是主函数中结构数组 stu[N]的数组名 stu。在此函数内实现对数组 arr 的排序，实际上操作的是主函数中的数组 stu，因而排序函数调用完后显示主函数数组中各分量的数据时，已按要求排好序。

9.4 链表

到目前为止，已了解到对于批量数据的处理问题，C 语言可以用数组实现。但在一些场景下使用数组会产生一定的问题，比如，数组需要先定义后使用，定义时必须明确指定长度，程序运行期间此数组长度不能发生变化。如果应用的规模是未知的或是变化的，直观想到的办法是将数组长度尽可能定义得大一些。这无疑存在浪费空间的问题，而且仍不足以解决可能的更大规模的问题。又如，针对批量数据处理问题的操作主要是插入或删除。当采用数组方式处理时，因其连续存储特性会造成大量的移动操作。如一个年级有1000 名学生，其中第一个学生退学，对应的是将数组中的第一个数据删除，后面的 999 个数据依次向前移动一位。大量的操作是在移动数据上，而不是直接地解决问题。

针对数组的这个缺点，提出了另外一种数据存储结构——链表。它的使用背景与数组一样，适合处理批量数据，但空间不需要提前指定与分配，而是在程序运行过程中根据实际需要动态开辟与回收（释放）空间。这种方式的数据存储是非连续的，因而插入与删除数据时不需要大量移动其他数据。

对链表的使用必须通过结构体来实现，这也是我们把链表操作的知识放在结构体这一部分来讲的原因。

9.4.1　链表概述与建立静态链表

1. 链表概述

链表对批量数据的存储如图 9－3 所示。这里并非链表在内存的真实存储，而是关系示意图，已做了抽象。

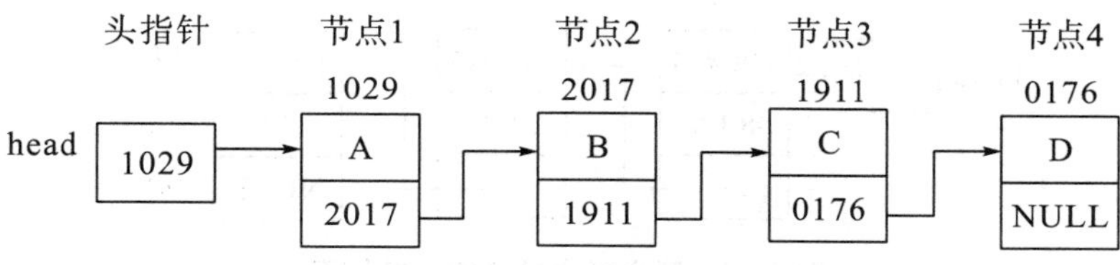

图 9－3　链表的存储空间关系示意图

下面对图 9－3 中各项内容所表示的含义进行详细解释。

（1）图中 A，B，C，D 表示处理的批量数据。此例中表示该链表存储了四个数据，分别是 A，B，C，D。这里主要是说明链表特性，所以举例较简单，应用中根据数据量与数据内容的实际需要调整。

（2）图中每个矩形框或者紧密相连的两个矩形框一起表示一个变量在内存中占用一段连续的存储空间。从图的形状示意（表示变量占用空间）可以看出，链表中变量分为两类：一类变量是仅存放一个地址，如图中存放地址 1029 的第一框，该变量显然是指针变量。在链表中该变量称为头指针变量，简称头指针。另一类是后续的四个连续空间变量，类型一致，均是前一部分存放数据，后一部分存放地址。这个整体对应的变量在链表中称为结点（此链表有四个结点）。结点在 C 语言中用结构体实现，即有两个域：第一个域为数据变量，称为数据域；第二个域为指针变量，称为指针域。链表中结点结构体的具体定义如下：

```
struct Node
{
    char data;   //数据域
```

```
    struct Node * next;   //指针域
};
```

注意：与前面结构体类型的不同在于，这里是在定义结构体类型 struct Node，但其内部第二个域 next 变量属于类型 struct Node 的指针变量，即定义结构体类型时其成员变量定义同时使用了该类型名。这是链表在使用结构体类型时的特别之处。

（3）图中的箭头表示各变量间（或内存单元）的关系抽象。图中各矩形框中填放的数字是某内存单元的地址，每个结点上面标出的数字是这个结点在内存中的首地址。可以看到，头指针变量存放的是结点 1 的首地址，结点 1 的指针域存放的是结点 2 的首地址，以此类推。所有这种关系均用箭头指向表示。

（4）图中链表最后一个结点的指针域为 NULL。

可以看出，链表可以处理批量数据。相比数组最大的不同在于，存放数据的空间不连续。实际应用中处理的各数据往往有前后关系，对于这种前后关系，数组采用的是存储空间物理上的前后关系表示数据逻辑上的前后关系。链表中各存放数据的结点空间不连续，采用增加一个指针域并用其指向下一个数据结点表示前后关系。

2. 静态链表的建立

【例 9.7】编程建立如图 9−4 所示的三个学生信息构成的链表，并依次输出这三个学生的数据。

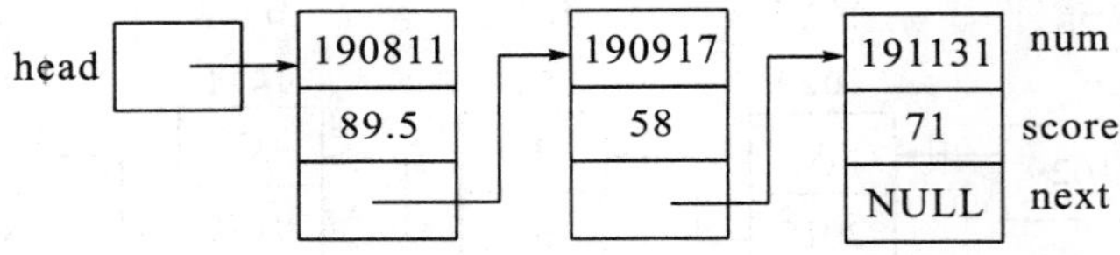

图 9−4　三个学生信息构成的链表

思路解析：根据图 9−4 可知完成此问题需要三个结构体空间和一个指针空间，这些空间可以通过定义变量的方式实现。分配空间后，将各个量或域的值填入即可。

源程序：

```
#include<stdio.h>
#include<string.h>
struct STU
{
    char num[7];            //学号
    float score;            //成绩
    struct STU * next;
};
void main()
{
    struct STU * head, * p, A, B, C;
    strcpy(A.num, "190811");
```

```
    A.score=89.5;
    strcpy(B.num,"190917");
    B.score=58;
    strcpy(C.num,"191131");
    C.score=71;
    head=&A;
    A.next=&B;
    B.next=&C;
    C.next=NULL;
    p=head;
    while(p!=NULL)
    {
        printf("%s %.1f\n",p->num,p->score);
        p=p->next;
    }
}
```

说明：

这里三个学生的数据分别用结构体变量 A，B，C 表示，通过 &A，&B，&C 的方式同时获得这三个变量的地址，以此填入数据并建立三个学生数据存储的前后关系。因为结点空间在程序定义而非在程序运行过程中临时开辟，用完后不能释放，所以这样建立的链表称为静态链表。

链表输出的程序代码段如下：

```
p=head;
while(p!=NULL)
{
    printf("%s %.1f\n",p->num,p->score);
    p=p->next;
}
```

此段代码是经典的沿链表搜索的功能，具体说明如下：

（1）p=head;是将 p 指向链表的第一个结点。

（2）while(p!=NULL){printf…}是只要 p!=NULL，即 p 是指向真实存在的结点，则输出该结点的数据内容。

（3）p=p->next;语句的含义是“将 p 所指向结点的 next 域的值赋给 p”，而该 next 域的值本身是下一个结点的地址，因此此句含义等价于“将 p 所指向结点的下一个结点的地址赋给 p”，即“p 指向链表的下一个结点”。

因为链表的存储空间是不连续的，想要找到中间的各结点进行操作时，均需沿着链表搜索找到该结点。因此，这段代码的思想几乎出现在链表的所有操作中。

9.4.2 创建动态链表

通过上面的例子可以看出，静态链表所需的结点空间是在结构体变量定义时分配，即个数仍需先确定，在程序运行后不能修改。而动态链表的空间是在运行时根据需要开辟，使用结束后可以释放回系统，在第 8 章我们已经介绍了与 C 语言动态内存分配相关的函数，即 malloc、calloc 和 free 函数。

所谓创建动态链表，是指在程序执行过程中根据需要，一个结点一个结点动态分配并建立结点间的前后链接关系。

思路解析：

用一个指针 p1 指向新结点，用一个指针 p2 指向已经链接好的链表的尾结点，则将 p1 指向的结点链接在 p2 指向结点的 next 域上即可。此时新结点 p1 为链表新的尾结点，这是为了便于下一次循环时能继续链接其他新结点，将 p2 指向新的尾结点（即 p2＝p1）。如果是产生的第一个结点，则需链接到头指针 head 上。

将三个学生信息的结点依次链入链表的过程如图 9－5 所示。

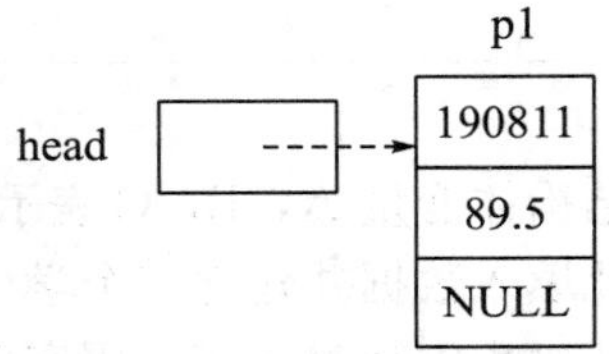

（a）创建链表第一个结点

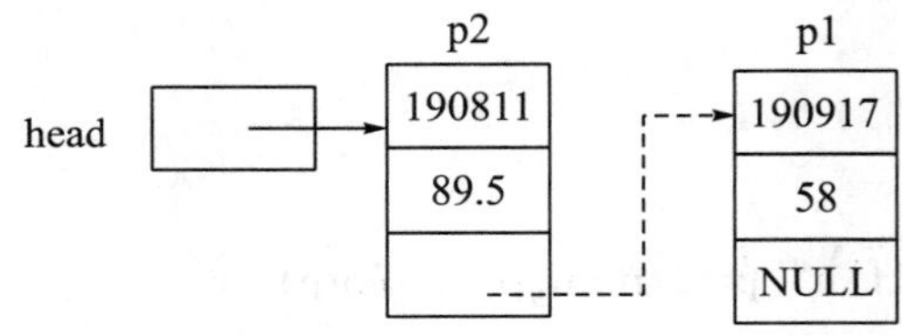

（b）创建链表第二个结点

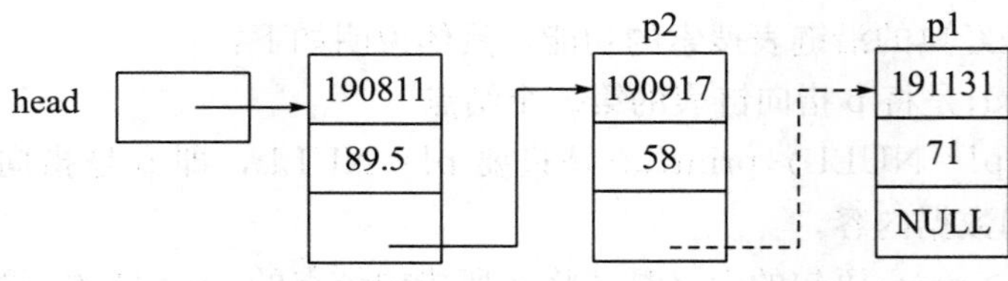

（c）创建链表第三个结点

图 9－5　动态链表的创建过程示意图

源程序：

```
#include<stdio.h>
#include<string.h>
#include<stdlib.h>

#define LEN sizeof(struct STU)
struct STU
{
    char num[7];  //学号
    float score;  //成绩
    struct STU *next;
};

struct STU *Create_Link(int size);                          //链表创建
void Print_Link(struct STU *head);                          //链表输出
void Add_Link(struct STU **head, struct STU stu);           //链表插入
void Del_Link(struct STU **head, char *no);                 //链表删除
void Destroy_Link(struct STU **head);                       //链表释放
void main()
{
    int n;
    struct STU *head=NULL, stu;
    char no[7];
    printf("输入学生个数:");
    scanf("%d", &n);
    head=Create_Link(n);
    Print_Link(head);
    printf("输入要插入的学生信息:\n");
    scanf("%s%f", stu.num, &stu.score);
    Add_Link(&head, stu);
    Print_Link(head);
    printf("输入要删除的学生学号:\n");
    scanf("%s", no);
    Del_Link(&head, no);
    Print_Link(head);
    Destroy_Link(&head);
}
struct STU *Create_Link(int n)
```

```
{
    int i=0;
    struct STU * head=NULL, * p1, * p2;
    while(i<n)
    {
        p1=(struct STU * ) malloc(LEN);          //为新结点分配空间
        p1->next=NULL;                           //新结点的指针域初始为NULL
        printf("\t 请输入第%d 个学生的学号与成绩,中间用空格分开\n",i+1);
        scanf("%s%f",p1->num, &p1->score);
        if(head==NULL)
        {
            head =p1;      //产生第一个结点
            p2=p1;      //p2 指向当前链表的尾结点
        }
        else
        {
            p2->next=p1;  //新结点 p1 链接在尾结点 p2 的后面
            p2=p1;            //p2 指向新的尾结点
        }
        i++;
    }
    return(head);
}
```

9.4.3 输出链表

静态链表与动态链表的输出方式一样，这里给出的是函数形式。

源程序：

```
void Print_Link(struct STU * head)
{
    struct STU * p;
    p=head;
    while(p!=NULL) //链表未结束时
    {
        printf("%s %.1f\n",p->num,p->score);
        p=p->next;  //指向下一个结点
    }
}
```

9.4.4　链表插入

链表插入的一般情形是在链表中两个结点间插入一个新结点。

思路解析：

以图 9−6（a）为例，链表中 p1 是 p2 结点的后继结点，现在在两个结点 p1 与 p2 的中间插入新结点 p，只要链接关系按图中虚线箭头重置即可。其中，①号指针是将 p2 的指针域指向新结点 p，②号指针是将新结点 p 的指针域指向 p1。因此，问题的核心在于先搜寻到要插入的位置，即将 p1 与 p2 指向合理。

除插入的一般情形外，还可能插入在第一个结点前或尾结点之后。这两种情形所需修改的指针情况与上述不同，分别如图 9−6（b）（c）所示。

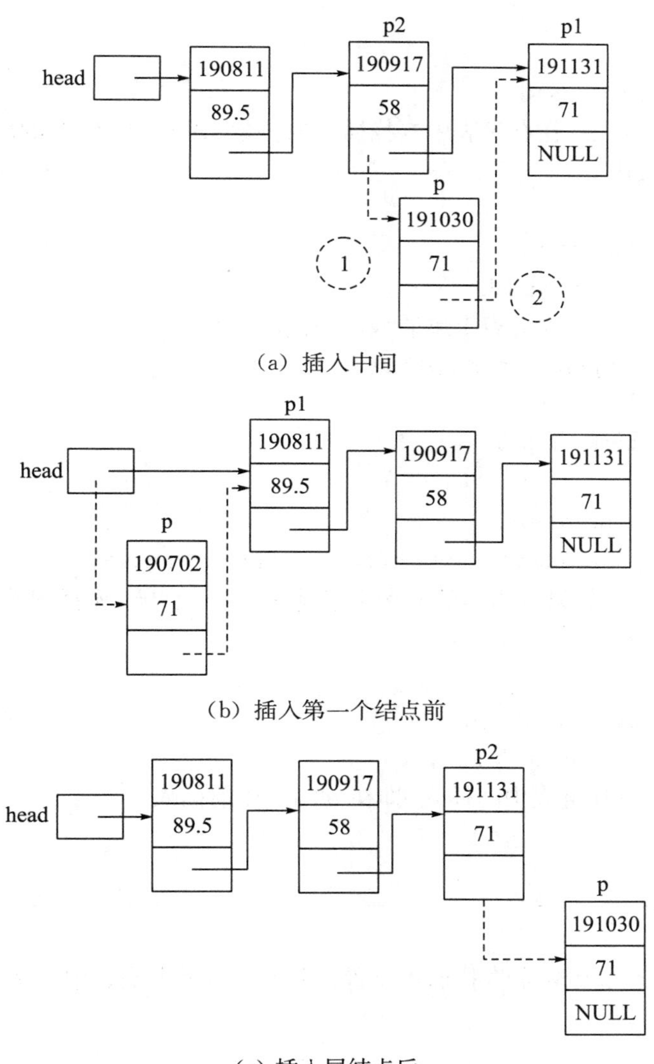

图 9−6　链表插入在不同情形下操作示意图

如果给出的链表按学号从小到大有序，完成的功能是将新结点插入链表后仍然有序。

源程序：

```
void Add_Link(struct STU ** head, struct STU stu)
{
      struct STU * p,* p1,* p2;
      p=(struct STU * )malloc(LEN);
      strcpy(p->num, stu. num);
      p->score=stu. score;
      p->next=NULL;
      p1=p2= * head;
      while(p1!=NULL&&strcmp(p->num, p1->num)>0)
      {
            p2=p1;
            p1=p1->next;
      }               //在有序表中寻找插入的位置,其中 p1 在 p2 的后面
      if(p1==NULL)
      {
            p2->next=p;
            p->next=NULL;
      }               //在链表末尾插入,此时 p1 为空
      else if(strcmp(p->num, p1->num)<0)
      {
            if( * head==p1)
            {
                  * head=p;
                  ( * head)->next=p1;       //或:p->next=p1;
            }     //如果 p 指向的元素小于链表第一个结点,则插入第一个位置
            else
            {
                  p2->next=p;
                  p->next=p1;
            }     //在链表中间插入,即在 p2 后 p1 前插入
      }
}
```

说明：

上述代码中，通过比较学号找插入位置，并且区分插入头、中、尾三种情形。

9.4.5 链表删除

链表删除是将链表中指定的结点从链表上摘除并释放该结点。

思路解析：

以图 9−7（a）为例，要删除链表中的结点 p，其中 p1 是 p 的前驱结点。要删除 p 结点，只要链接关系按图中虚线箭头重置，即 p1 的指针域指向 p 的后继结点即可。因此，问题的核心与插入一样，应先搜寻到删除结点的前一个结点，即将 p1 与 p 指向合理。

图 9−7（a）只是删除的一般情形，实际上还可能删除的是第一个结点，此时需要修改 head 指针，如图 9−7（b）所示；或者在链表中找不到符合条件的结点，从而不能完成删除操作。图 9−7（c）是删除尾结点的情形，删除中间结点时将要删除结点 p 的 next 域的值赋给前一个结点 p1 的 next 域，图 9−7（a）中删除中间结点的代码同时能用来处理删除尾结点。

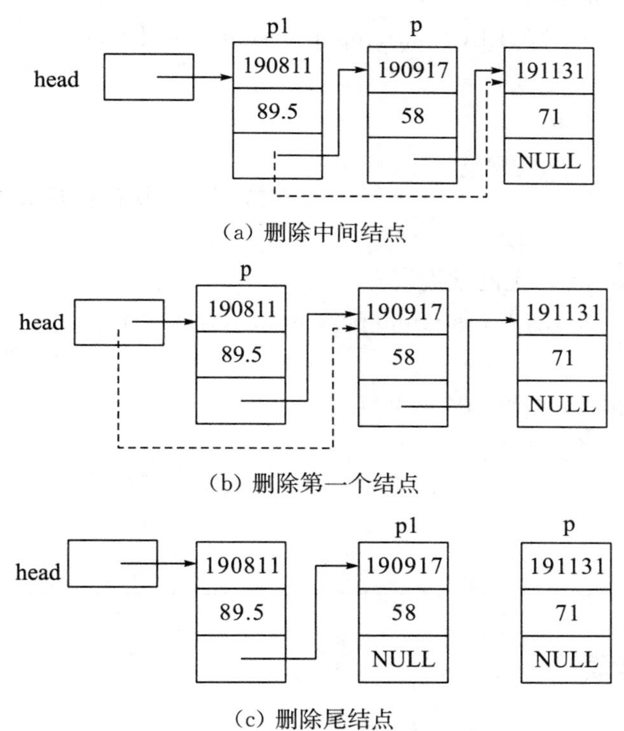

图 9−7 链表删除在不同情形下操作示意图

如果删除功能是给出要删除学生的学号，则在链表中查询是否有这些学号，有则删除该结点。

源程序：

```
void Del_Link(struct STU ** head, char * no)
{
    struct STU * p= * head, * p1;

    if(strcmp(( * head)->num, no)==0)
    {
        * head=( * head)->next;
        free(p);
    }                                   //删除链表第一个结点
    else
    {
        p1= * head;
        while(p!=NULL&&strcmp(p->num, no)!=0)
        {
            p1=p;
            p=p->next;
        }                               //在链表中寻找符合要求的结点
        if(p==NULL)
            printf("无此学生!");
        if(p!=NULL&&strcmp(p->num, no)==0)
        {
            p1->next=p->next;
            free(p);
        }                                 //找到结点并释放
    }
}
```

9.4.6 释放链表

在程序结束前应当释放链表，否则每一次程序运行都要重新分配一次结点空间，用完后空间并没有被系统收回，使得大量内存被无效占用，导致内存空间不足，有隐藏的程序漏洞。

参考代码如下：

```
void Destroy_Link(struct STU ** head)
{
    struct STU * p;
```

```
    while( * head!=NULL)
    {
        p= * head;
        * head=( * head)->next;
        free(p);
    }
    * head=NULL;
}
```

说明：

因为释放过程中主程序的 head 指针变量发生变化，因此 Destroy_Link()接受的是 head 地址，即指向指针的指针。

9.5　共用体类型

共用体是与结构体类似的一种构造类型，不同之处在于结构体的各成员独立占用存储空间，而共用体的各成员共享存储空间。共用体又称为联合体。

9.5.1　共用体类型的定义

定义共用体类型的一般形式为：

```
union
{
    成员列表;
};
```

例如：

```
union data
{
    char x;
    int y;
    float z;
};
```

定义共用体变量为:

```
union data a;
```

可以看出，共用体的类型与变量定义形式上与结构体非常相近，但是空间占用关系完全不同。如果共用体变量 a 占用内存空间的首地址是 1000，则其三个成员 x，y，z 占用的空间均从首地址 1000 开始，即共享同一段空间，如图 9-8 所示。只是成员 x 是字符型，占用的空间是从地址为 1000 开始的第一个字节；成员 y 是整型，占用的空间是从地址为

1000开始的连续的两个字节；成员z是整型，占用的空间是从地址为1000开始的连续的四个字节。

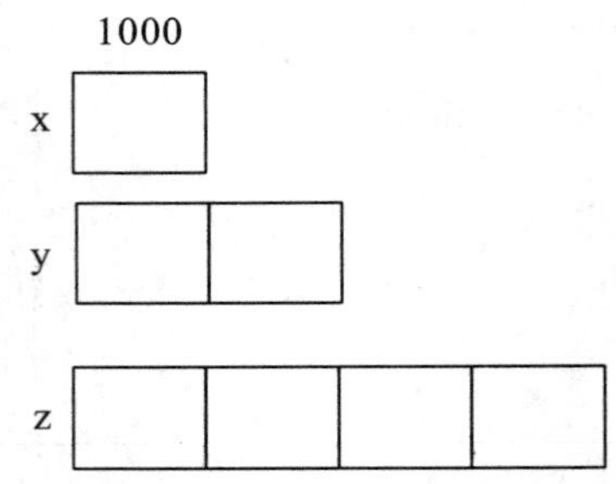

图9-8　共用体成员占用空间示意图

sizeof(union data)或 sizeof(a)的结果为4，即共用体类型变量的长度（所占用字节数）是占用字节数最多的成员所占用的字节数。而结构体变量所占用空间的字节数是成员所占用字节数的总和，这进一步说明了两者的本质不同。

9.5.2　共用体变量的引用

对共用体变量的引用只能针对其成员进行。方式与结构体类似，具体为：

　　共用体变量名.成员名

如对上文定义的变量a的引用，赋值可为：

```
a.x='A';
```

或者读入数据可为：

```
scanf("%d",&a.y);
```

使用共用体时需注意以下几点：

(1) 每一瞬间只能一个成员起作用。在定义时可以有多个成员，但因为空间是共享的，因此不能同时存放所有成员，任意时间只能表示其中一个成员。

(2) 任意时间起作用的是最后一个成员。因为空间共享，所以后面某一个成员被赋值时，前一个成员的值被覆盖。例如：

```
a.y=100;
a.z=102.4;
a.x='B';
```

三个成员按如此先后被赋值，最后只有a.x是有效的，a.y与a.z已经无意义。因此在使用共用体变量时，必须明确其中存放的是哪个成员。

(3) 共用体变量各成员首地址相同。如上例中，&a.x，&a.y，&a.z三者的值相同。

(4) 共用体不能进行的操作：

① 不能在定义共用体变量时赋初值。

如union data a={'B',100;102.4;};是错误的。

② 不能对共用体变量整体赋值。

如a=1;是错误的。

③ 不能企图引用一个共用体变量来得到一个值。

如 union data m=a;赋值给共用体变量是错误的。

④ 不能将共用体变量作为参数。

⑤ 不能用函数返回共用体变量。

（5）可以定义共用体数组，共用体成员可以是数组。

（6）共用体类型定义与结构体类型定义可以互相嵌套。

【例 9.8】对在一个学校的人员进行管理。学校主要包括教师与学生两类群体，他们的部分信息是共同的，比如编号（教职工为工号，学生为学号）、姓名、性别、所属院系；有些信息是不同的，比如学生有所属班级，老师有职称信息。数据放于同一个表格中，如图 9－9所示。其中身份一栏填“学生（或 S)”与“教师（或 T)”，最后一栏信息可针对不同身份区分填写。编程实现将教师与学生数据按类似同一表格形式进行读入及显示处理。

编号 (num)	姓名 (name)	性别 (sex)	院系 (institution)	身份 (identity) (S or T)	班级 (Class) 职称 (Title)
…	…	…	…	…	…

图 9－9　师生数据存放于同一表格

思路解析：

学生与教师数据在一个表格中，实现时可以用同一个结构体数组表示。对于两个身份所具有不同信息的部分，则用共用体表示。共用体类型与变量可以定义于结构体中。共用体中存放的是学生的班级信息还是教师的职称信息，可以通过“身份”这一栏存放的是 S 还是 T 进行区分。

源程序：

```
#include<stdio.h>
#include<string.h>
#include<stdlib.h>

#define N 20
struct Uni_Mana
{
    char num[11];  //编号
    char name[20];  //姓名
    char sex[3];  //性别
    char institution[20];  //院系
    char identity;  //身份
    union
    {
        int Class;
        char Title[10];
```

```
        } category;   //班级或职称
    };
    int main()
    {
        int i=0;
        struct Uni_Mana person[N];   //一个结构体数组存放所有人的信息
        while(i<N)
        {
            printf("Input No. %d person information:\n No. Name Sex Institution Identity\n",i+1);
            scanf("%s %s %s %s %c",person[i].num,person[i].name,person[i].sex,person[i].institution,&person[i].identity);
            if(person[i].identity=='S')
            {
                printf("input Class:   ");
                scanf("%d",&person[i].category.Class);
                i++;
            }
            else if(person[i].identity=='T')
            {
                printf("input Titile:   ");
                scanf("%s",person[i].category.Title);
                i++;
            }
            else
                printf("input error!please again!\n");
        }
        printf("output information:\n");
        printf("No. Name Sex Institution Class/Title\n");
        for(i=0;i<N;i++)
        {
            if(person[i].identity=='S')
                printf("%s %s %s %s %d\n",person[i].num,person[i].name,person[i].sex,person[i].institution,person[i].category.Class);
            else
                printf("%s %s %s %s %s\n",person[i].num,person[i].name,person[i].sex,person[i].institution,person[i].category.Title);
        }
    }
```

9.6　枚举类型

枚举类型也是一种构造类型，定义这种类型时将该类型变量可能的取值一一列举出来。枚举类型适合于变量只有有限的几种可能取值的情形。

声明枚举型以 enum 开头。例如：

```
enum weekday{sun,mon,tue,wed,thu,fri,sat};
```

这里 weekday 是枚举类型名。可以定义属于这种类型的变量，例如：

```
enum weekday week1,week2;
```

这里 week1 与 week2 是属于枚举类型 weekday 的两个变量。这两个变量只能在定义 weekday 型的七个量“sun,mon,tue,wed,thu,fri,sat”中取值。例如：

```
week1=mon;
week2=sun;
```

这里定义枚举类型 weekday 列出的七个量“sun,mon,tue,wed,thu,fri,sat”称为枚举元素或枚举常量。它们是用户定义的标识符，系统并不会根据拼写自动代表对应的含义，比如系统不会自动认为 mon 代表星期一。

在定义枚举类型时可以同时定义枚举变量，如上例可以写为：

```
enum weekday{sun,mon,tue,wed,thu,fri,sat}week1,week2;
```

关于枚举类型的几点说明如下：

（1）enum 是定义枚举类型时必须有的关键字，列在类型名的前面。

（2）枚举元素是常量，在 C 编译器中按定义时给定的顺序分别取值 0，1，2，…。例如：

```
week2=thu;
printf("%d",week2);
```

显示的结果是 4。

（3）枚举元素是常量，不是变量，因此不能为枚举元素赋值。例如：

```
tue=2;
```

这样是错误的。

（4）在定义枚举类型时各枚举元素可以指定枚举元素的值，例如：

```
enum weekday{sun=7,mon=1,tue,wed,thu,fri,sat};
```

此时 sun 的值不是 0 而是 7，mon 是 1，其后的各个元素没有列值，则默认在 mon 列出的 1 的基础上顺次加 1，如 tue 是 2。

（5）枚举值可以进行比较判断，因为它们的值本质上是整型，例如：

```
if(week1==thu)
if(week2>mon)
```

比较是按值所对应的整型序号进行的。

（6）枚举常量不是字符串，想要以字符串的形式输出变通的办法是：

```
if(week1==thu)
    printf("thursday");
```

直接输出

```
printf("%s",week1);
```

或者

```
printf("%s",thu);
```

是错误的。

【例 9.9】 输入一周中的星期几（整数值），输入与其对应的英文名称。

源程序：

```
#include<stdio.h>
void main()
{
    int n;
    enum weekday{mon=1,tue,wed,thu,fri,sat,sun} week1;
    printf("input n:");
    scanf("%d",&n);
    week1=n;
    switch(week1)
    {
        case mon:printf("Monday!\n");break;
        case tue:printf("Tuesday!\n");break;
        case wed:printf("Wednesday!\n");break;
        case thu:printf("Thursday!\n");break;
        case fri:printf("Friday!\n");break;
        case sat:printf("Saturday!\n");break;
        case sun:printf("Sunday!\n");break;
        default:printf("input error!\n");
    };
}
```

说明：

（1）这里将星期日对应于数字 7。定义枚举类型时将 mon 置于第一个位置，现实中的序号应当为 1，因此该例程序的枚举类型如此定义。

（2）该程序可以不用枚举型，可将程序中各枚举常量直接替换成其对应的序号，程序运行结果完全相同。这里采用枚举类型使程序的可读性更好。

9.7 用 typedef 定义类型

1. typedef 的功能和使用形式

在 C 语言中允许对已有的类型用关键字 typedef 进行重新命名，例如：

```
typedef float REAL;
typedef int INTEGER;
```

这里 REAL 与 INTEGER 是新的类型名，其中使用 REAL 类型时是当作实型 float 用，使用 INTEGER 类型时是当作整型 int 用。因此有：

INTEGER a,b,c;与 Int a,b,c;等价；

REAL x,y;与 float x,y;等价。

这是类型名重新命名，而非建立一种新的类型，在编译时与原类型等价。重新命名类型 REAL 与 INTEGER 有什么价值呢？这两个类型拼写是其他计算机语言中的类型名，以此方式可以用 C 语言编写出类似其他语言风格的程序。

typedef 的一般使用方式为：

typedef 原类型名 新类型名;

2. typedef 常见的使用方法

typedef 是为已存在的类型起一个别名，因此它的使用并不是必须的，完全可以直接使用原类型名。在已有的类型中类型名可能比较长，这种情形下通过起别名方式可以简化书写。最常见的有以下几种情形。

（1）定义较长普通类型名。

如类型名“unsigned int”如果有“typedef unsinged int uint;”，则“unsigned int i;”可以写为“uint i;”。

（2）定义结构体类型名。

例如：

```
struct STU
{
    char num[11];        //学号
    char name[20];       //姓名
    char sex[3];         //性别,一个汉字
    float score[5];      //五科成绩
    float totalscore;    //该生的总分
    float avgscore;      //该生的平均分
};
struct STU stu[10];
```

可以写为：

```
typedef struct
{
    char num[11];        //学号
    char name[20];       //姓名
    char sex[3];         //性别,一个汉字
    float score[5];      //五科成绩
    float totalscore;    //该生的总分
```

```
    float avgscore;        //该生的平均分
} STU;
```

这里 STU 是结构体类型名，而非变量名。定义属于该结构体变量的语句可以如下：

```
STU stud[10];
```

这样结构类型名“STU”比之前的“struct STU”拼写更为简单。

（3）定义数组类型名。

例如：

```
typedef int NUM[100];
NUM a;
```

这里 NUM 是长度为 100 的整型数组类型名，a 是长度为 100 的整型数组名。

（4）定义指针类型名。

例如：

```
typedef int * INT;
INT s[10],q;
```

这里 INT 是指向整型的指针类型名，q 是指向整型的指针变量名，s 是长度为 10 的指向整型的指针数组名。

9.8 结构体数组与链表的综合应用举例

编程实现学生成绩统计管理系统，要求用主菜单及子菜单对各功能进行选择并操作。具体要求如下：

- 输入功能：需确定总人数，根据总人数完成这些学生的基本信息。学生输入的信息包括学号、姓名、性别、五门课程成绩。
- 计算功能：计算每个学生各门功课的总分与平均分。（在输入功能时可同时完成此计算功能，不需要菜单上列出此功能进行操作）
- 显示功能：有两种方式可供用户选择，一种是按最初输入的顺序显示，另一种是按平均成绩由高到低显示。（设计两项子菜单进行操作上的区分）
- 插入功能：已有学生数据按学号排好序，当给定一个新的学生的学号后，插入原数据中仍然有序。（如果提供的原数据是无序的，需要先进行排序再进行插入操作）
- 删除功能：给定要删除的学生的学号，在数据中判断是否有学号。如果有，则删除该学生的全部信息；如果没有，则提示无该学生。
- 修改功能：给定一个学生的学号，在数据中判断是否存在该学号。如果有，则输入此学生的新信息，以修改该学生的旧信息；如果没有，则提示无该学生。
- 查找功能：给定一个学生的学号，在数据中判断是否存在该学号。如果有，则显示该学生的全部信息；如果没有，则显示无该学生。
- 退出系统。

思路解析：

系统功能主体需要处理大量的学生数据，可以用结构体数组实现，也可以用链表实现。进一步分析可以发现，这里学生人数不确定，需要从系统输入；中间可进行反复多次插入与删除操作，总人数显然会经常发生变化。如果采用数组，确定数组长度是一个问题。此外，在数组中进行插入与删除操作需要大量移动数据，较为低效。采用链表则不存在这些问题，因此系统采用链表实现更为可行和合理。

这里输入时可以无序，输入的同时完成各学生的总分与平均分。将所有输入的学生形成的链表按学号从小到大排序。进行修改、插入、删除等功能前均需要先查找，查找在有序链表中进行，效率更高。

显示功能的其中一项要求是按平均成绩由高到低排序显示，而已有的数据是按学号从小到大，因此，需要对原数据进行复制并重新排序。排序算法中有针对数组的非常多的简易的算法，而且比在链表上排序效率更高，使用的存储空间更少。因此，复制出来的数据形成数组进行排序。这里将链表中的数据复制成数组并不需要复制其 next 域，因此结构体的定义分两类：一类包括 next 域，另一类不包括。此外，数组的长度与链表的长度一致，不能在定义数组时作为常量已知，因此不能用静态数组而采用 malloc()分配动态数组。

系统的函数功能与规模划分应当合理，特别是一个功能在不同场合频繁使用时，应当独立成一个函数通过传参调用使用，比如各种场合下的输入与输出。

所有用 malloc()分配过的空间，不论是动态数组还是动态链表，不再使用后应当一律释放。参考代码如下：

类型与函数声明部分

```
#include<stdio.h>
#include<string.h>
#include<stdlib.h>
#include<windows.h>
#include<conio.h>
#define LEN sizeof(struct Student)
struct STU
{
    char num[11];  //学号
    char name[20];  //姓名
    char sex[3];  //性别,一个汉字
    float score[5];  //五科成绩
    float totalscore;  //该生的总分
    float avgscore;  //该生的平均分
};
struct Student
{
    struct STU stu_info;
```

```
        struct Student * next;
    };
    void menu();    //主菜单
    void second_menu(struct Student * head);//子菜单
    struct Student * Create_Link(int size);//创建链表
    void Input_Stu_Info(struct STU * p);//往结点读有效信息(即除 next 域以外)
    void Sort_Link(struct Student ** head);//对链表进行排序
    void Print_Link(struct Student * head);//显示链表中的有效数据
    void Print_Stu_Info(struct STU stu);//显示结点有效信息(即除 next 域以外)
    void Destroy_Link(struct Student ** head);//释放链表
    int Link_Count(struct Student * head);//统计链表中的结点个数
    int Link_To_Array(struct Student * head, struct STU ** arr);//将链表中的有效数
据(即除 next 域以外)读入数组中
    void Sort_Array(struct STU * arr, int size);//对结构体数组按某项信息排序
    void Print_Array(struct STU * arr, int size);//显示结构体数组中的数据
    void Destroy_Array(struct STU * arr);//释放动态数组

    void Add_Link(struct Student ** head, struct STU stu);//在学号有序链表中插入
一个结点,使链表仍然有序
    void Del_Link(struct Student ** head, char * no);//在链表中删除指定学号的结点
    void Modify_Link(struct Student ** head, char * no);//修改链表中指定学号的结点
数据
    struct STU Find_Link(struct Student * head, char * no);//在链表中查找指定学号的
结点,显示其全部信息
```

主函数部分（各项功能选择与调用部分）

```
    int main(void)
    {
        int opt;char no[20];
        struct Student * head=NULL;
        int size;
        while(1)
        {
            menu();                                  //菜单
            scanf("%d", &opt);
            switch(opt)
            {
```

```
case 1:
    printf("输入要录入的学生总人数:");
    scanf("%d", &size);
    head=Create_Link(size);
    Sort_Link(&head);
    break;
case 2:
    printf("显示全部学生信息");
    second_menu(head);
    break;
case 3:
    printf("输入要插入的学生的信息:");
    {
        struct STU stu;
        Input_Stu_Info(&stu);
        Add_Link(&head, stu);
    }
    break;
case 4:
    fflush(stdin);
    printf("输入要删除的学生的学号:");
    gets(no);
    Del_Link(&head, no);
    break;
case 5:
    printf("输入要修改的学生的学号:");
    gets(no);
    Modify_Link(&head, no);
    break;
case 6:
    printf("输入要查找的学生的学号:");
    gets(no);
    {
        struct STU stu;
        stu=Find_Link(head, no);
        Print_Stu_Info(stu);
    }
    break;
```

```
            case 0:
                Destroy_Link(&head);
                exit(0);
        }
    }
    return 0;
}
```

主菜单显示部分

```
void menu()//主菜单
{
    system("CLS");//清屏
    system("title 学生成绩管理系统");
    printf("\n\n\t\t\t\t****感谢您使用本系统****\n\n");
    printf("\t\t\t\t┌────────────────────────────┐\n");
    printf("\t\t\t\t│ 学生成绩管理系统          │\n");
    printf("\t\t\t\t├────────────────────────────┤\n");
    printf("\t\t\t\t│ 1.录入学生信息            │\n");
    printf("\t\t\t\t├────────────────────────────┤\n");
    printf("\t\t\t\t│ 2.显示学生信息            │\n");
    printf("\t\t\t\t├────────────────────────────┤\n");
    printf("\t\t\t\t│ 3.增加学生信息            │\n");
    printf("\t\t\t\t├────────────────────────────┤\n");
    printf("\t\t\t\t│ 4.删除学生信息            │\n");
    printf("\t\t\t\t├────────────────────────────┤\n");
    printf("\t\t\t\t│ 5.修改学生信息            │\n");
    printf("\t\t\t\t├────────────────────────────┤\n");
    printf("\t\t\t\t│ 6.查找学生信息            │\n");
    printf("\t\t\t\t├────────────────────────────┤\n");
    printf("\t\t\t\t│ 0.退出系统                │\n");
    printf("\t\t\t\t└────────────────────────────┘\n");
    printf("\t\t\t\t输入选择:【 】\b\b\b");
}
```

子菜单显示部分

```
void second_menu(struct Student * head)//子菜单
{
    int opt;
    system("CLS");//清屏
    printf("\t\t\t\t┌──────────────────────────┐\n");
    printf("\t\t\t\t│选择显示方式              │\n");
    printf("\t\t\t\t├──────────────────────────┤\n");
    printf("\t\t\t\t│1.显示全部学生信息        │\n");
    printf("\t\t\t\t├──────────────────────────┤\n");
    printf("\t\t\t\t│2.按平均成绩由高到低显示  │\n");
    printf("\t\t\t\t└──────────────────────────┘\n");
    printf("\t\t\t\t输入选择:【 】\b\b\b");
    scanf("%d", &opt);
    switch(opt)
    {
        case 1:
            printf("\n\t\t显示全部学生信息如下:\n");
            Print_Link(head);
            printf("\n");
            system("pause");
            break;
        case 2:
            {
                struct STU  * arr=NULL;
                int size;
                printf("\n\t\t按平均成绩由高到低显示学生信息如下:\n");
                size=Link_To_Array( head, &arr);
                Sort_Array(arr, size);
                Print_Array(arr, size);
                Destroy_Array(arr);
                printf("\n");
                system("pause");
            }
            break;
    };
}
```

往结点读有效信息部分

```
void Input_Stu_Info(struct STU * p)
{
    int i,n=0;
    p->totalscore=0;
    printf("\n 请输入学号、姓名和性别及五科成绩(用空格隔开):\n");
    scanf("%s%s%s",p->num,p->name,p->sex);
    for(i=0;i<5;i++)
    {
        scanf("%f",&p->score[i]);
        p->totalscore =p->totalscore+p->score[i];
    }
    p->avgscore=p->totalscore/5;
}
```

创建链表部分

```
struct Student * Create_Link(int size)
{     int n=0;
      struct Student * head=NULL, * p1, * p2;
      while(n<size)
      {
          p1=(struct Student * ) malloc(LEN);          //为新结点分配空间
          system("CLS");
          printf("\t 请输入第%d 个学生的信息\n",n+1);
          Input_Stu_Info((struct STU * )p1);    /* 给 p1 所指向的结构的 struct
STU 部分输入有效数据,其中将 p1 指针强制类型转换为指针类型,以符合函数 Input_
Stu_Info需要的类型 */
          if(head==NULL)
              head =p2=p1;              //产生第一个结点
          else
          {
              p2->next=p1;
              p2=p1;                //或者 p2=p2->next
          }                         //产生后续的其他结点
          n++;
  }
     p2->next=NULL;
```

```
        return(head);
    }
```

说明：

这里查找与修改功能给出了函数接口，函数实现部分根据功能描述补充实现。

习题 9

1. 定义一个结构体变量，包括年、月、日数据。计算该日在本年中是第几天，注意闰年问题。

2. 做一个针对 10 个学生的简易成绩管理系统。学生信息包括学号、姓名、年龄、三门课成绩。功能包括统计不及格的名单并显示，对平时成绩进行从高到低排序。

3. 有 10 个学生的信息，包括学号、姓名、年龄，组成结构体数组。将该数组的10 个学生数据读出形成链表。

4. 给定一个链表，每个链表中的结点包括学号、成绩。在其中查找某个学号的学生结点，将其成绩替换成指定的新成绩。

5. 给定两个链表，每个链表中的结点包括学号、成绩。求两个链表的交集。

6. 给定两个链表 a 与 b，每个链表中的结点包括学号、成绩。要求从 a 链表中删除与 b 链表有相同学号的结点。

7. 给定两个链表，每个链表中的结点包括学号、成绩，并均为学号升序排列。求两个链表的并集，并集的结果仍按学号升序排列。

8. 10 人围成一圈，并从 1 到 10 依次分配编号。从编号为 1 的人开始依次报数 1，2，3，报 3 的人退出，余下的人继续从 1 开始依次报数，到 3 退圈。当最后一人留在圈时求其原来的编号。

第10章　文　件

在本章以前，在程序中使用的数据要么是在程序里直接给出，要么是通过键盘临时输入，运行过程中用到的数据量相对较少。对于处理大批量的数据，不可能采用前面的输入方式，需要使用数据文件这一重要工具。由于数据文件往往是存放在外部设备中，因此需要了解与文件访问有关的基础知识。

10.1　文件的基础知识

10.1.1　什么是文件

在计算机操作系统中，“文件”本质上是一种数据组织方式。C语言的源程序（.c或.cpp）是一类文件，编译后的目标文件（.obj）是一类文件，最后形成的可执行文件（.exe）也是一类文件。通常计算机系统中的文件指由创建者定义的，具有文件名的一组相关元素的集合，可分为无结构文件与有结构文件两类。

无结构文件实质上是一个以字节数据为单位的数据集合（即若干以字节为单位的数据，一个一个依次存放形成的数据集合）。有结构文件在形式上也是由若干个字节组成的数据集合，但在读写文件数据时通常不会采用以字节为基本单位的读写方式，而是以描述一个对象完整信息的数据块为读写单位。

在文件所有的描述信息中，文件名是最重要的元素。系统通过文件名实现“按名存取”，用户须向系统提供所需访问的文件名，系统通过目录管理的基本功能，快速准确地定位到文件在外存上的存储位置，实现对文件数据的访问。文件名是文件在系统中的唯一标识，通常一个完整的文件名包括文件路径名、文件主干名和文件扩展名，如图10－1所示。

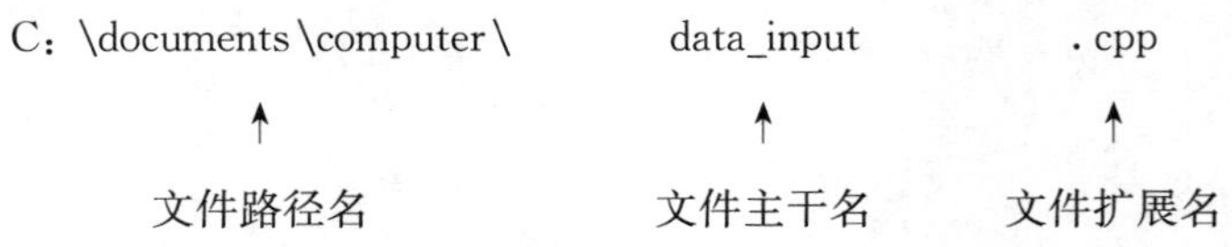

图10－1　完整的文件名结构

（1）文件路径名：是指从盘符开始，通过根目录到达文件所在的目录，在树形结构目录中，这种路径是唯一的。

(2) 文件主干名：按照操作系统命名规则定义的一个字符串。

(3) 文件扩展名：是添加在文件主干名后面的用来表述文件类型的一个字符串，用圆点“.”与文件主干名分开。文件扩展名只是用户用来标识文件类型的一个字符串，系统不会根据文件的数据类型对用户赋予的文件扩展名进行甄别，也就是说，用户可以任意更改文件扩展名的字符串内容，计算机系统不会进行干预。

一个文件系统通常含有多级目录，如果每次访问文件都需要提供从根目录开始直到文件为止的完整路径名，是一件非常麻烦的事。因此，操作系统为每个进程提供了一个“当前目录”，若访问当前目录下的文件，用户只需要给定文件的主干名与扩展名，可以省略文件名的“文件路径”部分。如果文件不在当前目录中，则需要给出包含路径名在内的完整文件名。

10.1.2　文件的分类

如前所述，数据文件可以分为无结构的流式文件和有结构的记录文件。流式文件也可以看成是记录文件的一个特例，即每条记录只有一个字节的数据。

按照数据从内存到文件的存储方式，可以把数据文件分为文本文件与二进制文件。

1. 文本文件

文本文件又称为 ASCII 文件，写到文件里的数据是对应字符的 ASCII 编码，即每一个字节存放一个字符的 ASCII 码，因此文本文件可以用任何文字编辑软件进行打开和编辑。使用文本文件写入数据时，变量值（整数 12345）转换为字符串（“12345”）写往文件（存储在文件里的是字符串“12345”的 ASCII 编码，而不是 12345 这个整数的二进制编码）。

字符串“12345”的编码共占 5 个字节，其形式如图 10－2 所示。

二进制编码：	00110001	00110010	00110011	00110100	00110101
十进制编码：	49	50	51	52	53

图 10－2　文本形式的整数字符串“12345”

上面的例子说明在文本文件中看见的数并不是真正的数值，只是与数值外观形式相同的字符串。系统将程序中的变量值或常量值送往文本文件时，需要先将非字符串形式的值转换为对应字符串的 ASCII 编码后，再进行存储。读文本文件时，实际读的是字符的 ASCII 码值，如果需要将这些 ASCII 码值还原为先前对应的数，则需要进行转换。

文本文件以字节作为存储的基本单位，数据在文件中按写入顺序进行排列。

2. 二进制文件

与文本文件只保存字符数据不同，二进制文件可存储任意类型的数据。二进制文件的数据通常是直接复制内存数据（把内存中相关的数据，按其在内存中的二进制编码原样写到二进制文件中），在读写过程中不对数据做任何修改。比如把整数 12345 写到二进制文件中，即是把整数 12345 的二进制编码写到文件中，无论是在内存还是在文件，都是 0011 0000 0011 1001B，形式如图 10－3 所示。因此，从二进制文件读出数据时，必须准确知道当初这批数据在内存中是如何组织的。比如把一个人的信息写往文件时，里面既有表示年龄的整数，也有描述姓名的字符串。从文件中读出这批数据时，系统只是把数据原样复制到内存，文件系统不会对数据进行类型上的区分，需要用户对这批数据进行处理。比如从文件复制过来的数据中哪些字节放的是整数的二进制编码，哪些字节放的是字符串的 ASCII 编码，需要用户自己区分。

二进制编码：	0011 0000 0011 1001
十进制编码：	12345

图 10-3　整数 12345 的二进制形式

10.1.3　文件缓冲区

计算机系统中，CPU 与 I/O 设备间速度通常都是不匹配的。为了缓和 CPU 与 I/O 设备之间速度不匹配的矛盾，系统在读写文件过程中开辟了文件缓冲区。文件缓冲区是在内存中预留的一段空间，用来暂时存放读写期间的文件数据。使用文件缓冲区可减少系统读写硬盘的次数。

ANSI C 标准采用“缓冲文件系统”，系统会为每个打开的文件在内存中开辟一个文件缓冲区。

如果是向文件写入数据，数据从程序数据区（程序变量）先输出到写缓冲区（输出缓冲区），再从缓冲区写到文件。一般情况下，写缓冲区装满数据以后（或执行 fclose() 关闭文件操作时），系统才把写缓冲区的数据送往磁盘文件。也可以在程序中用函数 fflush() 把缓冲区中的现有内容写往磁盘文件。

如果是从文件读入数据，系统也是把数据先从文件送到读缓冲区（输入缓冲区），然后再从读缓冲区送到程序的相关变量中。文件缓冲区由文件打开函数 fopen() 自动建立，打开的文件缓冲区由文件关闭函数 fclose() 撤销。缓冲区的大小可以不采用系统默认的文件缓冲区大小，通过函数 setvbuf()（定义在 stdio. h）进行自定义。

10.1.4　文件类型的指针

缓冲文件系统利用文件指针来标识已打开的文件。在成功打开一个文件后，系统会为打开的文件在内存中开辟一个对应的文件信息区，用来存放文件的基本信息，其类型为 FILE（FILE 是系统定义的一个结构体类型）。每个打开文件的文件信息区中含有文件名、文件状态和文件当前读写位置等与文件操作有关的信息（对于一般的编程人员，在编写程序时不用关心 FILE 结构的内部细节）。

FILE 的声明如下：

```
typedef struct
{
    short level;
    unsigned flags;
```

```
    char fd;
    unsigned char hold;
    short bsize;
    unsigned char * buffer;
    unsigned ar * curp;
    unsigned istemp;
    short token;
}FILE;
```

FILE结构体类型的信息存放在“stdio. h”中，在用户程序中可以定义基于该类型的变量和指针变量。在ANSI C中，使用fopen() 函数打开一个文件时，系统会自动为每个成功打开的文件创建文件信息区，同时fopen() 函数返回指向该信息区的指针（称为文件指针），以后对这个文件的访问都可通过该文件指针来进行。文件指针变量的定义如下：

```
FILE * fp;//定义文件指针变量
fp=fopen(文件名,文件打开方式);//利用 fopen()函数给文件指针 fp 赋值
```

fp是指向文件信息区的FILE类型的指针变量，通过fp可找到打开文件的文件信息区，实施对文件的操作。

10.2 文件的基本操作

10.2.1 打开和关闭文件

对文件进行读或写的操作都必须通过操作系统来完成，利用系统接口在系统与应用软件之间建立联系。在C语言中，这一操作称为文件打开。文件打开操作利用fopen() 函数完成。fopen() 函数为打开的文件在系统中构建对应的文件信息区，同时开辟出一个文件缓冲区供文件在读、写过程中使用。

文件打开后，就可以根据fopen() 函数设定的访问方式对文件进行读、写操作。在完成文件的所有读、写操作后，应当利用fclose() 函数对打开的文件进行关闭。

1. 打开文件

ANSI C规定用fopen() 函数来实现文件打开操作，其使用方式如下：

```
FILE * fp;
fp=fopen(文件名,文件打开方式);
```

说明：

(1) fp为一用户定义的FILE类型的文件指针变量，用于指向打开的文件，一旦成功指向某文件，以后对该文件的操作都通过该指针变量来进行。

(2) 文件名可以是一字符串常量或存储有文件名的字符数组名。如果打开文件在当前路径下，可以只给出没有路径名的文件名；如果不是当前路径下的文件，则需要提供包含

从根目录开始的路径名的文件全名。

（3）文件打开方式为一字符串，描述打开文件的使用方式，具体内容见表 10−1。

（4）文件打开成功后，fopen() 函数会返回打开文件的文件指针值，将其赋给用户提供的文件指针变量；如果打开文件不能成功，则 fopen() 函数返回 NULL。

例如，打开文件 data_input.dat（data_input.dat 文件与程序在同一目录下）用于写操作。

```
FILE * fp;
fp=fopen("data_input.dat","w");// w 表示打开的文件只能用于写操作
```

如果文件与程序不在同一目录下（在 C 盘的 student 目录下），文件名需要修改为：

```
fp=fopen("c:\\student\\data_input.dat","w");
```

说明：

本例中文件名使用的是字符串常量，这里使用“ \\ ”的原因是在 C 语言中，“ \ ”是转义字符，不代表路径，字符串常量里面的“ \\ ”实际上是利用第 1 个“ \ ”对后面的“\”进行转义，真正提交给系统的是字符串常量"c:\student\data_input.dat"。如果不是采用字符串常量描述文件名，而是从键盘输入文件名到字符数组中，输入时可以只输 1 个“ \ ”（输入“ \\ ”也能正确运行）。

```
char fname[30];
FILE * fp;
scanf("%s",fname);
fp=fopen(fname,"r");
```

从键盘输入文件名：c:\student\data_input.dat↙

文件打开方式有两个含义：一是指明文件是以文本形式打开还是以二进制形式打开（二进制打开在打开方式格式串中加‘b’）；二是指明打开的文件是用于只读还是只写，还是读写都可以。参数说明见表 10−1。

表 10−1　文件打开方式

打开方式	文件类型	读写方式	已建立文件	文件未建立
"r"	文本文件	只读	打开后对文件以字符方式进行读操作	函数返回 NULL
"w"		只写	打开后清空文件原有全部数据，再进行写操作	建立新文件用于写
"a"		尾部添加	打开文件后，不删除文件原有数据，在文件原有数据后面添加新数据	函数返回 NULL
"rb"	二进制文件	只读	打开后对文件以二进制方式进行读操作	函数返回 NULL
"wb"		只写	打开后清空文件原有全部数据，再进行写操作	建立新文件用于写
"ab"		尾部添加	打开文件后，不删除文件原有数据，在文件原有数据的后面添加新数据	函数返回 NULL

续表10—1

打开方式	文件类型	读写方式	已建立文件	文件未建立
"r+"	文本文件	读写	打开后对文件以字符方式进行读、写操作，打开后读写位置从头开始	函数返回 NULL
"w+"		读写	打开后清空文件原有全部数据，再进行读、写操作	建立新文件用于读、写
"a+"		读写 尾部添加	打开文件后，不删除文件原有数据，可对文件读、写，读、写位置标记在打开后指向文件原有数据的尾部	函数返回 NULL
"rb+"	二进制文件	读写	打开后对文件以二进制方式进行读、写操作，打开后读写位置从头开始	函数返回 NULL
"wb+"		读写	打开后清空文件原有全部数据，再进行读、写操作	建立新文件用于写
"ab+"		读写 尾部添加	打开文件后，不删除文件原有数据，可对文件读、写，读、写位置标记在打开后指向文件原有数据的尾部	函数返回 NULL

在文件操作中，为了保证文件操作的有效性，一般在 fopen() 函数后面会利用 fp 的值先判断文件是否成功打开，如果是 NULL，则不往下执行，例如：

```
FILE * fp;
fp=fopen("data_input.dat","r");
if(fp==NULL)
{       printf("Can not open the file\n");
        exit(0);//返回系统，避免对空文件指针进行误操作，exit()函数定义在“stdlib.h”中
}
```

2. 关闭文件

在完成文件所有操作后，必须使用 fclose() 函数对打开文件进行关闭。该操作对系统在打开时提供给文件的系统资源进行回收。如果前面打开的文件是用于写操作，关闭文件操作会把写缓冲区中还未写往文件的数据写往文件（通常情况下，写缓冲区装满数据后，系统才会自动写往文件），避免数据丢失。fclose() 函数的使用格式如下：

fclose（打开文件的文件指针）

例如：对打开的“data_input.dat”进行关闭。

```
FILE * fp;
fp=fopen("data_input.dat","w");
……
fclose(fp);
```

fclose()函数成功关闭文件返回 0，错误返回 EOF，并把错误存储在 errno 中。

10.2.2 字符方式读写文件

文件被打开后，就可以按照文件打开时设定的打开方式对文件进行读、写操作。本节先对字符方式的读、写操作进行介绍，后面章节再对二进制方式的读、写操作进行讲解。以字符方式对文件进行读写（在打开方式中不能加‘b’），系统默认的是每个字节都对应一个字符的ASCII码。C语言提供了一系列与文件操作有关的库函数进行字符和字符串的读、写操作，这些读写库函数包含在“stdio.h”头文件中。常用的字符读写库函数见表10−2。

表10−2 字符读写库函数

函数名	调用形式	功能	返回值说明
fgetc	fgetc(文件指针)	从文件指针所指向的文件里读取一个字符	读成功返回读取的字符，不成功返回EOF(−1)
fputc	fputc(字符,文件指针)	把字符写到文件指针所指向的文件中	写成功返回写入的字符，未能写到文件返回EOF(−1)

【例10.1】在当前目录下，建立一个新的文本文件：output.txt，然后把键盘输入内容写到该文件中（屏幕上每行不超过40个字符）。若在输入过程中遇到$，则停止输入，并结束程序。

思路解析：利用“w”打开方式创建文件供输出，利用一个循环对键盘缓冲区的字符进行判断，如果当前字符不是“$”，则将该字符写到文件中，否则结束循环，关闭文件。

源程序：

```
#include<stdio.h>
#include<stdlib.h>
int main()
{
    char ch;
    FILE *fp;
    fp=fopen("output.txt","w");  //以写的方式打开文件
    if(fp ==NULL)  //打开不成功则退出
    {
        printf("File can not be opened\n");
        exit(0);  //exit()函数定义在stdlib.h中
    }
    scanf("%c",&ch);  //读第一个字符到ch,也可以用ch=getchar()
    while(ch!='$')  //ch里的字符不是'$'则写往文件
    {
        fputc(ch,fp);  //把ch变量的字符值写往文件
        scanf("%c",&ch);  //继续读入下一个字符
```

```
    }
    fclose(fp);   //关闭文件
    return 0;
}
```

运行结果：

I love my country!↙

I love my school　!＄↙

利用 Windows 系统的记事本打开程序建立的 output. txt 文件，其中内容如图 10－4 所示。

output.txt - 记事本
文件(F)　编辑(E)　格式(O)　查看(V)　帮助(H)
I love my country!
I love my school !

图 10－4　例 10.1 程序运行结果示意图

说明：

在 Windows 系统中，对于文本文件，在输入过程中，敲击键盘 Enter 键产生换行符 LF(0x0A)，将 LF(0x0A) 写往文件时，系统会自动将其转换为 CR 和 LF 两个字符 (0x0D 0x0A) 写到文件。从文件里读出数据时，若遇到 CR 和 LF 两个字符，系统会去掉 CR，只剩下换行符 LF，这样就能保证在处理文本文件时，无论数据来自键盘还是来自文本文件，都能保持一致性。

【例 10.2】将上面建立的“output. txt”文件内容读出，显示在屏幕上。

思路解析：利用“r”打开方式打开文本文件供读取数据，利用 fgetc() 函数的返回值是否为 EOF 判断文件数据读完与否。

源程序：

```
#include<stdio.h>
#include<stdlib.h>
int main()
{
    char ch;
    FILE *fp;
    fp=fopen("output.txt","r");   //以读的方式打开已经存在的文本文件
    if(fp==NULL)
    {
        printf("File can not be opened \n");
        exit(0);
    }
```

```
        ch=fgetc(fp);    //从文件里读取一个字符
        while(ch!=EOF) /* 若读取到文件的末尾,没有数据可供读取的时候,那么
fgetc()返回 EOF,即-1 */
        {
            putchar(ch);    //将字符送往屏幕
            ch=fgetc(fp);    //从文件里再读取一个字符
        }
        putchar(10);    //输出换行
        fclose(fp);
        return 0;
    }
```

运行结果：

I love my country!

I love my school !

说明：

(1) 在文本文件中，由于字符的ASCII都是非负值，可以用EOF(−1) 作为文件读完的标志。但对于二进制文件，很可能文件中某一个字节的数据就是0xFF(−1)，fgetc() 读取这个数据后的返回值是−1（与EOF相等），误认为是已经读到文件末尾，结束循环，但是实际上此时还未到达文件末尾，因此不能采用fgetc() 的返回值来判断二进制文件读完没有（参看：https://www.cnblogs.com/dolphin0520/archive/2011/10/13/2210459.html）。

(2) 在C系统的stdio.h中，作了如下的宏定义：

```
#define putc(ch,fp) fputc(ch,fp)
#define getc(fp) fgetc(fp)
```

因此，putc 与 fputc，getc 与 fgetc 作用完全一样。

10.2.3 字符串方式读写文件

除了采用一次一个字符方式进行文本文件的读、写操作外，还可以采用一次一个字符串方式对文本文件进行读、写。在stdio.h中也提供了两个函数fgets() 与fputs() 用于字符串的读、写操作，函数说明见表10−3。

表10−3 字符串读写函数

函数名	调用形式	功能	返回值说明
fgets	fgets(str, n, 文件指针)	从文件指针所指向的文件里读取一个字符串到字符数组str中	读成功返回str的地址，不成功返回NULL
fputs	fputs(str, 文件指针)	把str指向的字符串写到文件指针所指向的文件中	写成功返回0，未能写到文件返回非0值

1. fgets() 函数

语法格式如下：

char * fgets(char * str, int n, FILE * fp)

说明：

(1) str 可以是一维字符数组名或指向一维字符数组空间的指针。

(2) 在文件中，函数调用一次最多可以从文本文件中读取 $n-1$ 个字符，然后函数自动在后面添加上'\0'形成字符串。

例如：fgets(sname, 11, fp);

函数运行时，从 fp 所指向的文件里读取 10(11-1) 个字符形成字符串，并将这个字符串存到 sname 地址开始的字符数组空间，因此，sname 数组的最小长度不得低于 11 (需要一位保存字符串结束标志'\0')

(3) 在读取的过程中，如果没有读满 $n-1$ 个字符就遇到 CR 和 LF 字符，函数会把文件中的 CR 和 LF 两个字符读出来，然后只保留换行符 LF 放到字符串中，并结束读取(在形成的字符串中，字符 LF 是放在字符串结束标志'\0'前，在 LF 前才是显示出来的字符串)。如果没有读满 $n-1$ 个字符就到达文件尾，也结束读取，将已读取的内容形成字符串。

(4) 读取失败，返回 NULL。

【例 10.3】将上面建立的"output.txt"文件内容利用 fgets() 函数读出，显示在屏幕上。

思路解析：利用 fgets() 函数读取文本文件中一行形成一字符串，利用 fgets() 函数的返回值判断文件数据读完与否。

源程序：

```
#include<stdio.h>
#include<stdlib.h>
int main()
{
    char ch[41], * cp;
    FILE * fp;
    fp=fopen("output.txt","r");
    if(fp==NULL)
    {
        printf("File can not be opened\n");
        exit(0);
    }
    cp=fgets(ch,41,fp);   //上面的文件中,每行必须不超过 40 个字符
    while(cp!=NULL)   /* cp 不为空,表示本次 fgets()成功从文件中读出了数据 */
    {
```

```
        printf("%s",ch);
    /*因为形成的字符串里已经有了换行字符,如再用 puts(ch)进行输出,会在两行之
间多输出一个空行,这是由于 puts 函数本身要输出一个换行 */
        cp=fgets(ch,40,fp);
    }
    putchar(10);
    fclose(fp);   //关闭文件
    return 0;
}
```

运行结果：

I love my country!

I love my school!

如果不使用 printf 函数，改用 puts 函数进行输出，则需要在读入的时候将字符串中的换行符改成字符串结束标志‘\0’。

修改后程序如下：

```
#include<stdio.h>
#include<stdlib.h>
#include<string.h>
int main()
{
    char ch[41], *cp;
    FILE *fp;
    int n=0;
    fp=fopen("output.txt","r");
    if(fp==NULL)
    {
        printf("File can not be opened\n");
        exit(0);
    }
    cp=fgets(ch,41,fp);   //fgets()返回值参看表 10-3
    while(cp!=NULL)   //如果没有读完文件数据，则继续循环
    {
        n=strlen(cp);   //获取字符串的长度,对字符串最后一个字符进行判断,如
果是换行符,把字符串中的 LF(10)则改为'\0'
        if(*(cp+n-1)==10)
            *(cp+n-1)='\0';
```

```
        puts(ch);  //输出字符串,并换行
        cp=fgets(ch,40,fp);
    }
    putchar(10);
    fclose(fp);  //关闭文件
    return 0;
}
```

2. fputs() 函数

语法格式如下：

int fputs(char * str,FILE * fp)

说明：

(1) 参数 str 可以是字符串常量、一维字符数组名或字符指针。

(2) 字符串写往文件的过程中遇到字符串结束的标志‘\0’，则停止写且‘\0’不写往文件。

(3) fputs() 本身不提供输出换行符，如果形成的文本文件希望一个字符串一行，则需要在两次字符串写入之间执行一次 fputs("\n",fp)来形成换行。

【例 10.4】从键盘读入 5 个字符串（长度不超过 40）存放在一个二维字符数组中，然后将该二维数组中的字符串写往文件"output2.txt"，文件中每个字符串一行。

思路解析：利用 gets() 函数把键盘输入数据存放到一个二维数组中，再利用 fputs() 把数组中的字符串写往文件。

源程序：

```
#include<stdio.h>
#include<stdlib.h>
int main()
{
    char ch[5][41], * cp;
    FILE * fp;
    int i;
    fp=fopen("output2.txt","w");
    if(fp==NULL)
    {
        printf("File can not be opened \n");
        exit(0);
    }
    for(i=0;i<5;i++)
        gets(ch[i]);  //将一个字符串放到数组中
```

```
    for(i=0;i<5;i++)
    {
        fputs(ch[i],fp);   //将一个字符串写往文件
        fputs("\n",fp);   //在文本文件中产生换行,要用"\n",不能用'\n'
    }
    fclose(fp);   //关闭文件
    return 0;
}
```

运行结果：

the first line↙

the second line↙

the third line↙

the fourth line↙

the fifth line↙

用记事本打开例 10.4 的程序，运行得到的文件内容如图 10−5 所示。

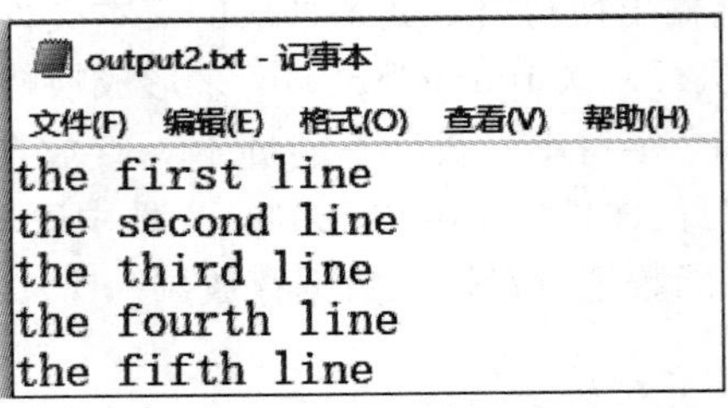

图 10−5　例 10.4 程序运行产生的文本文件

10.2.4　格式化方式读写文件

前面使用的文本文件读写操作，读写前后都是字符型数据，不涉及其他类型数据的操作，但在程序里，并不是所有的数据都是字符型，还有整型、浮点型等。

C 语言提供了两个函数 fscanf() 和 fprintf()，在读写操作时可以在字符串与数值之间进行转换，其功能和参数与我们在前面使用的 scanf() 和 printf() 非常相似。

我们知道 scanf() 是把键盘输入的字符串按指定的格式转换为相应类型变量的值，那么 fscanf() 则是把从文本文件中读出的字符串按指定的格式转换为相应类型变量的值，两个函数主要的区别仅在于数据来源上的不同。

类似地，printf() 是把变量的值按指定的方式转化为文本，送往显示终端；fprintf() 则是把变量的值按指定的方式转化为文本写往文本文件。

语法格式如下：

int fscanf(文件指针,格式控制字符串,输入项的地址列表);

int fprintf(文件指针,格式控制字符串,输入项列表);

说明：

（1）fscanf() 的返回值是事实上已赋值的变量的个数，如果未进行任何分配，则返回 EOF。fprintf() 的返回值是正确写入文件的字节数，否则返回负数。

（2）函数中的“格式控制字符串”的规定，与前面 scanf() 和 printf() 的规定完全一样。

（3）同 scanf() 一样，fscanf() 也需要提供各输入项的地址指针。

【例 10.5】从键盘读入三个学生的信息：姓名，年龄（整数），成绩（浮点），并把数据写往文本文件 student.txt；完成后，再从文件中读出这三个学生的信息，显示在屏幕上。

思路解析：先利用 scanf() 把键盘输入的数据读入变量中，再利用 fprintf() 把变量的值写往文本文件，然后关闭文件。以读的方式打开 student.txt，用 fscanf() 把文件中的数据读到变量中，再用 printf() 把变量的值显示在屏幕上。

源程序：

```
#include<stdio.h>
#include<stdlib.h>
int main()
{
    char name[9];
    FILE *fp;
    int age,i,num=1;
    float score;

    fp=fopen("student.txt","w");   //以写的方式先打开文件
    if(fp==NULL)
    {
        printf("File can not be opened\n");
        exit(0);
    }

    for(i=0;i<3;i++)
    {
        printf("请输入学生_%d 的姓名,年龄,成绩:",i+1);
        scanf("%s %d%f",name,&age,&score);   //从键盘读入数据到变量
        fprintf(fp,"%s %4d%6.2f\n",name,age,score);   // 变量数据写往文件
    }
    fclose(fp);   //关闭文件
```

```
    fp=fopen("student.txt","r");   //以读的方式打开文件
    printf("从文件中读出的学生数据:\n");
    //根据 fscanf()的返回值来判断读文件成功与否
    i=fscanf(fp,"%s %d%f",name,&age,&score);
    while(i==3)   //读成功则显示,并进行下一次读取
    {
        printf("学生_%d 的姓名,年龄,成绩:",num++);
        printf("%s %d%6.2f\n",name,age,score);
        i=fscanf(fp,"%s %d%f",name,&age,&score);   //从文件中读出数据到
变量
    }
    fclose(fp);
    return 0;
}
```

运行结果：

请输入学生_1 的姓名,年龄,成绩:张三　19　89.6↙
请输入学生_2 的姓名,年龄,成绩:王五　20　98.7↙
请输入学生_3 的姓名,年龄,成绩:李四　18　94.5↙
从文件中读出的学生数据:
学生_1 的姓名,年龄,成绩:张三　19　89.6
学生_2 的姓名,年龄,成绩:王五　20　98.7
学生_3 的姓名,年龄,成绩:李四　18　94.5

用记事本打开例 10.5 的程序，运行得到的 student.txt 文件内容如图 10－6 所示。

```
student.txt - 记事本
文件(F)  编辑(E)  格式(O)  查看(V)  帮助(H)
张三 19 89.60
王五 20 98.70
李四 18 94.50
```

图 10－6　例 10.5 文本文件 student.txt 中的内容

fscanf() 和 fprintf() 适用于文本文件的读写，优点是文本文件中的内容可以直接查看；缺点是对于非字符类型的数据，每一次的读写都要进行字符串与数之间的转换操作，要花费较多的处理时间，在数据量大的时候，效率非常低。效率更高的处理方式是使用二进制方式进行直接读写。

10.2.5　数据块读写文件

数据块读写（也称为二进制读写）方式与前述的文本文件读写方式不同。数据块读写方式在读写过程中不对数据进行转换，直接在内存与文件之间进行数据拷贝，省略了数值与字

符串之间的转换时间。采用数据块读写方式时，读写过程中不会考虑数据的性质和类型，只是简单对存储空间进行复制，至于存储空间内的这些二进制数所包含的数据类型和值，则由用户自己进行处理和解释。数据块读写函数分别是 fread() 和 fwrite()，见表 10－4。

表 10－4　数据块读写函数

函数名	调用形式	功能	返回值说明
fread	fread(buffer, size, count, fp)	从文件里读取大小为 size * count 字节的数据块到 buffer 中	实际从文件中读取到的数据块的数目
fwrite	fwrite(buffer, size, count, fp)	从 buffer 中读取大小为 size * count 字节的数据块写到文件	实际写到文件中的数据块的数目

一般调用形式如下：

fread(buffer, size, count, fp);

fwrite(buffer, size, count, fp);

说明：

(1) buffer：对应一个连续内存数据区的起始地址，通常是一个指针值。

(2) size：欲复制的一个数据块的大小（字节数）。

(3) count：本次欲复制多少个数据块（每个数据块的大小为 size），本次读写总的字节数为 size * count。如果是 fread()，则从文件读取 size * count 字节的数据块到 buffer 开始的内存中；如果是 fwrite()，则从 buffer 开始，把大小为 size * count 字节的内存数据写到文件。

(4) fp：指向读写文件的文件指针。

(5) fread() 返回的是实际从文件中读取到的数据块的数目，不一定就是 count 的值。

(6) fwrite() 返回的是实际写到文件中的数据块的数目，不一定就是 count 的值。

文件结束判定函数 feof()（后面会有详细的介绍）的语法格式如下：

int feof(FILE * fp);

feof() 函数原型定义在 stdio. h 中，其功能是在进行读文件时，检测是否读完文件所有数据，如果文件结束，则返回非 0 值，否则返回 0。需要注意的是，feof() 函数并不是在读完文件的最后一个字节就返回逻辑真，而是要再读一次，当没有数据可以读入时才返回非 0 值。

【例 10.6】 用逐个读取字节方式把文件 student. txt 的内容复制到 stu_bak. txt。

思路解析： 利用 fread() 从 student. txt 读一个字节的数据到变量，然后把变量中的数据利用 fwrite() 写到 stu_bak. txt，利用 feof() 判断文件是否读完。

源程序：

```
#include<stdio.h>
#include<stdlib.h>

int main()
{
```

```
    FILE * fp1, * fp2;
    char data;

    fp1=fopen("student.txt","rb");// "rb" 表示以二进制方式打开文件供读
    fp2=fopen("stu_bak.txt","wb");// "wb" 表示以二进制方式打开文件供写
    if(fp1==NULL||fp2==NULL)
    {
        printf("File can not be opened\n");
        exit(0);
    }

    fread(&data,sizeof(char),1,fp1);//从 fp1 文件读一个字节的内容到变量 data
    while(!feof(fp1))   //fp1 指向的文件未读完,继续读
    {
        fwrite(&data,sizeof(char),1,fp2);//把变量 data 的内容写到 fp2 文件
        fread(&data,sizeof(char),1,fp1);
    }
    fclose(fp1);
    fclose(fp2);
    return 0;
}
```

说明：

使用 fread() 和 fwrite() 函数，文件必须以二进制方式打开（参看表 10－1），在文件打开方式对应的格式字符串里一定有格式字符“b”。

【例 10.7】从键盘依次输入三个学生的信息到结构体变量中，同时把结构体变量中的信息写到"student.dat"文件中（二进制文件），最后从文件中读取所有学生的信息并显示。

思路解析：利用 fwrite() 函数把一个结构体数据复制到文件中，写入全部完成后，再利用 fread() 函数把文件中的数据按一次一个结构体的方式读到结构体变量中，利用 fread() 函数返回值判断文件是否读完。

源程序：

```
#include<stdio.h>
#include<stdlib.h>
//定义 student 结构体类型
struct student
{
    char name[9];
    int age;
```

```
        float score;
    };
    int main()
    {
        FILE * fp;
        int i;
        struct student s_data;   //定义基于 student 结构体类型的变量

        fp=fopen("student.dat","wb");   // "wb" 表示以二进制方式打开文件供写
        if(fp==NULL)
        {
            printf("File can not be opened\n");
            exit(0);
        }

        for(i=0;i<3;i++)
        {
            printf("输入学生(%d)的姓名,年龄,成绩:",i+1);
            scanf("%s %d%f",s_data.name,&s_data.age,&s_data.score);
    /* 把 1 个数据块(结构体)写到文件中,利用 sizeof(struct student)获取 1 个数据块的
大小 */
            fwrite(&s_data,sizeof(struct student),1,fp);
        }
        fclose(fp);

        fp=fopen("student.dat","rb");
        printf("学生的信息:\n");
        while(fread(&s_data,sizeof(struct student),1,fp)==1) //如果读成功则继续
        {
            printf("姓名:%s,年龄:%d,成绩:%6.2f:\n",s_data.name,s_data.age,
s_data.score);   //输出结构体变量中的数据
        }
        fclose(fp);
        return 0;
    }
```

运行结果：

输入学生(1)的姓名,年龄,成绩:张三　19　98.8

输入学生(2)的姓名,年龄,成绩:王五　20　97.7

输入学生(3)的姓名,年龄,成绩:李四　18　99.9
学生的信息:
姓名:张三,年龄:19,成绩:98.80
姓名:王五,年龄:20,成绩:97.70
姓名:李四,年龄:18,成绩:99.90

说明：

如果用“记事本”编辑器去打开 student. dat 文件，看见的会是一串乱码，如图 10－7 所示。乱码表明 student. dat 文件类型不是文本文件。

图 10－7　用记事本打开 student. dat 文件

采用数据块方式进行数据读取时，fread() 使用的数据块（结构体）定义必须与 fwrite() 使用的数据块（结构体）完全一样，否则读出来的数据就是混乱的。

10. 3　文件的其他操作

在 C 语言中，文件数据的读写除了顺序操作外，还有随机访问方式。对文件进行顺序操作，需要从文件头开始进行访问，不便于对数据进行随机访问，因此随机访问方式更便于对文件中任意物理位置的数据进行读写，从而提高访问效率。

10. 3. 1　fseek 函数

为了对文件的读写进行控制，系统为每个打开的文件设置了一个文件读写位置标记(简称文件位置指针)。执行非追加方式打开文件操作，文件位置指针自动指向文件头，以后每读、写一个字符，文件位置指针自动向后移动一个位置。如果是以追加方式（“a”）打开文件，文件位置指针指向文件的末尾。对文件的随机访问是通过对文件位置指针值进行重新设定来实现的。

利用 fseek() 函数，可以将文件位置指针移动到指定的位置。语法格式如下：

int fseek(FILE * fp, long 位移量, int 起始点)

说明：

(1) fseek() 函数以“起始点”为基准，将文件位置指针向前或向后移动指定的“位移量”。

(2)“起始点”参数可以采用 C 标准符号常量或数值，见表 10－5。

表 10-5　起始点的参数设置

起始点	符号常量表示	数值表示
文件开始位置	SEEK_SET	0
文件当前位置	SEEK_CUR	1
文件末尾位置	SEEK_END	2

（3）“位移量”值为正时，文件位置指针向后移动；值为负时，向前移动。位移量是 long 类型数据，用数值表示时，可在数值后加 L。

（4）定位成功返回 0，失败返回非 0 值。

fseek() 一般用于二进制文件，下面通过几个例子说明其使用：

fseek(fp,100L,0);//将文件位置指针从文件开始位置向后移动到 100 个字节处

fseek(fp,100L,1);//将文件位置指针从文件当前位置向后移动 100 个字节

fseek(fp,-100L,1);//将文件位置指针从文件当前位置向前移动 100 个字节

fseek(fp,-100L,2);//将文件位置指针从文件末尾位置向前移动 100 个字节

10.3.2　rewind 函数

rewind() 函数的作用是使文件的文件位置指针重新指向文件开始位置。

语法格式如下：

rewind(文件指针);

在访问文件的过程中，如果希望再次访问数据，可以通过使用 rewind() 函数让文件位置指针指向文件开始位置来实现。

【例 10.8】 利用例 10.7 中的"student.dat"文件，在文件后面继续添加学生的信息，然后从文件中读取所有学生的信息并显示，最后把偶数行学生的信息显示出来。

思路解析：利用追加方式打开二进制文件"student.dat"，输入新的学生信息并添加到文件中，利用 rewind() 将文件位置指针指向文件开始位置，读取并显示所有学生信息，再次利用 rewind() 将文件位置指针指向文件开始位置，利用 fseek() 函数跳过不需要读取的数据。

源程序：

```
#include<stdio.h>
#include<stdlib.h>

struct student
{
    char name[9];
    int age;
    float score;
```

```
};
int main(void)
{
    FILE * fp;
    int i=0;
    char con;
    struct student s_data;

    fp=fopen("student.dat","ab+");  // " +"表示以追加方式打开文件
    if(fp==NULL)
    {
        printf("File can not be opened\n");
        exit(0);
    }
    printf("需要输入新的学生信息?(Y/N)");
    scanf("%c",&con);
    while(con=='Y'||con=='y')
    {
        printf("输入学生(%d)的姓名 年龄 成绩:",i+1);
        scanf("%s %d%f",s_data.name,&s_data.age,&s_data.score);
        fwrite(&s_data,sizeof(struct student),1,fp);//把结构体数据写到文件中
        fflush(stdin);//清空输入缓冲区,保证下面的scanf()读新的循环条件
        printf("需要输入新的学生信息?(Y/N)");
        scanf("%c",&con);
    }
    rewind(fp);//文件指针重新指向文件开始位置
    printf("所有学生信息:\n");
    while(fread(&s_data,sizeof(struct student),1,fp)==1)
    {
        printf("姓名:%s,年龄:%d,成绩:%6.2f\n",s_data.name,s_data.age,
s_data.score);
    }
    rewind(fp);//文件指针重新指向文件开始位置
    printf("偶数行学生信息:\n");
    //将文件指针从当前位置向后移动1个结构体变量大小,只读偶数行数据
    fseek(fp,sizeof(struct student),1);
```

```
        while(fread(&s_data,sizeof(struct student),1,fp)==1)
        {
            printf("姓名:%s,年龄:%d,成绩:%6.2f\n",s_data.name,s_data.age,
s_data.score);
            fseek(fp,sizeof(struct student),1);
        }
        fclose(fp);
        return 0;
    }
```

运行结果：

需要输入新的学生信息?(Y/N)y
输入学生(1)的姓名 年龄 成绩:赵一　19　89.6
需要输入新的学生信息?(Y/N)y
输入学生(2)的姓名 年龄 成绩:周二　20　98.5
需要输入新的学生信息?(Y/N)y
输入学生(3)的姓名 年龄 成绩:孙七　19　96.7
需要输入新的学生信息?(Y/N)y
输入学生(4)的姓名 年龄 成绩:郑八　20　94.6
需要输入新的学生信息?(Y/N)n
所有学生信息:
姓名:张三,年龄:19,成绩:98.80
姓名:王五,年龄:20,成绩:97.70
姓名:李四,年龄:18,成绩:99.90
姓名:赵一,年龄:19,成绩:89.60
姓名:周二,年龄:20,成绩:98.50
姓名:孙七,年龄:19,成绩:96.70
姓名:郑八,年龄:20,成绩:94.60
偶数行学生信息:
姓名:王五,年龄:20,成绩:97.70
姓名:赵一,年龄:19,成绩:89.60
姓名:孙七,年龄:19,成绩:96.70

10.3.3　ftell 函数

ftell() 函数用于获取文件位置指针当前值。

语法格式如下：

longftell(FILE * fp);

对于文件中的一些关键数据，可能会存在多次访问的需求，可以利用 ftell() 函数记下其位置，以后再利用 fseek() 函数从文件开始位置重设文件位置指针。

10.3.4 feof 函数

前面提到过，fgetc（或者 getc）函数返回 EOF 并不一定就表示文件结束，读取文件出错时也会返回 EOF；在非文本文件情况下，有可能某个数据值本身就是－1(EOF)，仅凭读写函数返回值 EOF(－1) 就认为文件已经结束显然是不正确的。

这时可以利用 feof() 函数检测流文件是否结束。

语法格式如下：

int feof(FILE * fp);

说明：

feof() 实际上是去检测 FILE 结构中的文件结束标记，当文件内部位置指针指向文件结束时，并未立即设置为 FILE 结构中的文件结束标记，只有再执行一次读文件操作，才会设置为结束标志，此后调用 feof() 才会返回为真。

运行下面的程序，观察程序运行结果：

```
char c;
while(!feof(fp))
{
    c=fgetc(fp);
    printf("%X\n",c);
}
```

该程序运行后发现会多输出了一个 FF，原因就是在读完最后一个字符后，fp->flag 仍然没有被设置为_IOEOF，系统只表示当前有内容可读，并不检测后面是否还有数据，因而 feof() 不会返回逻辑真。当再次调用 fgetc() 执行读操作时，fgetc() 没有读取成功，系统返回 EOF，这时 feof() 才返回逻辑真，这样就多输出了一个－1（即 FF)。

上面的程序可以改用下面的方式来避免输出 FF。

```
char c;
c=fgetc(fp);  //读一个字符
while(!feof(fp))  //立刻判断读的时候是不是已经到文件结束
{
    printf("%X\n",c);
    c=fgetc(fp);
}
```

或者

```
int c;
while(!feof(fp))
```

```
{
    c=fgetc(fp);
    if(c!=-1)  //EOF不作为文件内容输出
    {
        printf("%X\n",c);
    }
}
```

对于基于结构体形式产生的二进制文件，建议利用 fread 函数的返回值来判定数据是否成功读取，不使用 feof 函数来判定。

10.3.5 ferror 函数和 clearerr 函数

1. ferror 函数

ferror() 函数用于测试给定文件指针指向的文件信息区的错误标识符。

语法格式如下：

int ferror(FILE * fp);

在调用各种输入输出函数（如 putc，getc，fread，fwrite 等）时，如果 ferror() 返回值为 0（假），表示未出错；如果返回一个非零值，表示出错。

需要注意的是，对同一个文件，每次调用输入输出函数均产生一个新的 ferror 函数值，因此，应当在调用一个输入输出函数后立即检查 ferror() 函数的值，否则信息会丢失。在执行 fopen() 函数时，ferror() 函数的初始值自动置为 0。

2. clearerr 函数

clearerr() 函数使文件错误标志和文件结束标志置为 0。

语法格式如下：

void clearerr(FILE * fp);

【例 10.9】 clearerr() 函数的使用。

源程序：

```
#include<stdio.h>
int main()
{
    FILE * fp;
    char ch;
    fp=fopen("readfile.txt","w");     //以写方式打开文件
    ch=fgetc(fp);                     //读只写文件,会出错
    if(ferror(fp))                    // ferror(fp)返回非零值
    {
```

```
        printf("读取 readfile. txt 时发生错误\n");
    }
    clearerr(fp);   //利用 clearerr(fp)清除文件错误标志
    if(!ferror(fp))   //此时 ferror(fp)返回 0
    {
        printf("错误标志清楚\n");
    }
    fclose(fp);
    return(0);
}
```

运行结果：

读取 readfile. txt 时发生错误

错误标志清楚

10.4 文件程序设计举例

【例 10.10】 有一用于描述学生的结构体的定义如下：

```
struct Student
{
    char name[20];
    int num;
    int age;
    char addr[20];
};
```

试编写程序依次实现以下功能：

(1) 从键盘输入多个学生信息并存入指定文件（stu. dat）中。

(2) 将文件（stu. dat）中所有学生信息读出并依次显示。

(3) 利用文件（stu. dat）中数据生成链表并输出链表信息。

(4) 对链表的结点按 addr 从小到大进行排序并显示排序后的链表信息。

(5) 把排序后的链表结点数据写到文件（paixu. dat）中。

(6) 把文件（paixu. dat）中的数据读出来并显示，以检查前面写入文件（paixu. dat）中的数据是否正确。

源程序：

```
#include<stdio.h>
#include<stdlib.h>
#include<string.h>
```

```
#define SIZEST sizeof(struct Student)
#define SIZEJD sizeof(struct Jd)

struct Student    //学生信息结构体
{
    char name[20];
    int num;
    int age;
    char addr[20];
};
struct Jd      //链表结点结构体
{
    struct Student student;
    struct Jd * next;
};
void createFile(char * FName);   //创建文件,存放结构体数据
void readFile(char * FName);    //从文件读出数据到结构体
struct Jd * createchain(char * FName);   //利用文件创建链表
void printChain(struct Jd * head);   //输出链表所有结点数据
void sortchain(struct Jd * pbegin);   //根据地址对链表进行排序
void WriteToFile(struct Jd * head, char * FName);//把链表结点数据写往文件

int main()
{
    struct Jd * head=NULL;
    char FileName[128]={'\0'};

    strcpy(FileName, "stu.dat");
    createFile(FileName);
    readFile(FileName);

    head=createchain(FileName);
    printf("***未排序的链表数据***\n");
    printChain(head);

    sortchain(head);
    printf("***根据地址排序后的链表数据***\n");
    printChain(head);
```

```
    strcpy(FileName, "paixu. dat");
    WriteToFile(head, FileName);
    readFile(FileName);
    return 0;
}
void createFile(char * FName)
{
    int i=1;
    struct Student stud;
    FILE * fp;

    if((fp=fopen(FName, "wb"))==NULL) //利用 FName 的字符串作文件名
    {
        printf("cannot open file\n");
        exit(0);
    }

    while(i!=0)   //给结构体各成员变量赋值
    {
        printf("enter data of students:\n");
        printf("姓名:");
        scanf("%s", stud. name);  //输入名字
        printf("学号:");
        scanf("%d", &stud. num);  //输入学号
        printf("年龄:");
        scanf("%d", &stud. age);  //输入年龄
        printf("地址:");
        scanf("%s", stud. addr);  //输入地址
        if(fwrite(&stud, SIZEST, 1, fp)!=1)   //把一个结构体数据写往文件
            printf("file write error \n");

        printf("还需要输入新的学生数据(1=继续,0=退出)?");
        scanf("%d", &i);
    }
    fclose(fp);
}
void readFile(char * FName)
{
```

```
        struct Student stud;
        FILE * fp;

        if((fp=fopen(FName, "rb"))==NULL)
        {printf("cannot open file\n");
            exit(0);
        }
        printf("* * * %s 文件中的记录数据 * * *\n", FName);
        //从文件里读出一个结构体数据,直到读不出一个完整的结构体数据
        while(fread(&stud, SIZEST, 1, fp)==1)
        {
            printf("%-20s %4d %4d %-20s\n", stud.name, stud.num,
                                 stud.age, stud.addr);
        }
        fclose(fp);
    }

    struct Jd * createchain(char * FName)
    {
        FILE * fp;
        struct Jd * pt, * pEnd, * head=NULL;
        struct Student stud;

        if((fp=fopen(FName, "rb"))==NULL)
        {
            printf("cannot open file\n");
            exit(0);
        }
        while(fread(&stud, SIZEST, 1, fp)==1)   //从文件里读出一个结构体数据
        {
            pt=(struct Jd *)malloc(SIZEJD);   //创建链表结点空间
            pt->student=stud;   //把前面读出的结构体数据赋值给结点的 student
成员变量
            if(head==NULL)   //如果链表以前是空,则生成头结点
            {
                head=pEnd=pt;
                pt->next=NULL;
            }
```

```
            else      //在尾部插入结点
            {
                pEnd->next=pt;  //将新结点链入链表
                pt->next=NULL;  //将新结点的 next 指针置空,标识成尾结点
                pEnd=pt;  //让 pEnd 指向尾结点,为下一次插入做准备
            }
        }
        fclose(fp);
        return head;
}
void printChain(struct Jd * head)
{
        struct Student stud;
        while(head!=NULL)  //从头结点输出,直到链表最后的尾结点
        {
            stud=head->student;
            printf("%-20s %4d %4d %-20s\n", stud.name, stud.num,
                           stud.age, stud.addr);
            head=head->next;
        }
}
//根据 addr 的值从小到大排序
void sortchain(struct Jd * head)
{
        struct Jd * pt1, * pt2, * pt;
        struct Student temp;

        for(pt1=head;pt1->next!=NULL;pt1=pt1->next)
        {
            pt=pt1;
            for(pt2=pt1->next;pt2!=NULL;pt2=pt2->next)
            {
                if(strcmp(pt->student.addr,pt2->student.addr)>0) pt=pt2;
            }
            if(pt!=pt1)
            {
                temp=pt1->student;
                pt1->student=pt->student;
```

```
                    pt->student=temp;
                }
            }
        }

        void WriteToFile(struct Jd * head, char * FName)
        {
            FILE * fp;
            struct Jd * pt;
            if((fp=fopen(FName, "wb"))==NULL)
            {
                printf("cannot open file\n");
                exit(0);
            }
            pt=head;
            //依次把链表结点的 student 信息写往文件,直到输出链表最后一个结点
            while(pt!=NULL)
            {
                fwrite(&(pt->student), SIZEST, 1, fp);    //只需把链表结点中的学生信
息写往文件
                pt=pt->next;
            }
            /* 由于链表中的 next 地址信息是动态信息,只对本次程序执行有效,所以不用
写往文件,下次从文件读出数据形成链表,需要重新创建结点空间,重新给 next 赋值 */
            fclose(fp);
        }
```

习题 10

1. 简述文件与文件指针的关系。

2. 用 Windows 的记事本编辑一个文本文件，编写程序读取该文件中的数据，并在屏幕上显示。

3. 编写程序，将一个文本文件的内容复制到另一个文本文件中，文本文件的名字从键盘输入。

4. 输入 5 个学生信息（包括学生的姓名、年龄、数学成绩、英语成绩、语文成绩），将学生信息存入名为“student. txt”的文本文件中（每个学生占 1 行，各数据之间用空格分隔，写文件采用 fprintf() 函数）。

5. 将第 4 题文件中的数据读出并求出平均成绩，按平均成绩从高到低显示学生信息

(读文件采用 fscanf() 函数)。

6. 定义一个结构体类型，其成员变量分别用来描述商品的名称、单价、数量、金额。输入 n 个商品的信息，并将其保存到二进制文件中。

7. 将第 6 题的商品信息文件读出并显示，要求在显示数据时，首先按金额从高到低排序，若金额相同，再按产品单价从高到低排序。

附录 A　C 语言中的关键字

auto	break	case	char	const
continue	default	do	double	else
enum	extern	float	for	goto
if	int	long	register	return
short	signed	sizeof	static	struct
switch	typedef	union	unsigned	void
volatile	while			

说明：ANSI C 定义了上面 32 个关键字。1999 年 12 月 16 日，ISO 推出的 C99 标准新增了 5 个关键字：inline、restrict、_Bool、_Complex、_Imaginary。2011 年 12 月8 日，ISO 发布的新标准 C11 新增了 1 个关键字：_Generic。

附录B C运算符的优先级与结合性

优先级	运算符	含 义	运算类型	结合方向
1	()	圆括号		自左向右
	[ ]	下标运算符		
	->	指向结构体成员运算符		
	.	结构体成员运算符		
2	!	逻辑非运算符	单目运算	自右向左
	~	按位取反运算符		
	++	自增运算符		
	--	自减运算符		
	-	负号运算符		
	(类型)	类型转换运算符		
	*	指针运算符		
	&	取地址运算符		
	sizeof	计算类型长度运算符		
3	*	乘法运算符	双目运算	自左向右
	/	除法运算符		
	%	求余运算符		
4	+	加法运算符	双目运算	自左向右
	-	减法运算符		
5	<<	左移运算符	双目运算	自左向右
	>>	右移运算符		
6	<	小于运算符	双目运算	自左向右
	<=	小于等于运算符		
	>	大于运算符		
	>=	大于等于运算符		
7	==	等于运算符	双目运算	自左向右
	!=	不等于运算符		

续表

优先级	运算符	含　义	运算类型	结合方向
8	&	按位与运算符	双目运算	自左向右
9	∧	按位异或运算符	双目运算	自左向右
10	|	按位或运算符	双目运算	自左向右
11	&&	逻辑与运算符	双目运算	自左向右
12	||	逻辑或运算符	双目运算	自左向右
13	？：	条件运算符	三目运算	自右向左
14	=　+=　-=　*=　/= %=　>>=　<<= &=　∧=　|=	赋值运算符 复合的赋值运算符	双目运算	自右向左
15	，	逗号运算符	顺序求值运算	自左向右

附录 C 常用字符与 ASCII 码值对照表

ASCII（American Standard Code for Information Interchange，美国信息互换标准代码）是一套基于拉丁字母的字符编码，共收录了 128 个字符，用一个字节就可以存储，它等同于国际标准 ISO/IEC 646。

ASCII 规范于 1967 年第一次发布，最后一次更新是在 1986 年，它包含了 33 个控制字符（具有某些特殊功能但是无法显示的字符）和 95 个可显示字符。

ASCII 编码一览表（0~31、127 为控制字符，其余为可显示字符）

二进制	十进制	十六进制	字符/缩写	解释
00000000	0	00	NUL（NULL）	空字符
00000001	1	01	SOH（Start of Headling）	标题开始
00000010	2	02	STX（Start of Text）	正文开始
00000011	3	03	ETX（End of Text）	正文结束
00000100	4	04	EOT（End of Transmission）	传输结束
00000101	5	05	Enq（Enquiry）	请求
00000110	6	06	ACK（Acknowledge）	回应/响应/收到通知
00000111	7	07	BEL（Bell）	响铃
00001000	8	08	BS（Backspace）	退格
00001001	9	09	HT（Horizontal Tab）	水平制表符
00001010	10	0A	LF/NL（Line Feed/New Line）	换行键
00001011	11	0B	VT（Vertical Tab）	垂直制表符
00001100	12	0C	FF/NP（Form Feed/New Page）	换页键
00001101	13	0D	CR（Carriage Return）	回车键
00001110	14	0E	SO（Shift Out）	不用切换
00001111	15	0F	SI（Shift In）	启用切换
00010000	16	10	DLE（Data Link Escape）	数据链路转义
00010001	17	11	DC1/XON (Device Control 1/Transmission On)	设备控制 1/传输开始
00010010	18	12	DC2（Device Control 2）	设备控制 2

续表

二进制	十进制	十六进制	字符/缩写	解释
00010011	19	13	DC3/XOFF (Device Control 3/Transmission Off)	设备控制3/传输中断
00010100	20	14	DC4（Device Control 4）	设备控制4
00010101	21	15	NAK（Negative Acknowledge）	无响应/非正常响应/拒绝接收
00010110	22	16	SYN（Synchronous Idle）	同步空闲
00010111	23	17	ETB（End of Transmission Block）	传输块结束/块传输终止
00011000	24	18	CAN（Cancel）	取消
00011001	25	19	EM（End of Medium）	已到介质末端/介质存储已满/介质中断
00011010	26	1A	SUB（Substitute）	替补/替换
00011011	27	1B	ESC（Escape）	逃离/取消
00011100	28	1C	FS（File Separator）	文件分割符
00011101	29	1D	GS（Group Separator）	组分隔符/分组符
00011110	30	1E	RS（Record Separator）	记录分离符
00011111	31	1F	US（Unit Separator）	单元分隔符
00100000	32	20	(Space)	空格
00100001	33	21	!	
00100010	34	22	"	
00100011	35	23	#	
00100100	36	24	$	
00100101	37	25	%	
00100110	38	26	&	
00100111	39	27	'	
00101000	40	28	(	
00101001	41	29	)	
00101010	42	2A	*	
00101011	43	2B	+	
00101100	44	2C	,	
00101101	45	2D	-	
00101110	46	2E	.	
00101111	47	2F	/	

续表

二进制	十进制	十六进制	字符/缩写	解释
00110000	48	30	0	
00110001	49	31	1	
00110010	50	32	2	
00110011	51	33	3	
00110100	52	34	4	
00110101	53	35	5	
00110110	54	36	6	
00110111	55	37	7	
00111000	56	38	8	
00111001	57	39	9	
00111010	58	3A	:	
00111011	59	3B	;	
00111100	60	3C	<	
00111101	61	3D	=	
00111110	62	3E	>	
00111111	63	3F	?	
01000000	64	40	@	
01000001	65	41	A	
01000010	66	42	B	
01000011	67	43	C	
01000100	68	44	D	
01000101	69	45	E	
01000110	70	46	F	
01000111	71	47	G	
01001000	72	48	H	
01001001	73	49	I	
01001010	74	4A	J	
01001011	75	4B	K	
01001100	76	4C	L	
01001101	77	4D	M	
01001110	78	4E	N	
01001111	79	4F	O	

续表

二进制	十进制	十六进制	字符/缩写	解释
01010000	80	50	P	
01010001	81	51	Q	
01010010	82	52	R	
01010011	83	53	S	
01010100	84	54	T	
01010101	85	55	U	
01010110	86	56	V	
01010111	87	57	W	
01011000	88	58	X	
01011001	89	59	Y	
01011010	90	5A	Z	
01011011	91	5B	[	
01011100	92	5C	\	
01011101	93	5D	]	
01011110	94	5E	^	
01011111	95	5F	_	
01100000	96	60	`	
01100001	97	61	a	
01100010	98	62	b	
01100011	99	63	c	
01100100	100	64	d	
01100101	101	65	e	
01100110	102	66	f	
01100111	103	67	g	
01101000	104	68	h	
01101001	105	69	i	
01101010	106	6A	j	
01101011	107	6B	k	
01101100	108	6C	l	
01101101	109	6D	m	
01101110	110	6E	n	
01101111	111	6F	o	

续表

二进制	十进制	十六进制	字符/缩写	解释
01110000	112	70	p	
01110001	113	71	q	
01110010	114	72	r	
01110011	115	73	s	
01110100	116	74	t	
01110101	117	75	u	
01110110	118	76	v	
01110111	119	77	w	
01111000	120	78	x	
01111001	121	79	y	
01111010	122	7A	z	
01111011	123	7B	{	
01111100	124	7C	|	
01111101	125	7D	}	
01111110	126	7E	~	
01111111	127	7F	DEL（Delete）	删除

控制字符的解释：

ASCII 编码中第 0~31 个字符（开头的 32 个字符）以及第 127 个字符（最后一个字符）都是不可见的（无法显示），但是它们都具有一些特殊功能，所以称为控制字符（Control Character）或者功能码（Function Code）。

这 33 个控制字符大都与通信、数据存储以及老式设备有关，有些在现代电脑中的含义已经改变了。有些控制符需要一定的计算机功底才能理解，初学者可以跳过，选择容易的理解即可。

下面列出了部分控制字符的具体功能。

NUL（0）：NULL，空字符。空字符起初本意可以看作 NOP（中文意思为空操作，就是什么都不做的意思），此位置可以忽略一个字符。

之所以有这个空字符，主要是用于计算机早期的记录信息的纸带，此处留个 NUL 字符，意思是先占这个位置，以待后用，比如用户哪天想起来了，在这个位置放一个别的字符之类的。

后来 NUL 被用于 C 语言中，表示字符串的结束。当一个字符串中间出现 NUL 时，就意味着这里是一个字符串的结尾了。这样就方便用户按照自己的需求去定义字符串，多长都行，当然只要内存放得下，最后加一个\0，即空字符，意思是当前字符串到此结束。

SOH（1）：Start of Heading，标题开始。如果信息沟通主要以命令和消息的形式进行，那么 SOH 就可以用于标记每个消息的开始。

1963 年，最开始的 ASCII 标准中把此字符定义为 Start of Message，后来又改为 Start of Heading。现在，这个 SOH 常见于主从（master-slave）模式的 RS232 的通信中，一个主设备（以 SOH 开头）和从设备进行通信。这样方便设备在数据传输出现错误的时候，在下一次通信之前去实现重新同步（resynchronize）。如果没有一个清晰的类似于 SOH 的去标记每个命令的起始或开头，那么重新同步就很难实现。

STX（2）和 ETX（3）：STX 表示 Start of Text，意思是“文本开始”；ETX 表示 End of Text，意思是“文本结束”。

通过某种通信协议去传输的一个数据（包），称为一帧，包含帧头和寻址信息，即要发给谁，要发送的目的地是哪里，其后跟着真正要发送的数据内容。

STX 就用于标记这个数据内容的开始，接下来是要传输的数据，最后是 ETX，表明数据的结束。而中间具体传输的数据内容，ASCII 并没有去定义，与用户所用的传输协议有关。

帧头		数据或文本内容		
SOH（表明帧头开始）	……（帧头信息，比如包含了目的地址，表明发送给谁等）	STX（表明数据开始）	……（真正要传输的数据）	ETX（表明数据结束）

BEL（7）：BELL，响铃。在 ASCII 编码中，BEL 是个比较有意思的东西。BEL 用一个可以听得见的声音来吸引人们的注意，既可以用于计算机，也可以用于周边设备（比如打印机）。

注意：BEL 不是声卡或者喇叭发出的声音，而是蜂鸣器发出的声音，主要用于报警，比如硬件出现故障时就会听到这个声音，有的计算机操作系统正常启动时也会听到这个声音。蜂鸣器没有直接安装到主板上，是需要连接到主板上的一种外设，现在很多计算机都不安装蜂鸣器，即使输出 BEL 也听不到声音，这个时候 BEL 就没有任何作用了。

BS（8）：Backspace，退格键。随着时间变化，退格键的功能也变得不同了。

退格键起初的意思是在打印机和电传打字机上往回移动一格光标，以起到强调该字符的作用。比如用户想要打印一个 A，然后加上退格键后，就成了 ABSˆ。在机械类打字机上，此方法能够起到实际的强调字符的作用，但是对于后来的 CTR 下时期来说，就无法起到对应效果了。

而现在所用的退格键，不仅仅表示光标往回移动了一格，同时也删除了移动后该位置的字符。

HT（9）：Horizontal Tab，水平制表符，相当于 Table/Tab 键。

水平制表符的作用是布局，控制输出设备前进到下一个表格去处理。而制表符 Table/Tab 的宽度也是灵活不固定的，只不过在多数设备上制表符 Tab 都被预定义为 4 个空格的宽度。

水平制表符 HT 不仅能减少数据输入者的工作量，对于格式化好的文字来说，还能够减少存储空间，因为一个 Tab 键就代替了 4 个空格。

LF（10）：Line Feed，直译为“给打印机等喂一行”，也就是“换行”的意思。LF 是 ASCII 编码中常被误用的字符之一。

LF 最原始的含义是移动打印机的头到下一行。而另外一个 ASCII 字符 CR（Carriage

Return）才是将打印机的头移到最左边，即一行的开始（行首）。很多串口协议和 MS-DOS 及 Windows 操作系统，也都是这么实现的。

而C语言和 Unix 操作系统将 LF 的含义重新定义为“新行”，即 LF 和 CR 的组合效果，也就是回车且换行的意思。

从程序的角度出发，C 语言和 Unix 对 LF 的定义显得更加自然，而 MS-DOS 的实现更接近于 LF 的本意。

现在人们常将 LF 用作“新行（newline)”的功能，大多数文本编辑软件也都可以处理单个 LF 或者 CR/LF 的组合。

VT（11）：Vertical Tab，垂直制表符。它类似于水平制表符 Tab，目的是减少布局中的工作，同时减少格式化字符时所需要存储字符的空间。VT 控制符用于跳到下一个标记行。一般在换行的时候都是用 LF 代替 VT。

FF（12）：Form Feed，换页。设计换页键，是用来控制打印机行为的。当打印机收到此键码的时候，打印机移动到下一页。

不同的设备的终端对此控制符所表现的行为各不同，有些会清除屏幕，有些只是显示 ^L 字符，有些只是新换一行而已。例如，Unix/Linux 下的 Bash Shell 和 Tcsh 就把 FF 看作是一个清空屏幕的命令。

CR（13）：Carriage Return，回车，表示机器的滑动部分（或者底座）返回。

CR 的原意是让打印机的头回到左边界，并没有移动到下一行的意思。后来人们把 CR 的意思弄成了 Enter 键，用于示意输入完毕。

在数据以屏幕显示的情况下，人们按下 Enter 键的同时，也希望把光标移动到下一行，因此 C 语言和 Unix 重新定义了 CR 的含义，将其表示为移动到下一行。当输入 CR 时，系统也常常隐式地将其转换为 LF。

SO（14）和 SI（15）：SO，Shift Out，不用切换；SI，Shift In，启用切换。

早在 20 世纪 60 年代，设计 ASCII 编码的美国人就已经想到，ASCII 编码不仅要能用于英文，也要能用于外文字符集，定义 Shift In 和 Shift Out 正是考虑到了这一点。

最开始，其意为在西里尔语和拉丁语之间切换。西里尔语 ASCII（也即 KOI-7 编码）将 Shift 作为一个普通字符，而拉丁语 ASCII（也就是我们通常所说的 ASCII）用 Shift 去改变打印机的字体，它们完全是两种含义。

在拉丁语 ASCII 中，SO 用于产生双倍宽度的字符（类似于全角），而用 SI 打印压缩的字体（类似于半角）。

DLE（16）：Data Link Escape，数据链路转义。

有时候我们需要在通信过程中发送一些控制字符，但在一些情况下，这些控制字符被看成了普通的数据流，而没有起到对应的控制效果，ASCII 编码引入 DLE 来解决这类问题。

如果数据流中检测到了 DLE，数据接收端会对数据流中接下来的字符另作处理。但是具体如何处理，ASCII 规范中并没有定义，只是用 DLE 去打断正常的数据流，说明接下来的数据要特殊对待。

DC1（17）：Device Control 1，或者 XON-Transmission on。

这个 ASCII 控制符尽管原先定义为 DC1，但是现在常表示为 XON，用于串行通信中的软件流控制。其主要作用是在通信被控制符 XOFF 中断之后，重新开始信息传输。

用过串行终端的人应该还记得，当数据出错时，按 Ctrl+Q（等价于 XON）有时候可以起到重新传输的效果。这是因为 Ctrl+Q 键盘序列实际上就是产生 XON 控制符，它可以将终端或者主机由于偶尔出现的错误的 XOFF 控制符而中断的通信解锁，使其正常通信。

DC3（19）：Device Control 3，或者 XOFF（Transmission Off，传输中断）。

EM（25）：End of Medium，已到介质末端，介质存储已满。

当数据存储到达串行存储介质末尾时，EM 用于表述数据的逻辑终点，即不必非要是物理上的达到数据载体的末尾。

FS（28）：File Separator，文件分隔符。FS 是个很有意思的控制字符，它可以让我们看到 20 世纪 60 年代的计算机是如何组织的。

我们现在习惯于随机访问一些存储介质，比如 RAM、磁盘等，但是在设计 ASCII 编码的那个年代，大部分数据还是顺序的、串行的，而不是随机访问的。此处所说的串行，不仅仅指串行通信，还指顺序存储介质，比如穿孔卡片、纸带、磁带等。

在串行通信的时代，设计这么一个用于表示文件分隔的控制字符，用于分割两个单独的文件，是一件很明智的事情。

GS（29）：Group Separator，分组符。

ASCII 定义控制字符的原因之一就是考虑了数据存储。大部分情况下，数据库的建立都和表有关，表包含了多条记录。同一个表中的所有记录属于同一类型，不同的表中的记录属于不同的类型。

而分组符 GS 就是用来分隔串行数据存储系统中的不同的组。值得注意的是，当时还没有使用 Excel 表格，ASCII 时代的人把它叫作组。

RS（30）：Record Separator，记录分隔符，用于分隔一个组或表中的多条记录。

US（31）：Unit Separator，单元分隔符。

在 ASCII 定义中，数据库中所存储的最小的数据项叫作单元（Unit），而现在我们称其为字段（Field）。单元分隔符 US 用于分割串行数据存储环境下的不同单元。

现在的数据库实现都要求大部分类型都拥有固定的长度，尽管有时候可能用不到，但是对于每一个字段，都要分配足够大的空间，用于存放最大可能的数据。

这种做法的弊端就是占用了大量的存储空间，而 US 控制符允许字段具有可变的长度。在 20 世纪 60 年代，数据存储空间很有限，用 US 将不同单元分隔开，能节省很多空间。

DEL（127）：Delete，删除。

有人也许会问，为什么 ASCII 编码中其他控制字符的值都很小（即 0~31），而 DEL 的值却很大呢（为 127）？这是由于这个特殊的字符是为纸带而定义的。在那个年代，绝大多数的纸带都是用 7 个孔洞去编码数据的，而 127 这个值所对应的二进制值为 111 1111（所有 7 个比特位都是 1），将 DEL 用在现存的纸带上时，所有的洞就都被穿孔了，把已经存在的数据都擦除掉了，这样就起到了删除的作用。

附录 D　常用的 ANSI C 标准库函数

1. 数学函数

使用数学函数时，应该在源文件中包含头文件“math. h”。

函数名	函数原型	功　能	返回值	说明
abs	int abs(int x);	求整数 x 的绝对值	计算结果	
acos	double acos(double x);	计算 $\cos^{-1}x$ 的值	计算结果	x 应在 -1 到 1 范围内
asin	double asin(double x);	计算 $\sin^{-1}x$ 的值	计算结果	x 应在 -1 到 1 范围内
atan	double atan(double x);	计算 $\tan^{-1}x$ 的值	计算结果	
atan2	double atan2 (double x, double y);	计算 $\tan^{-1}(x/y)$ 的值	计算结果	
cos	double cos(double x);	计算 $\cos x$ 的值	计算结果	x 的单位为弧度
cosh	double cosh(double x);	计算 x 的双曲余弦函数 $\cosh x$ 的值	计算结果	x 的单位为弧度
exp	double exp(double x);	计算 e^x 的值	计算结果	
fabs	double fabs(double x);	计算浮点数 x 的绝对值	计算结果	
floor	double floor(double x);	求出不大于 x 的最大整数	该整数的双精度实数	
fmod	double fmod (double x, double y);	求浮点数 x/y 的余数	返回余数的双精度浮点数	
frexp	double frexp (double val, int * eptr);	把双精度数 val 分解为数字部分（尾数）x 和以 2 为底的指数 n，即 $val=x*2^n$，n 存放在 eptr 指向的变量中	返回数字部分 x	$0.5\leqslant \mid x \mid <1$
log	double log(double x);	求 $\log_e x$，即 $\ln x$	计算结果	$x>0$
log10	double log10(double x);	求 $\log_{10} x$	计算结果	$x>0$
modf	double modf (double val, double * iptr);	把双精度数 val 分解为整数部分和小数部分，把整数部分存到 iptr 指向的单元	val 的小数部分	

续表

函数名	函数原型	功　能	返回值	说明
pow	double pow (double x, double y);	计算 x^y 的值	计算结果	
sin	double sin(double x);	计算 sin$x$ 的值	计算结果	x 的单位为弧度
sinh	double sinh(double x);	计算 x 的双曲正弦函数sinh$x$ 的值	计算结果	x 的单位为弧度
sqrt	double sqrt(double x);	计算 $\sqrt{x}$ 的值	计算结果	$x \geqslant 0$
tan	double tan(double x);	计算 tan$x$ 的值	计算结果	x 的单位为弧度
tanh	double tanh(double x);	计算 x 的双曲正切函数tanh$x$ 的值	计算结果	x 的单位为弧度

2. 字符处理函数

使用字符处理函数时，应该在源文件中包含头文件“ctype. h”。

函数名	函数原型	功　能	返回值
isalnum	int isalnum(int ch);	检查 ch 是否是字母或数字	是字母或数字返回非 0 值，否则返回 0
isalpha	int isalpha(int ch);	检查 ch 是否是字母	是字母返回非 0 值，否则返回 0
iscntrl	int iscntrl(int ch);	检查 ch 是否为控制字符（ASCII 码在 0～0x1F 之间）	是控制字体返回非 0 值，否则返回 0
isdigit	int isdigit(int ch);	检查 ch 是否为数字（0～9）	是数字返回非 0 值，否则返回 0
isgraph	int isgraph(int ch);	检查 ch 是否为可打印字符（ASCII 码在 33～126 之间，不包括空格）	是打印字符返回非 0 值，否则返回 0
islower	int islower(int ch);	检查 ch 是否为小写字母（a～z）	是小写字母返回非 0 值，否则返回 0
isprint	int isprint(int ch);	检查 ch 是否为可打印字符（ASCII 码在 32～126 之间，包括空格）	是可打印字符返回非 0 值，否则返回 0
ispunct	int ispunct(int ch);	检查 ch 是否为标点字符（不包括空格），即除字母、数字和空格以外的所有可打印字符	是标点字符返回非 0 值，否则返回 0
isspace	int isspace(int ch);	检查 ch 是否为空格、制表符或换行符	是空格、制表符或换行符返回非 0 值，否则返回 0
isupper	int isupper(int ch);	检查 ch 是否为大写字母（A～Z）	是大写字母返回非 0 值，否则返回 0
isxdigit	int isxdigit(int ch);	检查 ch 是否为一个十六进制数字字符（0～9 或 A～F 或 a～f）	是十六进制数字字符返回非 0 值，否则返回 0

续表

函数名	函数原型	功　能	返回值
tolower	int tolower(int ch);	将 ch 字符转换为小写字母	返回 ch 所代表的字符的小写字母
toupper	int toupper(int ch);	将 ch 字符转换为大写字母	返回 ch 所代表的字符的大写字母

3. 字符串处理函数

使用字符串处理函数时，应该在源文件中包含头文件“string. h”。

函数名	函数原型	功　能	返回值
strcat	char * strcat (char * str1, const char * str2);	把字符串 str2 连接到 str1 后面，在新形成的 str1 串后面添加一个‘\0’，原来 str1 后面的‘\0’被覆盖。因无边界检查，调用时应保证 str1 的空间足够大，能存放原 str1 和 str2 两个串的内容	返回 str1
strcmp	int strcmp(const char * str1, const char * str2);	比较两个字符串 str1 和 str2 的大小	str1<str2，返回负数 str1=str2，返回 0 str1>str2，返回正数
strcpy	char * strcpy (char * str1, const char * str2);	把 str2 指向的字符串复制到 str1 中	返回 str1
strlen	unsigned strlen(const char * str);	统计字符串 str 中字符的个数（不包括终止符‘\0’）	返回字符个数
strncat	char * strncat(char * str1, const char * str2, unsigned count);	把字符串 str2 中不多于 count 个字符连接到 str1 后面，并以‘\0’终止该串，原来 str1 后面的‘\0’被 str2 的第一个字符覆盖	返回 str1
strncmp	intstrncmp (const char * str1, const char * str2, unsigned count);	比较 str1 和 str2 字符串，最多比较前 count 个字符	str1<str2，返回负数 str1=str2，返回 0 str1>str2，返回正数
strstr	char * strstr (const char * str1, const char * str2);	找出 str2 字符串在 str1 字符串中第一次出现的位置（不包括 str2 的串结束符）	若 str2 是 str1 的子串，则返回 str2 在 str1 中首次出现的地址；如果 str2 不是 str1 的子串，则返回 NULL

续表

函数名	函数原型	功　能	返回值
strncpy	char * strncpy (char * str1, const char * str2, unsigned count);	把 str2 指向的字符串中的前 count 个字符复制到 str1 中。如果 str2 的前 n 个字符不含 '\0'，则结果不会以 '\0' 结束。如果 str2 指向的字符串少于 count 个字符，则将 '\0' 添加到 str1 的尾部，直到满足 count 个字符为止。如果 str2 指向的字符串大于 count 个字符，只是将 str2 的前 count 个字符复制到 str1 中，结尾不自动添加 '\0'，也就是结果 str1 不包括 '\0'，需要再手动添加一个 '\0'	返回 str1

4. 缓冲文件系统的输入输出函数

使用缓冲文件系统的输入输出函数时，应该在源文件中包含头文件"stdio. h"。

函数名	函数原型	功　能	返回值
clearerr	void clearerr(FILE * fp);	将文件错误标志和文件结束标志置为 0	无
fclose	int fclose(FILE * fp);	关闭 fp 所指向的文件，释放文件缓冲区	成功就返回 0，否则返回非 0 值
feof	int feof(FILE * fp);	检查文件是否结束。在读完最后一个字符后，feof 仍然不能探测到文件尾，直到再次读文件，才能探测到文件尾	文件结束返回非 0 值，否则返回 0
ferror	int ferror(FILE * fp);	检查 fp 指向的文件是否有读写错误	无错时，返回 0；有错时，返回非 0 值
fgetc	int fgetc(FILE * fp);	从 fp 所指向的文件中读取一个字符	返回所读字符，若文件结束或读入出错，返回 EOF
fgets	char * fgets (char * buf, int n, FILE * fp);	从 fp 所指向的文件中读取字符串并在字符串末尾添加 '\0'，然后存入 buf 指向的空间中，最多读 n−1 个字符。当读到换行符、文件末尾或读满 n−1 个字符时，读操作结束。读到换行符时，将换行符也作为字符串的一部分读到字符串中来	返回 buf，若遇文件结束或出错，返回 NULL
fopen	FILE * fopen (const char * filename, const char * mode);	以 mode 指定的打开方式打开名为 filename 的文件	成功就返回一个文件指针，失败则返回 NULL

续表

函数名	函数原型	功　能	返回值
fprintf	int fprintf(FILE * fp, const char * format [, argument] ...);	把 argument 的值以 format 指定的格式输出到 fp 指向的文件中	实际输出的字符数
fputc	int fputc(int ch, FILE * fp);	将一个字符 ch 输出到 fp 指向的文件中	若成功，返回该字符；若出错，返回 EOF
fputs	int fputs(const char * str, FILE * fp);	将 str 指向的字符串输出到 fp 指向的文件中。与 puts 不同的是，fputs 不会在写入文件的字符串末尾添加换行符	若成功，返回 0；若出错，返回非 0 值
fread	unsigned fread (void * pt, unsigned size, unsigned n, FILE * fp);	从 fp 指向的文件中读入 n 个数据项，每个数据项长度为 size 字节，存到 pt 所指向的内存区	返回实际读取的数据项个数；如果 size 或 n 的值为 0，返回 0；如果还没有读入 n 个数据，此时发生读错误或文件结束，函数值小于 n
fscanf	int fscanf(FILE * fp, const char * format [, argument] ...);	从 fp 指向的文件中按 format 指定的格式将数据输入 argument 指向的内存单元	已输入的数据个数；若文件结束或读入出错，返回 EOF
fseek	int fseek (FILE * fp, long offset, int base);	将 fp 指向的文件的位置指针移到以 base 所给出的位置为基准、以 offset 为位移量的位置	成功返回 0，否则返回非 0 值
ftell	long ftell(FILE * fp);	获取 fp 所指向文件的文件指针的当前位置	返回文件指针的当前位置
fwrite	unsigned fwrite (void * pt, unsigned size, unsigned n, FILE * fp);	把 pt 所指向的长度为 n * size 个字节的数据写到 fp 所指向的文件中	写到 fp 指向的文件中的数据项个数；如果发生写错误，函数值小于 n
getc	int getc(FILE * fp);	从 fp 指向的文件中读入一个字符	返回所读字符；若文件结束或读入出错，返回 EOF
getchar	int getchar(void);	从标准输入设备读取一个字符	返回所读字符；若文件结束或读入出错，返回 EOF
gets	char * gets(char * str);	从标准输入设备读入字符串存入 str 指向的内存单元中。当读到换行符、文件结束或出错，读操作结束，换行符读入后会被'\0'替换	成功，返回 str；文件结束或出错，返回 NULL
printf	int printf(const char * format [, argument] ...);	把 argument 的值以 format 指定的格式输出到标准输出设备	实际输出的字符个数；若出错，返回负数
putc	int putc(int ch, FILE * fp);	将一个字符 ch 输出到 fp 指向的文件中	若成功，返回字符 ch；若出错，返回 EOF

续表

函数名	函数原型	功　能	返回值
putchar	int putchar(int ch);	将一个字符 ch 输出到标准输出设备	若成功，返回字符 ch；若出错，返回 EOF
puts	int puts(const char * str);	把 str 指向的字符串输出到标准输出设备，将 '\0' 转换为换行符 '\0'	若成功，返回一个非负数；若出错，返回 EOF
rename	int rename (const char * oldname, const char * newname);	把 oldname 所指的文件名改为由 newname 所指的文件名	成功返回 0，出错返回非 0 值
rewind	void rewind(FILE * fp);	将 fp 指向的文件的文件指针置于文件开头，并清除文件结束标志和错误标志	无
scanf	int scanf(const char * format [, argument]...);	从标准输入设备按 format 指定的格式将数据输入 argument 指向的内存单元	成功，返回读入并赋给 argument 的数据个数；遇文件结束，返回 EOF；出错，返回 0

5. 动态内存分配函数

ANSI C 标准建议使用动态内存分配函数时，应该在源文件中包含头文件 "stdlib. h"，而有的编译系统要求包含 "malloc. h"。

函数名	函数原型	功　能	返回值
calloc	void * calloc (unsigned n, unsigned size);	分配 n 个，每个长度为 size 个字节的连续内存空间	成功，返回所分配的内存空间的起始地址；不成功，返回 NULL
free	void free(void * p);	释放 p 所指向的内存区	无
malloc	void * malloc (unsigned size);	分配 size 个字节的内存空间	成功，返回所分配的内存空间的起始地址；不成功，返回 NULL
realloc	void * realloc (void * p, unsigned size);	将 p 所指向的已分配内存区的大小改为 size 字节。size 可比原来分配的空间大或小	成功，返回重分配内存区的起始地址；如果 size 为 0 且 p 不等于 NULL，或者内存空间不足，返回 NULL

6. 其他常用函数

函数名	函数原型	功　能	返回值	头文件
atof	double atof(const char * str);	把 str 指向的字符串转换成双精度浮点数	返回转换后的双精度浮点数	stdlib. h

续表

函数名	函数原型	功　能	返回值	头文件
atoi	int atoi(const char * str);	把 str 指向的字符串转换成整数	返回转换后的整数	stdlib. h
atol	long atol(const char * str);	把 str 指向的字符串转换成长整型数	返回转换后的长整型数	stdlib. h
exit	void exit(int status);	立即终止程序，清空和关闭任何打开的文件。将 status 的值置为 0，表示程序正常退出；将 status 的值置为非 0，表示出错	无	stdlib. h
rand	int rand(void);	产生一个伪随机数	返回 0 到 RAND_MAX 之间的随机整数，RAND_MAX 至少是 32767	stdlib. h
srand	void srand(unsigned seed);	为函数 rand() 产生的伪随机数设置起点种子值	无	stdlib. h

附录 E　DEV C++运行 C 程序的步骤和方法

下面以 DEV C++5.11 作为编译环境（以下简称 DEV C++），以例题 1.1 为例，介绍运行一个 C 程序的上机步骤和方法。

（1）启动 DEV C++。

安装好 DEV C++后，在桌面上会生成一个快捷方式，双击快捷方式图标，启动编程环境，屏幕上将显示如图 1 所示的窗口。

图 1　DEV C++ 5.11 启动后的窗口

（2）新建文件，编辑程序。

启动编译环境后，就可以建立新文件，进入编辑窗口，输入并编辑 C 程序代码。

在图 1 所示的窗口中，单击“文件”菜单中的“新建”命令，或者图标，点击“源代码”，会出现一个编辑框，此时文件默认名为“未命名 1”，如图 2 所示。在“文件”输入框中选择“另存为”，在文件名对话框中给 C 源程序命名，可以指定路径，在下面的保存类型选 C source files，如图 3 所示。此时，文件的扩展名就是 .C，如果不指定扩展名，系统会把程序默认为 C++程序，文件扩展名默认为 CPP，这里输入文件名为“example1”，单击保存，则在“桌面：\C 代码”中会生成一个 example1. c 的文件。窗口标题栏显示正在编辑的程序名称。

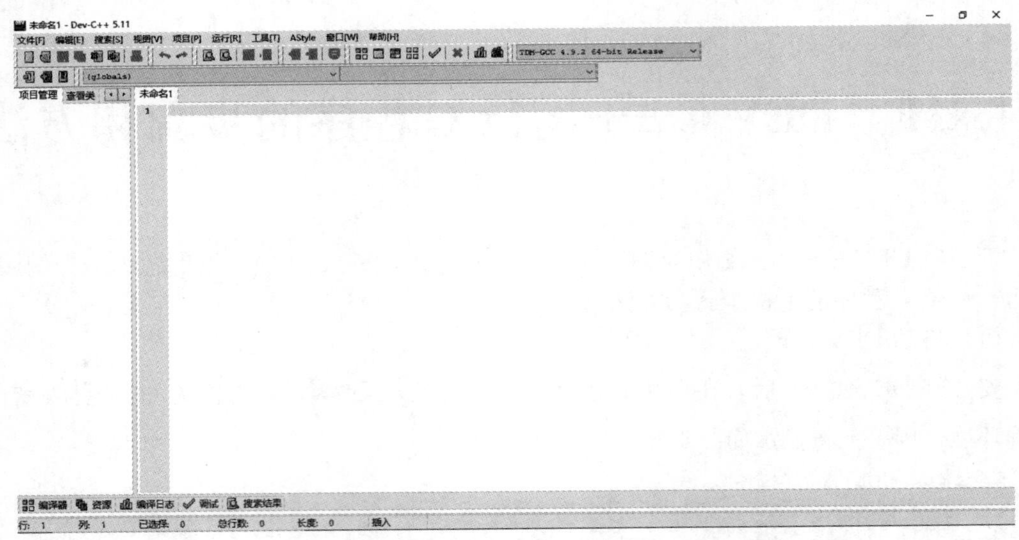

图 2　新建 C 源程序文件

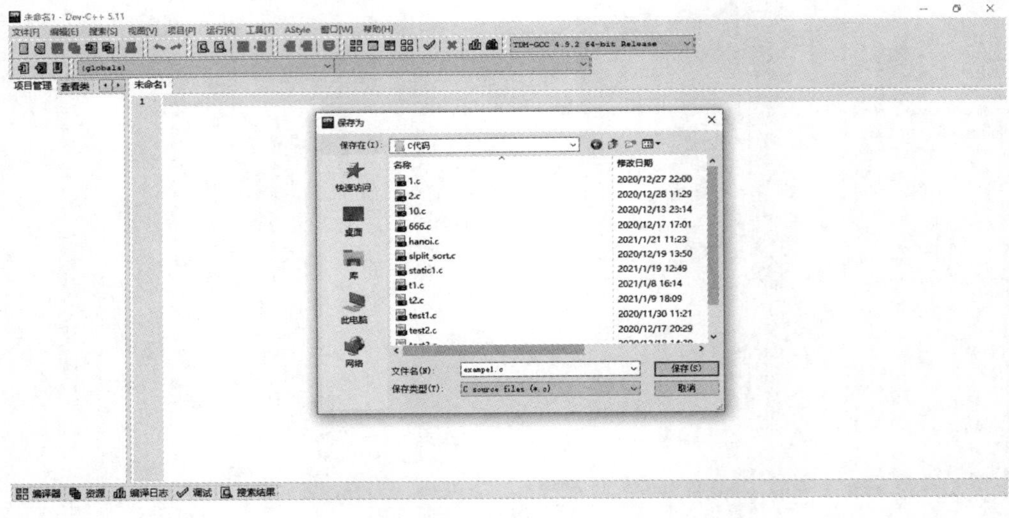

图 3　保存 C 源程序文件

（3）输入程序代码。

在如图 4 所示的代码编辑区，输入例 1.1 的程序代码，在“文件”菜单中选择“保存”命令或者单击“保存”按钮，保存好输入的内容。

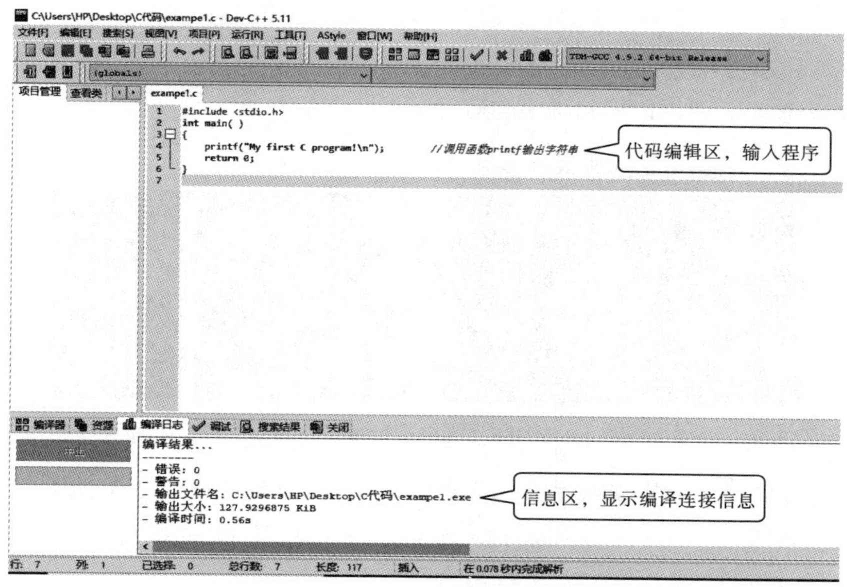

图4　输入源程序

注意：为了有利于代码的阅读，一行只写一条语句，严格采用阶梯层次组织程序代码。

（4）编译。

在代码编写完成后，可对C源程序文件example1.c进行编译。编译系统能检查出程序中的语法错误。语法错误分为两类：一类是错误，以error表示，如果程序中有这类错误，源程序就不能被编译成目标程序，更谈不上运行了；另一类是轻微错误，以warning（警告）表示，这类错误不影响生成目标程序和可执行程序，但有可能影响运行的结果，因此也应当改正，使程序既无error，也无warning。

可单击图标 ，能将C源程序文件example1.c编译链接好后生成可执行程序文件example1.exe。图4中信息区是编译的结果，信息区中出现以下提示信息，表示源程序无任何错误，编译成功，生成了可执行程序文件“example1.exe”。

编译结果…

————————

—错误：0

—警告：0

—输出文件名：C:\Users\HP\Desktop\C代码\exampel.exe

—输出大小：127.9296875 KiB

—编译时间：0.56s

如果编译不成功，则会在信息区中显示所有错误和警告发生的位置和内容，并统计错误和警告的数量。双击错误信息，光标会跳到发生错误的行。但需要注意的是，有时程序中的错误与信息区中显示的编译错误并不是严格地一一对应，需要程序员自己加以分析。

（5）运行。

源程序编译成功，得到可执行程序 example1. exe 后，就可以运行程序，单击窗口工具条中的命令按钮，就可以得到程序的运行结果。

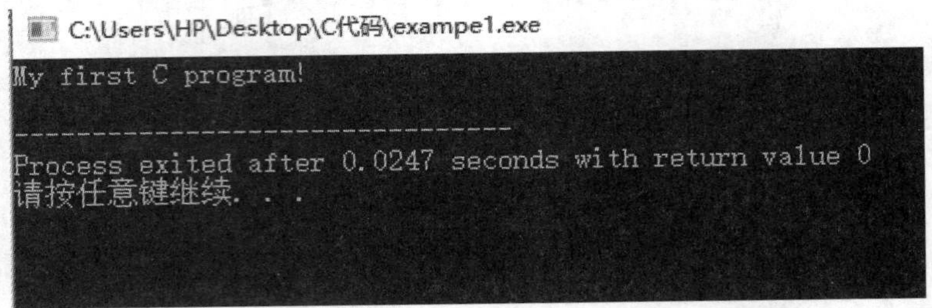

图 5　程序运行结果

以上的操作有对应的快捷键方法，熟悉基本的编译环境后，可以自己摸索和研究，选择适合自己的方法。

参考文献

［1］苏小红，王宇颖，孙志岗，等．C 语言程序设计［M］．3 版．北京：高等教育出版社，2015.

［2］谭浩强．C 语言程序设计［M］．4 版．北京：清华大学出版社，2010.

［3］谭浩强．C 语言程序设计题解与上机指导［M］．北京：清华大学出版社，2000.

［4］唐国民，王志群．C 语言程序设计［M］．北京：清华大学出版社，2009.

［5］张述信．C 程序设计实用教程［M］．北京：清华大学出版社，2009.

［6］郭俊凤，朱景福．C 程序设计案例教程［M］．北京：清华大学出版社，2009.

［7］王为青，刘变红．C 语言高级编程及实例剖析［M］．北京：人民邮电出版社，2008.